U0170675

科学之路

Quand la machine apprend

人、机器与未来

［法］
杨立昆（Yann Le Cun） 著

李皓 马跃 译

中信出版集团｜北京

图书在版编目（CIP）数据

科学之路：人、机器与未来/（法）杨立昆著；李皓，马跃译 . -- 北京：中信出版社，2021.9
ISBN 978-7-5217-3239-9

Ⅰ.①科… Ⅱ.①杨…②李…③马… Ⅲ.①人工智能—研究 Ⅳ.①TP18

中国版本图书馆CIP数据核字（2021）第112800号

科学之路——人、机器与未来

著　　者：［法］杨立昆
译　　者：李皓　马跃
出版发行：中信出版集团股份有限公司
　　　　　（北京市朝阳区惠新东街甲4号富盛大厦2座　邮编　100029）
承 印 者：北京诚信伟业印刷有限公司

开　　本：787mm×1092mm　1/16　　印　张：25　　字　数：374千字
版　　次：2021年9月第1版　　　　印　次：2021年9月第1次印刷
京权图字：01-2020-3656
书　　号：ISBN 978-7-5217-3239-9
定　　价：88.00元

版权所有·侵权必究
如有印刷、装订问题，本公司负责调换。
服务热线：400-600-8099
投稿邮箱：author@citicpub.com

信息的自由流动就是进步的动力。

——杨立昆

目录

第一章
人工智能呼啸而来

○───────────────○──────────────

本书赞誉

第三章
机器的初级训练

第二章
人工智能和我的学术生涯

第六章
人工智能的支柱

第七章
深度学习的应用

第八章

我在脸书的岁月

第九章

前景与挑战

第十章

隐忧与未来

本书赞誉

人工智能的崛起时刻

特伦斯·谢诺夫斯基

美国四大国家学院（国家科学院、国家医学院、国家工程院、
国家艺术与科学学院）院士，《深度学习》作者

本书讲述的是人工智能（AI）历史上一个绝无仅有的时刻发生的故事。

在 21 世纪机器学习成为现实之后，人工智能也迎来了自己的关键时刻。在机器学习快速扩张的能力背后是活跃的研究圈子，而在这个圈子里，杨立昆是举足轻重的先行者。这一突破可以追溯到 20 世纪 80 年代的神经网络革命。我第一次见到杨立昆是在法国东北部小镇莱苏什的一次物理学会议上，那时候他还是学生，而他当时研究的内容后来演变成反向传播算法。杰弗里·辛顿（Geoffrey Hinton）和我此前在统计力学中得到灵感，向有隐藏单元的网络引入了玻尔兹曼机器学习算法。当时，神经网络还是新兴领域，物理学、心理学和工程学的领军人物鲜有涉足，也几乎没有人能预见到机器学习有一天会对世界产生这么深远的影响，但杨立昆已经把实现这个目标当成了毕生的事业。

后来杨立昆成为杰弗里·辛顿的博士研究生，再后来进了贝尔实验室当上了研究员，在此过程中，他一直在为这一目标不懈努力。他构想了一种神经网络架构，可以识别图像中的物体，这就是 LeNet。随着计算机变得越来越强大，LeNet 的规模也越来越大，性能不断提

高。当时，关于计算机视觉的研究基本上都在强调几何特性，每添加一个对象都意味着要手动加入新的几何特征，这样才能将新对象与所有已有对象区别开来，而且需要有这个领域的专业知识，以及大量人工操作才能做到，因此进展缓慢。而在神经网络中，将不同对象区分开的特征可以从足够大的图像数据集里学习到。互联网提供了大量图片，计算机内存的增长速度也比处理能力的增长更快。杨立昆还有另一个有利因素，那就是他的架构很容易就能分布到多个并行工作的处理器上。

GPU（图形处理器）实际上可以有效模拟神经网络，这样能让计算能力提高上百倍，并让训练多达十余层的多层网络成为可能。杨立昆继续改进自己的神经网络架构，到最后形成了卷积神经网络（CNN）。尽管他的表现已经达到世界顶尖水平，但他的论文还是被计算机视觉领域最重要的大会——CVPR（国际计算机视觉与模式识别会议）拒绝了。

我还记得全世界是什么时候开始关注杨立昆的工作的。那是2013年在美国塔霍湖边举办的NIPS（神经信息处理系统大会，2018年已更名为NeurIPS）上，在识别当时最大的图像数据库"图像网"上的22000种不同对象的1500万张图片时，卷积神经网络将差错率降低了18%，杰弗里·辛顿撰文介绍了这一成绩。此前差错率在以每年不到1%的速度缓慢下降，因此这个成绩相当于整个计算机视觉领域20年的研究成果。从那以后，神经网络架构层级越来越深，也越来越复杂，而计算机视觉以此为基础取得了长足进步。

就在那一年的NeurIPS上，马克·扎克伯格（Mark Zuckerberg）在演讲中宣布，杨立昆将成为FAIR（脸书的人工智能研究实验室）的创始负责人，这是脸书为追赶谷歌而迅速成立的新部门，而谷歌那边雇用的是杰弗里·辛顿。杨立昆作为研究人员和工程师来说聪明绝顶、成就卓著，但管理大型的人工智能团队仍然是一份艰巨的工作，也需要有管理才能（跟做科研工作完全不同）。随后杨立昆组建了强大的团队，对脸书的业务产生了巨大影响。那天晚上在脸书赞助的一个招待会上，有人为我引见了扎克伯格。听说是我在负责 NeurIPS，他并不怎么吃惊，但在告诉他我也是神经科学家之后，他问了我好多问题。很明显，他读过很多文献，问题也都切中要害。他最感兴趣的是心理学家所谓的心智理论，这是我刚刚组织的一个专题研讨会的主题，主要讨论我们自己和他人的内部模型。他让我推荐给他一份阅读清单。这个领域在心理学中尚处起步阶段，扎克伯格对这个领域这么有兴趣让我很惊讶，后来经过杨立昆解释我才恍然大悟。杨立昆说，在世界上所有公司中，脸书拥有的个人数据最多，用户也最多，有了人工智能，脸书就能为每个人的心智活动创建一个理论，做到甚至比这些人自己都更了解他们。

卷积神经网络的架构受到了灵长类动物大脑中视觉皮层的启发。视觉皮层中有多个分成不同层级的视觉区域，专门用来处理不同的视觉特征。在应对新环境方面，大脑比当前的人工智能系统要灵活得多，能力也要强得多。但现在，卷积神经网络在帮助我们了解大脑是怎么看见的，又是如何做出决定的方面，带来了良性循环。我们发现的大脑工作机制越来越多，这一反馈也增强了人工智能的能力，而如果只是以符号、逻辑和规则为基础的传统人工智能，就绝对不可能做到这一点。20 世纪研究人工智能的人并没有意识到学习有多强大，不知道这是生物系统的核心要素，因此这就成为 21 世纪驱动人工智能向前发展的最大动力。还有一个很重要的区别是，以大脑级别的大规模并行架构为基础的算法比以逻辑规则为基础的算法要好得多，后者会出现组合爆炸。最后一点是，大规模网络模型中活动向量的表征能力和语义内涵都比符号要强得多。这么多计算方面的优势同时具备，极为少见。

我们站在一个新时代，它是信息时代的开端。现在的人工智能系统就好比莱特兄弟的第一次载人飞行。航空业经过数十年、上百年的不断创新已经得到了极大改善，相信人工智能领域也会如此。今天的喷气式飞机大大提高了我们的出行能力，而人工智能也将让我们变得更加聪明，并大大提高我们的生活水平。理查德·费曼（Richard Feynman）说过："我无法创造出来的东西，我就理解不了。"机器能思考吗？机器会有意识吗？如果我们创造出了能学会思考的机器、能产生自我意识的机器，这些人工智能领域的大问题的答案也就昭然若揭了。杨立昆的这部著作，给我们讲述的就是人工智能在我们面前崛起的时刻，也是这个绝无仅有、将载入史册的时刻发生的故事。

所有努力都是为了提升概率

张宏江

智源研究院理事长

国际象棋大师加里·卡斯帕罗夫（Garry Kasparov）曾这样总结自己的常胜秘诀，"我并非根据棋局结果考虑如何调整落子，而是从系统角度，思索怎样改进自己思考的方式"。作为将人工智能带入崭新时代的先锋，杨立昆在《科学之路》中，详细记录了他对人工智能过去和未来的探索与思考；而同样重要的是，他深刻剖析了关于如何做出推进人类社会大幅向前发展的研究背后的系统与规律。

历史上多数研究成果的出现是偶然事件，没人能规划出来，所有努力都是为了提升概率——汇聚优秀的研究人员，为他们提供能够碰撞思想、发现问题、寻找协作伙伴的社区环境，对这些"人"而非"项目"进行资助，让他们能站在未来思考重要的问题，随着时间的推移，通常结果就会显现。

青年时代杨立昆在欧洲的研究之路，就像一次孤立无援的远征。他的本科专业是电气工程，导师对他关注的话题几乎一无所知。毕业后，他只能在法国的一个小实验室继续研究，同样由一位"外行"教授指导，但他还是获得了研究需要的资源。指导教授告诉他："我不知道你在做什么，但你看上去是一个很聪明勤奋的人，所以我会签署这些文件。"

转折发生在 1985 年春天，在阿尔卑斯山麓举办的研讨会上，杨立昆遇见了贝尔实验室新成立的神经网络研究小组，三年后，被该小组聘用并移居美国。他还遇见了特伦斯·谢诺夫斯基，并通过他与杰弗里·辛顿结缘。这次会议将一小群研究人员集结在一起，他们将形成一个紧密联系的社区，创建新的人工智能模型。

做非渐进性的研究，需要将研究人员"置于未来"。在计算机领域，方法之一是提供强大的计算能力，让研究人员可以用简便的方式、无须经过特殊优化的手段来重复尝试和探索，还能让他们在尝试新想法时，避开"过于实用"的陷阱。就如杨立昆提到，在贝尔实验室，曾有人告诉他"靠节省开支是无法混出名堂的"。刚到实验室，他就独自拥有一台 Sun 4 计算机；而此前在多伦多，同样一台计算机则由 40 个人共用。在贝尔实验室，做数字识别研究，他可以使用美国邮政近万张真实手写图像；作为对比，之前他只能利用一个很小的手工数据集来测试卷积网络。入职两个月，他就创造了以自己名字命名的 LeNet，在数字识别方面创造了纪录。

常规的同行评审往往"过于合理"，以至颠覆性的研究很难找到真正的同行。对于"不合理"的方向，方向内的"小同行"更有发言权，而且他们知道谁是最优秀的人。

即使到 2006 年，参与评审杨立昆论文的人工智能同行也对他并不宽容。因为彼时的深度学习，还是一个不受重视的小方向，杨立昆 2004—2006 年关于这个方向的文章，几乎被最重要的学术会议——ICML（国际机器学习大会）、NeurIPS、CVPR、ICCV（国际计算机视觉大会）等都拒绝了。

2006 年之后，随着他们的人际圈逐渐扩大，审阅专家才普遍开始支持他们的工作。不过即便这样，2007 年在向 NeurIPS 组织者提出举办一个深度学习研讨会时，还是被否决了。还好他们有 CIFAR（加拿大高等研究院）提供的资金，"私设"了一个研讨会，有 300 多位参与者，成了那年 NeurIPS 上最受欢迎的研讨会。

黄金时代的工业实验室曾是变革性技术最重要的发源地，例如杨立昆工作与实习过的贝尔实验室和施乐帕克研究中心（Xerox PARC）。而如今，虽然这些工业实验室仍然存在，却不再像 20 世纪中叶那样有效。仔细观察你会发现，黄金时代的工业实验室需要的条件，今天不容易复制，例如，几乎占据垄断的行业地位、前沿研究主要依靠内部完成、研究可以高效地为企业创造利润等。

杨立昆在贝尔实验室辉煌的末期加入，1995 年经历了 AT&T（美国电话电报公司）对公司的一次拆分；1996 年，作为部门负责人，他不得不寻找"实用"的新方向，长达 5 年的时间里，他基本没有再涉足机器学习研究。2001 年年底，AT&T 再次被拆分，裁去一半研究人员。好在他提前在 NEC（日本电气股份有限公司）普林斯顿实验室谋得了一个职位。然而一年后，NEC 遇到经济危机，开始给实验室施压，也逼迫实验室转向更容易落地和变现的应用。

那次人工智能寒冬持续了 10 年，幸运的是，DARPA（美国高级研究计划局）和 CIFAR 对杨立昆等人的想法感兴趣，分别提供了多年支持，让这群人仍能聚集在一起。这些人利用资助组织讲习班，为学生们开辟了一个科学小天地。

今天的"创新生态系统"主体由以下这些部分组成：学术界擅长产生新想法，初创企业擅长将高潜力产品推向新市场，企业研发在改善现有产品方面无与伦比。但组成这个系统的机构差异很大，每个机构的体制都有限制因素。杨立昆也描述了他在脸书挑战这些限制所做的努力。

智源研究院希望通过构筑协作社区，打造用于未来研究的计算和数据平台；同时，集结最优秀的小同行，专注未来可能产生原始创新与长期影响的领域（包括过往投入不足、重视不够的领域）等一系列机制，让创新系统更高效地运行。正如我一开始所提到的，所有努力都是为了提升概率，希望我们的努力能让中国出现突破性成果的概率增加，希望本书读者亦能加入我们的行列。

2021 年 7 月于北京

在无人区创新

贾扬清

阿里巴巴集团副总裁，高级研究员

2014 年，我供职的谷歌大脑（Google Brain）团队在计算机视觉领域著名的标准测试比赛 ImageNet 上，用一个 22 层的深度神经网络获得了第一名。在给这个网络起名字的时候，我们玩了一个小小的文字游戏：将 Google 的 l 大写，即写成"GoogLeNet"。比较"极客"的读者可能会马上发现，这是在致敬 1989 年出现的，也许是那个年代最著名的神经网络 LeNet。在计算机还处于刀耕火种的年代，LeNet 就已经被用在全美国的邮政系统中，来读取每一封信件上面的邮政编码。而 LeNet 的作者，就是今天为大众所知、图灵奖的获得者，也是这本书的作者杨立昆。

30 年前，神经网络走过了非常崎岖的道路。最初的成功过后，神经网络因为本身训练的复杂性、结构的不确定性、对数据量的依赖性、理论的不清晰性等，在 2000 年年初的一段时间之内逐渐被更加有理论依据的凸优化、核方法、概率图模型等取代。杨立昆和其他两位同获图灵奖的大师约书亚·本吉奥和杰弗里·辛顿回忆起自己在这段时间的坚持的时候，笑称这是"deep learning conspiracy"（"深度学习的阴谋"），而他们自己是 Canadian Mafia（"加拿大黑手党"），在各自所在的学校中，他们坚持自己所相信的神经网络研究。

学术界对于神经网络的负面观点是比较普遍的。例如，2010年，我和奥里奥尔·温雅尔斯（Oriol Vinyals，谷歌子公司DeepMind星际项目的首席科学家）在加州大学伯克利分校捣鼓神经网络的时候，我们的前系主任笑称"扬清和奥里奥尔在搞mumbo jumbo（大而无当的东西）"。当然他让我们继续自己喜欢的研究，这也是学术界的开放精神之所在。

　　但是从ImageNet的成功开始，神经网络，或者说"深度学习"，开始以摧枯拉朽之势在各个领域展示出它的优势。感知领域是最先被征服的：让计算机看懂人看得懂的图片，听懂人听得懂的声音，读懂人读得懂的文字。基于此，人工智能算法迅速开始在其他领域崭露头角，例如棋类［AlphaGo（阿尔法围棋）］和游戏、自动驾驶、人工智能医疗、公共服务等领域。可以说，今天人工智能已经成为一门"显学"，成为任何技术领域都值得了解的一个称手的工具。

　　从2013年加入脸书开始，杨立昆就一直领导着它的研究部门FAIR在人工智能的前沿无人区创新。FAIR集聚了大量人工智能的优秀学者，其中不乏华人的面孔，例如计算机视觉专家何恺明、增强学习和理论研究专家田渊栋等。我在脸书工作期间，一方面构建Facebook AI（脸书AI）的工程底座，一方面也参与和见证了Facebook AI给社区带来的各种成果，例如ResNeXT、Detectron、FAISS等算法，以及PyTorch通用人工智能框架、ONNX业界模型标准等。Facebook AI多年的成就，和杨立昆一直以来对于人工智能的孜孜追求是分不开的。

　　作为一位人工智能先驱，杨立昆对人工智能的未来也有着非常深刻的思考。他的思考一些是技术上的：如何通过自监督学习等方式，让人工智能走出数据依赖，使之更像人一样学习和进化？一些是伦理和社会学上的：如何保证人工智能服务于人类的福祉，而不被用到错误的道路上去？只有了解科学的人，才能更加深刻地洞察科学背后的社会意义和风险，杨立昆在这本书中所分享的思考，值得我们每一位感兴趣的读者细细咀嚼。

最后说一些和技术无关的小事情。杨立昆在生活中是一位非常风趣，又带着一点极客风格的人。在他的主页以及脸书页面上有各种风趣的小吐槽，例如他和 SVM（支持向量机）的创始人之一弗拉基米尔·瓦普尼克（Vladimir Vapnik）一起创作的带有二次元风格的笑话，"All your bayes are belong to us"（"你所有的贝叶斯都属于我们"）①。他在 2017 年造访中国，来之前有朋友和他说在中国人工智能很热，"有可能走在路上就有人认出你哦"。他回到美国之后很开心地说，他在上海博物馆门口果然遇到两位学生，很兴奋地拉着他合影。杨立昆评论道，既然我真的被路人认出来，那中国一定有无数的人对人工智能怀着无比的热情。

科技改变生活，我有幸在国内见证着人工智能的蓬勃发展；科学无国界，我也有幸为杨立昆的这本新书写序。希望这本书能够给我们带来更多面向未来的思考，希望读者朋友能把这份热情转化为人工智能蓬勃发展的下一个世纪。

---

① 参见 http://yann.lecun.com/ex/fun/index.html。

从科学思考到科学思维

吴 军

计算机科学家，《智能时代》作者

我非常荣幸能有机会为图灵奖获得者杨立昆博士的新书《科学之路：人、机器与未来》撰写序言。

杨立昆博士因为在深度学习方面的杰出贡献获得了 2018 年度的图灵奖，他的大名在中国的计算机科学界和企业界几乎是家喻户晓。他这本结合了自传和科普的新书非常值得一读，无论是学术界、工业界的人士，还是普通读者，读了之后都会获益良多。

杨立昆的成功经验

在《科学之路》一书的前言部分，杨立昆博士介绍了自己求学和科研的经历。他的求学经历和对教育的理解在当下对中国家长非常具有启发意义。杨立昆是法国人。在法国，如果想要成为任何一个领域的精英，通常要进入招生人数非常少的高等专科学院（grandes écoles，也被称为大学校），比如想做科学家和工程师，就需要进入巴黎高等师范学院（ENS）或者巴黎综合理工学院这样的精英学校学习。而为了考入这些录取率极低的学校，又要花两年左右的时间先学习大学预修课程备考。我想如果一个中国家长在法国，会让孩子走这条路。但是杨立昆却走了一条与众不同的求学道路，他高中毕业后就直接进入一所名气不算太大的大学——巴黎高等电子与电工技术工程师学院（ESIEE）学习。杨立昆做出这样的决定有两个原因：其一，这所大学不需要参加预科课程的学习和考试就能直接申请；其二，在这所学校，他可以获得更多的学习自主权。杨立昆讲，他用自己的经历证明了通过激烈的考试竞争进入名校，不是科学成功的唯一路径。

杨立昆在人工智能领域的研究生涯，可以追溯到他在大学时广泛地阅读课程之外的经典科学著作。在他读书的年代，人工智能是一个热门但是发展并不成熟的研究领域。杨立昆对此有非常大的兴趣，并且阅读了包括诺姆·乔姆斯基（Noam Chomsky）等人在内的很多科学家的论著，特别是苏联伟大的数学家、公理化概率论的奠基人柯尔莫哥洛夫（Kolmogorov）的著作，这为杨立昆打下了坚实的数学基础和计算机科学理论基础。从大学开始，杨立昆就沉溺于人工神经网络的研究，并且敏锐地注意到这个研究领域一个新的技术方向——神经网络的反向训练。后来他进入当时的巴黎皮埃尔和玛丽·居里大学（今天的索邦大学）攻读博士学位，并且在反向训练上取得了卓越的成绩。他的成果很快就有法国一家公司买单，而且让他得以进入当时学术氛围非常自由的贝尔实验室工作。杨立昆用自己的经历告诉我们，接受教育重要的是获得知识本身，而不是获得名校的光环。在以后的学术生涯中，杨立昆一直保持这种特立独行的做法，特别是在全世界都不看好人工神经网络这个研究领域的时候，他依然投身到这项研究中。

杨立昆进入贝尔实验室时，正赶上那个世界科学殿堂最后的辉煌时期，但是很快这个庞大的实验室就解体了。所幸的是，杨立昆得以在纽约大学担任了教职。不过，当时正赶上人工神经网络研究的低谷，虽然杨立昆坚信这项技术会在图像识别领域大放光彩，并且设计出了一个简单的人脸识别系统，但是他的成果并没有引起太多科学家的重视。从 2003 年到 2013 年大约 10 年的时间里，杨立昆和他曾经的领路人杰弗里·辛顿等人一直在默默地从事着各种人工神经网络算法特别是卷积网络算法的研究。他们的成果当时并不引人注目，但是正是这些研究成果，奠定了今天深度学习算法的基础。2013 年之后，随着并行计算的进步和数据量的增加，以人工神经网络为基础的深度学习突然在很多应用领域显示出巨大前景，并且在一个又一个应用中，比如人脸识别、语音识别、机器翻译、计算机博弈，取得骄人的成绩，杨立昆等人的工作一下子轰动了全世界，并且让他和辛顿、约书亚·本吉奥（Yoshua Bengio）一起获得了计算机科学领域的最高奖——图灵奖。

如果要总结杨立昆的成功经验，我们可以用 4 句话来概括：

- 求学是为了知识本身，而不是文凭；
- 广泛地阅读高水平的专业著作，培养科学的品位；
- 特立独行，做自己感兴趣的事情，即便那件事在短时间内不被人看好；
- 长期的坚持。

人工智能的本质

《科学之路》一书的第二部分讲述了基于深度学习的人工智能的原理。虽然杨立昆博士使用了一些公式，但这部分内容依然通俗易懂。

杨立昆博士用几个例子讲述了今天人工智能的本质，就是数学公式＋大量的数据＋计算能力。

首先，我们要将模式识别等问题转化成数学公式。今天计算机的智能从实现方式上讲完全不等同于人的智能；但是，从结果上讲，它和人的智能等价。你可以认为这是两条殊途同归的道路。杨立昆博士用一些典型的模式识别示例告诉我们人工智能是如何实现的，读者朋友即便对里面的公式细节不感兴趣，也能体会到人工智能和人的智能之间的不同。不过，计算机在获得智能的方法上，有一点和人是相同的，那就是从观察到的现象中总结出规律，然后用规律再来预测现象。杨立昆在书中举了伽利略研究速度的例子，伽利略通过观察找到了物体运动的规律并且将它变成了数学公式，然后再把这个公式应用于计算各种运动物体的速度。机器学习也是如此，只不过机器学习的公式不那么直观。

其次，我们需要获取数据，供计算机进行学习。在任何人工智能的应用领域，原始的数据，比如图像本身，都是无法直接用来学习的，这中间要进行一个转化。这个转化的过程被称为特征提取，简单地讲，就是将真实世界的目标对象转化成计算机能够读懂的数据。杨立昆博士用模式识别的例子说明了特征提取是如何进行的。当然，如果读者朋友不想关心具体的步骤，至少需要明白一点，那就是计算机学习需要大量的数据。

最后，当数据量大了之后，就需要数学模型足够复杂才能反映出大量数据中所包含的各个细节。虽然奥卡姆剃刀原理通常很有效，但是在机器学习领域并非如此。事实上，过去基于人工神经网络的机器智能水平之所以不高，就是因为那个网络过于简单。因此，杨立昆等人提出了更为庞大而复杂的深度学习人工神经网络。于是这就遇到了第三个问题，计算能力的问题。杨立昆博士对这部分内容没有做太多的论述，毕竟这部分工作主要是由谷歌、脸书和亚马逊等公司的工程师来完成的，而非科学家关注的重点。

人工智能的应用

《科学之路》一书的第三部分讲述今天人工智能的各种应用，从语音和图像识别、自然语言对话系统，到自动驾驶汽车和医学影像识别，这些名词大家都不陌生，但是如果想了解其中的细节，杨立昆博士的讲述既权威，又直白。

人工智能的局限性

《科学之路》一书的第四部分，也是最后一个部分讲述今天人工智能的局限性，这包括技术上的不足之处，以及人工智能所带来的社会风险。这部分内容是各种介绍人工智能的图书常常忽略的。杨立昆博士提醒我们，所有技术革命都有其阴暗面，但是他坚信这些问题能够得到解决。他在书的最后还谈了一些有趣的话题，比如机器人是否该拥有权力，又该遵守什么样的法律。

总的来讲，这是一本全面介绍人工智能技术，兼顾科普和专业论著特点的鸿篇大作，其中最有价值的部分是杨立昆博士作为深度学习算法的发明人之一，讲述他如何思考机器智能的问题，如何将这种现实世界里的具体问题转化为计算机能够处理的问题。从这个角度上讲，它又是一本教科书，教大家如何思考科学问题。我相信通过阅读这本书，各个层次、不同背景的读者朋友都会有巨大的收获！

2021 年 6 月 6 日于硅谷

以批判性思维持续学习

韦 青

微软（中国）公司首席技术官

近年来，以机器深度学习为代表的人工智能技术得到了突飞猛进的发展，在一些比较成熟的应用领域，人工智能技术正在实现从理论研究到工程实践的飞跃，开始对人类社会做出越来越大的贡献。但与此同时，当越来越多的企业了解到人工智能的巨大功用，并且迫不及待地尝试利用现有的机器深度学习理论与方法，去开拓新的人工智能应用领域时，却发现结果往往不尽如人意。这就产生了一个很有趣的现象，大致可以描述为："人工智能作为一门科学在研究领域的进步"与"人工智能作为一种工程实践在现实社会中的应用落地"之间的矛盾。

产生这种矛盾的原因很多，各家有各家的难处，但总结下来，尤其是在企业的实际应用过程中，主要集中在三点：

第一，企业的决策者与业务部门对于机器智能能力的期望和技术部门真正能够实现的机器能力之间的落差。这个问题可以通过大家一致努力的学习来解决，但是即使解决了这个落差，在具体实现之前也会出现第二个现实问题。

第二，企业为了拥有这种机器能力而在资源与时间上的投入和技术部门为了实现这种机器能力所需要的资源与时间的落差。这个问题可以通过大家共同商讨、分析和判断实现这种能力的前提条件来解决。在更具体的工作过程中，有关确定性与不确定性之间的这对麻烦的矛盾又会出现。

第三，企业对于计划实施的确定性要求和"黑天鹅""灰犀牛"现象层出不穷的时代的复杂性之间的落差。这要求企业决策者和广大员工能够共同建立起一个具备充足韧性的企业文化、组织架构、业务流程、人员素质以及产品与服务系统。这种韧性系统要求决策者具备针对事物本质的深刻洞察，在这个技术与人文的综合素质决定企业与个人能力的时代，这种洞察不仅来源于固定的知识本身，也来源于系统的发展观；对于发展的理解，离不开对于历史规律，尤其是人工智能历史规律的洞察。

我的日常工作主要是与各行各业的合作伙伴进行智能技术应用落地的实践，在这个过程中，既有客户需求终于被技术实现的喜悦，也有明明是好想法却始终无法落地的遗憾。我相信所有从事智能技术落地的工程技术人员，都有同样的体会。也可以这么理解，上述理论与实践的矛盾是当今智能技术领域的普遍现象。那么这个问题有没有解呢？

泛泛而言，答案就是我们必须要不断学习。在这个巨变的时代，我们每一个人，尤其是企业的决策者和业务人员需要努力学习并理解机器智能实现与应用的基本原理，同时利用自己对相关领域商业逻辑的深刻洞察，与技术人员配合，通过合法、高效、全面地使用智能机器实现企业与个人能力的飞跃。这种泛泛而谈的学习的确覆盖面太广了，经常会让人们不知从何下手。但确实有一些快速入手的途径，在我看来，现在在你手中摊开的这本书，可能就是其中的一条途径。

敢言的杨立昆

对大部分读者而言，这本书的作者杨立昆最出名的可能就是与杰弗里·辛顿和约书亚·本吉奥一起获得的由美国计算机协会（ACM）颁发的 2018 年度图灵奖。当然业内人士大都知道他与卷积神经网络的不解之缘，还有那个 1993 年拍摄的用 LeNet 1 卷积神经网络（一个以他的名字命名、拥有 4600 多个单元、接近 10 万个连接的卷积神经网络）对于手写数字自动识别的演示视频，这套系统在 1995 年就开始正式商业落地。要知道那可是将近 30 年前的事情啊！也就是说，现在广为流行的基于深度卷积神经网络的计算机图像识别系统，在近 30 年前就已经开始商用了。

其实杨立昆在业界还以"敢言"出名。当初在 2017 年 NeurIPS 大会上，获颁"长期成就奖"的机器学习专家阿里·拉希米（Ali Rahimi）在他的获奖演讲中，对人工智能的现状进行了批判。拉希米提醒当时的听众，"我们对人工智能的发展过于自大了"。他先用吴恩达对人工智能的著名判断"人工智能是新时代的电力"举例，之后话锋一转，在屏幕上打出一个中世纪炼金士的图像，转而说："目前的人工智能更像是炼金术，只不过是一个还能用的炼金术。"此言一出，激起了本书作者杨立昆的强烈反击，因此在网络上形成了一场关于人工智能到底是不是炼金术的大讨论，这场论战在当时可谓风靡一时。

客观而言，当时论战双方都是基于各自角度和立场的合理论证，并不能简单地判断谁对谁错；但是这种公开的讨论，对大众而言就是一次难得的学习机会。并不是每个人都能够亲身经历机器学习行业几十年的发展历程，也不是所有人都有相应的知识与精力认真思考和研究这些针锋相对的观点和意见。杨立昆的这种敢想、敢做、敢说的风格，的确能够帮助广大民众从他的言论与论著中学到除了技术以外的一些哲学思想内容，而这些思想对需要利用技术解决业务问题的企业决策者和业务人员而言，就变得大有益处了。

坦诚直率的分享

作为图灵奖的获得者，同时是机器学习领域，尤其是以卷积神经网络为代表的深度机器学习领域的领军人物，杨立昆在写作本书时，有意识地不把它写成一本纯粹的技术书，更多的是把他在机器学习领域几十年所走过的道路与读者分享。整本书读下来，尽管也有许多有关机器学习算法设计与实现原理的分析与讨论，但更多的是他在这个行业摸爬滚打几十年的心得体会，值得我们深入阅读与思考。

正如前面所讲，现在妨碍智能机器能力落地的主要障碍，很多情况下不是技术本身，而是对技术能力的期望值和技术有限性之间的矛盾，以及应对复杂现象的能力。这正是杨立昆在他的书中始终强调的观点。

本书的写作风格，与杨立昆自诩为工程师的为人一样，非常坦诚、直率、目的明确、不事雕琢。喜欢那些用词优美、语意流畅、文学性强的文章的读者，可能需要习惯一下他这种工程师式的写作方式。同时也由于过去几十年人工智能的发展道路非常坎坷，杨立昆又坚持选择了一条并不为大多数同行看好的深度机器学习之路，让他和少数同路人没有少受委屈，这也让他偶尔会怀疑自己选择的道路是否能走向成功的未来。我相信正是他的这种真情实意，使得这本书的内容对广大读者来说有非常真实的借鉴意义；同时我也相信，正是因为他经历了人工智能这几十年真实不虚的起起伏伏，他才有那么坚定的信心、意愿与各种对于人工智能发展的观念与思潮进行坦诚的辩论与交流。

本书中最令我动容的是他在第二章"深度学习的阴谋"那一节里有关信心与动摇的描写。那是1987年12月6日，也就是杰弗里·辛顿生日当天发生的事情。辛顿本是个很有幽默感的人，但那一天他苦涩地坦陈："今天是我40岁生日，我的职业生涯也到头了，什么也做不成了。"的确，那时候才是 1987 年，辛顿已经 40 岁了，离他和他的团队在 2012 年利用深度卷积神经网络将计算机图像识别的错误率从 25% 一下子降到 16% 还有 25 年，离 AlphaGo 在 2017 年中国乌镇围棋峰会上以 3：0 击败围棋世界排名第一的柯洁还有 30 年，离他与本吉奥和杨立昆在 2019 年共同获得 2018 年度图灵奖还有 32 年。正因为如此，作为辛顿的朋友和图灵奖的共同获得者，杨立昆可以自豪地讲："我们在 20 年后又有了新的想法，但我们碰见的大多数人都不如辛顿这样，他们都很傲慢。"我相信他们几位先行者的经历，也能够给中国莫名其妙流行的程序员"35 岁现象"起到正面的借鉴意义。

丰富的阅读体验

类似的警句在本书中比比皆是，在我拿到的中信出版社给我的试读本中，我已经做了非常多的标注，让我跟大家分享一些我收集的例子，与大家共勉。

本书一开篇就写道，"人工智能正在逐步占领经济、通信、健康和自动驾驶汽车等领域。很多观察家不再将其视为一次技术演变，而视其为一场革命"。杨立昆所坚信的"深度学习就是人工智能的未来"。第九章里他把机器学习的各种方法比作黑森林蛋糕。作者还是一个不希望把技术神化的具有踏踏实实工程师个性的科学家，当他解释机器学习算法的时候，他希望读者理解的是它背后的思维本质，而不是多么高不可攀的术语和公式。对于算法，他说："算法是指令序列，这就是它的全部，没有任何神奇、难以理解的地方。"他对机器自动学习原理的解释就是与"物理学的基础"一样，"从观察到的现象中总结出定律，并用定律预测现象"。

另一个有趣的例子是他对 SVM 算法的观点。尽管 SVM 是他的朋友和同事一起发明的，但他在书中明确写道："我对我的朋友和同事深怀敬意，但必须承认我本人对这个方法并不是特别感兴趣，因为它并没有解决特征提取器自动训练的关键问题。不过，SVM方法吸引了很多人的注意。"

我所接触到的绝大多数科学家，都与杨立昆的风格类似，他们都有一个共同的素质，就是始终带有批判性思维。当这些优秀的科学家或工程师对一种技术或者方法进行研究与推广的时候，永远都要先阐述它能够起作用的前提约束条件，不会一味推崇某种技术的好处而不阐明因为某种优势所必然带来的某种劣势。这些科学家的技术与工程理念可以综合地解释为，"任何一种强大的技术，有其正面就必定有其负面，不理解它的负面，就不能更好地发挥它的正面；不能够关闭某种神奇的工具，就不能轻易地把它打开"。这种思想方式始终贯穿本书。

在与大量客户的合作过程中，我也发现企业的决策者容易被技术发展的单方面描述误导，尤其在这个手机朋友圈知识远大于传统知识渠道的时代。人们得到了知识获取的便利性，但同时又面临着判断知识真假的挑战。虽然以机器学习为代表的智能技术表现出了非常强大的潜力，也让我们看到了这种强大的智能技术在一些领域中的应用所带来的翻天覆地的变化，但是这种应用领域的范围还极为狭窄，还有大量的未知领域需要人们以探索的精神来找到落地的方法。但现实是人们很容易在没有理解和认知某种先进技术的负面因素的前提下，就做出了一个不具备批判性观点的决策。这种决策方法极易将本来可以在一定范围内为企业发展做出贡献的技术，仅仅由于没有考虑到在使用过程中应该避免的负面效果而前功尽弃。在现实中，这种决策方法所造成的后果可能更严重，因为这种前功尽弃的现象，又会使企业的决策者完全丧失对于使用先进技术提高自身竞争实力的信心，以至干脆放弃对先进技术的追求与坚持。这种结果几乎可以称为"双倍的得不偿失"。

机器学习的能力很强大，但是要想用好这种能力并不容易。人类社会发展到今天，进入智能化时代，是一个大概率事件。理解、掌握并用好机器学习的能力，已经成为每个组织与个人生存与发展的必选项，而不再是一个可选项。同时，由于这种技术的复杂性，它要求人们不仅能够学习固定的知识，还需要具备应对变化的能力，而这种应对变化的能力其实也是机器学习的基础能力范式。机器学习已经发展到了能够帮助人类扩展自身认知空间的阶段，也就是说，人类不仅能够利用机器学习的能力，也可以向机器学习新的学习方法，这种方法的核心就是在变化和不确定的情况下随时适应新情况的方法。

到底是不是炼金术？

刚才在前面跟大家介绍了杨立昆与拉希米关于机器学习是否是炼金术的争论，在那场争论中，杨立昆坚决地站在机器学习不是炼金术的一方，但科学探索的本质就是不断接近真相但永远不会到达真相，在这个寻求真相的过程中会随时根据周围环境的变化和新的现象而做出修正。读书也是一样，"尽信书，不如不读书"。本书作者以他自己"科学之路"的经历告诉我们同样的道理，那么就让我们以他自己在前言部分写的一段话作为收尾吧！

深度学习的探索之旅并不容易，我们不得不与各个方面的怀疑论者做斗争……深度神经网络，即我们提出的深度学习，就是突破局限性的方法。深度神经网络十分有效，但是运作也非常复杂，并且难以进行数学分析，但我们还是如同炼金术士般不懈追求着。

杨立昆的科学之路

马　毅

加州大学伯克利分校电子工程与计算机系教授

　　非常荣幸受邀给杨立昆教授的新书中文版作序。我和杨立昆相识于计算机视觉领域的大会，至今应该有十多年了。在科研方向上，我们一直都非常关心一个共同的基本问题：如何正确有效地表示图像数据的内在结构。杨立昆非常重视从实际数据和任务出发，例如针对图像分类的卷积网络和自动编码方面的开创性工作；而我比较偏重描述图像数据内在的低维结构的基本数学模型，例如稀疏结构和多子空间模型。虽然我们研究的侧重点不太一样，但因为大方向一致，对对方的工作一直都非常了解。在很长一段时间里，由于我们的工作在实用性方面还没有充分体现出来，而在计算机视觉领域又比较小众甚至另类，因此也有些惺惺相惜。科学探索，绝对不能因为一时不被大多数人认可就放弃正确的方向。杨立昆在新书里生动地描述了他们在深度学习方面艰辛探索与努力坚持的心路历程。相信这些亲身体验，对年轻的科研人员应该有非常好的教育意义。

　　今天，我们可以看到这些当初不被主流认可与看好的工作产生了多么深远的影响：深度卷积网络以及稀疏结构基本上是所有实用深度模型，甚至是任何高维数据模型必不可少的基本元素。2016 年暑假，深度学习、压缩感知、优化算法以及调和分析领域的一群前沿学者，聚集到墨西哥美丽的瓦哈卡（Oaxaca）的数学研究所，一起交流和探讨这些领域及其相关领域的进一步发展。杨立昆和我应该是计算机视觉领域仅有的两位参会者。当时我还带了家人。杨和我们一家还有不少学生一起去参观了玛雅遗址。也是在这次研讨会上，通过与杨交流，我第一次开始真正意识到深度模型与低维结构的内在联系。当时我还在上海科技大学执教，所以顺便邀请杨在2017年上海科技大学信息学院的学术年会上做一个关于深度学习的主题演讲。我记得当时那场演讲现场观众有800多人，而通过在线直播参加的有四五千人。这可能就是他在书的中文版自序中提到的在中国受到明星一样待遇的一个例证。那次年会后，为尽地主之谊，我专门陪杨和他的夫人一起去了上海的朱家角游玩。一路上，杨对中国文化非常感兴趣，买了不少纪念品，直到他夫人阻拦为止。

2018年我回到美国，因为我们俩都意识到深度网络与低维结构的密切联系，所以杨和我进行了多次交流。2019年，我专程去纽约大学拜访了他。一方面是当面祝贺他获得了图灵奖，另一方面是与他深入探讨深度网络的理论研究方向。当时深度网络虽然在实践上取得了巨大成功，但其内在机制和理论基础却不清楚。我记得我们在他纽约大学的办公室讨论了整整一个下午，出来时天已经黑了。我们一下午的讨论就围绕一个中心主题：深度网络究竟在优化什么。杨立昆认为可以从类似于物理学中的能量方面找灵感，而我感觉应该从数据的低维结构表示入手。虽然具体想法有异，但目的和方向非常一致。我也是从这次讨论中清楚地意识到，任何成功的理论框架，不仅要弄清楚深度学习的目的，而且从这个目的出发必须能很自然地解释深度网络的主要结构。可以这么讲，这次讨论是我近两年从数据压缩的角度，用第一性原理阐释深度网络的真正起点。有趣的是，这项工作居然真的把深度卷积网络与低维子空间结构完全有机地结合在一个统一的理论框架下。

很多时候，一些看似很难的问题可能并不像想象的那么艰深，而真正难的是在不知道方向和答案的时候有没有勇气全身心地投入。杨立昆以他非凡的直觉和洞察力，为我们从基础理论层面研究深度网络指引了正确的方向，而且从很大程度上，让我们避免了做理论时最容易犯的错误：闭门造车。我讲述与杨立昆交流合作的故事，是希望年轻学者充分认识到理论与实践联系的重要性，以及在科研中不断拓宽视野、兼容并蓄、与多个交叉领域的同事交流合作的重要性！

杨在他这本新书里以生动翔实的事实传授了很多类似的道理。这本书不仅深入浅出地介绍了人工智能、深度学习的发展历程与核心原理，更重要的是作者通过亲身经历和体验，介绍了如何探索思考科研问题的方法。我以前一直敬仰杨立昆是一个了不起的学者，读了这本书才发现他的知识面如此之广，文笔如此之生动。因此，这是一本不可多得的好书，细心的读者一定会受益匪浅。

让历史告诉未来

黄铁军

智源研究院院长，北京大学教授

杨立昆是当今世界顶尖的人工智能专家，为他的新书作序，颇具挑战性。好在众多专家已在人工智能领域探索了近 70 年，本序希望通过反思已走过路径的合理性及局限性，探索人工智能的未来发展方向，从而对本书略做补充。

先谈一下对智能的看法。智能是系统通过获取和加工信息而获得的能力。智能系统的重要特征是能够从无序到有序（熵减）、从简单到复杂演化（进化）的。生命系统是智能系统，也是物理系统；既具有熵减的智能特征，也遵守熵增在内的物理规律。人工智能是智能系统，也是通过获取和加工信息而获得智能，只是智能载体从有机体扩展到一般性的机器。

就像人可以分为精神和肉体两个层次（当然这两个层次从根本上密不可分），机器智能也可以分为载体（具有特定结构的机器）和智能（作为一种现象的功能）两个层次，两个层次同样重要。因此，我偏好用机器智能这个概念替代人工智能。

与机器智能相比，人工智能这个概念的重心在智能。"人工"二字高高在上的特权感主导了人工智能研究的前半叶，集中体现为符号主义。符号主义主张（由人）将智能形式化为符号、知识、规则和算法，认为符号是智能的基本元素，智能是符号的表征和运算过程。符号主义的思想起源是数理逻辑、心理学和认知科学，并随着计算机的发明而步入实践。符号主义有过辉煌，但不能从根本上解决智能问题，一个重要原因是"纸上得来终觉浅"：人类抽象出的符号，源头是身体对物理世界的感知，人类能够通过符号进行交流，是因为人类拥有类似的身体。计算机只处理符号，就不可能有类人感知和类人智能，人类可意会而不能言传的"潜智能"，不必或不能形式化为符号，更是计算机不能触及的。要实现类人乃至超人智能，就不能仅仅依靠计算机。

与符号主义自顶向下的路线针锋相对的是连接主义。连接主义采取自底向上的路线，强调智能活动是由大量简单单元通过复杂连接后并行运行的结果，基本思想是：既然生物智能是由神经网络产生的，那就通过人工方式构造神经网络，再训练人工神经网络产生智能。人工神经网络研究在现代计算机发明之前就开始了，1943 年，沃伦·麦卡洛克（Warren McCulloch）和沃尔特·皮茨（Walter Pitts）提出的 M-P 神经元模型沿用至今。连接主义的困难在于，他们并不知道什么样的网络能够产生预期智能，因此大量探索归于失败。20 世纪 80 年代神经网络曾经兴盛一时，掀起本轮人工智能浪潮的深度神经网络只是少见的成功个案，不过这也是技术探索的常态。

人工智能的第三条路线是行为主义，又称进化主义，思想来源是进化论和控制论。生物智能是自然进化的产物，生物通过与环境以及其他生物之间的相互作用发展出越来越强的智能，人工智能也可以沿这个途径发展。这个学派在 20 世纪 80 年代末 90 年代初兴起，近年来颇受瞩目的波士顿动力公司的机器狗和机器人就是这个学派的代表作。行为主义的一个分支方向是具身智能，强调身体对智能形成和发展的重要性。行为主义遇到的困难和连接主义类似，那就是什么样的智能主体才是"可塑之才"。

机器学习从 20 世纪 80 年代中期开始引领人工智能发展潮流，本书给出了很通俗的定义：学习就是逐步减少系统误差的过程，机器学习就是机器进行尝试、犯错以及自我调整等操作。机器学习对人工智能最重要的贡献是把研究重心从人工赋予机器智能转移到机器自行习得智能。近年来，最成功的机器学习方法是深度学习和强化学习。

深度学习是连接主义和机器学习相结合的产物，最大的贡献是找到了一种在多层神经网络上进行机器学习的方法，本书作者杨立昆和约书亚·本吉奥、杰弗里·辛顿因此获得 2018 年度图灵奖。深度学习首先回答了什么样的神经网络可以训练出智能，包括多层神经网络和卷积神经网络，也回答了训练（学习）方法问题，包括受限玻尔兹曼机模型、反向传播算法、自编码模型等。深度学习对连接主义的重大意义是给出了一条训练智能的可行途径，对机器学习的重大意义则是给出了一个凝聚学习成效的可塑载体。

强化学习的思想和行为主义一脉相承，可追溯到 1911 年行为心理学的效用法则：给定情境下，得到奖励的行为会被强化，而受到惩罚的行为会被弱化，这就是强化学习的核心机制——试错。1989 年，沃特金斯提出 Q 学习（Q-learning），证明了强化学习的收敛性。2013 年，谷歌子公司 DeepMind 将 Q 学习和深度神经网络相结合，取得 AlphaGo、AlphaZero（阿尔法元）和 AlphaStar 等重大突破。最近，DeepMind 更是强调，只需要强化学习，就能实现通用人工智能。

与 DeepMind 极力推崇强化学习不同，杨立昆认为强化学习不过是锦上添花，传统监督学习标注成本高，泛化能力有限，也只是点缀，自监督学习才是机器学习的未来。自监督学习是通过观察发现世界内在结构的过程，是人类（以及动物）最主要的学习形式，是"智力的本质"，这就是本书第九章的核心观点。最近，杨立昆和另外两位图灵奖获得者发表的论文"Deep Learning for AI"（《面向人工智能的深度学习》）中，也重点谈了这个观点。

有了三位图灵奖获得者的大力倡导，相信自监督学习将会掀起一波新的研究浪潮，但我不认为这就是"智力的本质"。根本原因在于，这只是从机器学习层次看问题，或者更一般地说，是从功能层次看问题。我认为，学习方法（功能）固然重要，从事学习的机器（结构）同样重要，甚至更重要，因为结构决定功能。正如我开始时强调过的，永远不要忘记作为智能载体的机器。

杨立昆在第九章开篇提到了法国航空先驱克莱芒·阿代尔（Clément Ader），他比莱特兄弟早13年造出了能飞起来的载人机器。杨立昆从这位先驱身上看到的主要是教训："我们尝试复制生物学机制的前提是理解自然机制的本质，因为在不了解生物学原理的情况下进行复制必然导致惨败。"他的立场也很清楚："我认为，我们必须探究智能和学习的基础原理，不管这些原理是以生物学的形式还是以电子的形式存在。正如空气动力学解释了飞机、鸟类、蝙蝠和昆虫的飞行原理，热力学解释了热机和生化过程中的能量转换一样，智能理论也必须考虑到各种形式的智能。"

我的看法和他不同，我认为克莱芒·阿代尔（和莱特兄弟）不仅没有"惨败"，而且取得了伟大的成功。原因很简单：克莱芒·阿代尔1890年和莱特兄弟1903年分别发明飞机，而空气动力学是1939—1946年才建立起来的。两次世界大战中发挥重大作用的飞机，主要贡献来自克莱芒·阿代尔和莱特兄弟的工程实践，而不是空气动力学理论的贡献，因为空气动力学还没出现。另一个基本事实是，至今空气动力学也没能全面解释飞机飞行的所有秘密，更没有全面解释各种动物的飞行原理。空气动力学很伟大，但它是"事后诸葛亮"，对于优化后来的飞机设计意义重大，但它不是指导飞机发明的理论导师。

智能比飞行要复杂得多，深度学习成功实现了智能，但是能够解释这种成功的理论还没出现，我们并不能因此否定深度学习的伟大意义。杨立昆和另外两位图灵奖获得者的伟大，和克莱芒·阿代尔及莱特兄弟之伟大的性质相同。我们当然要追求智能理论，但是不能迷恋智能理论，更不能把智能理论当作人工智能发展的前提。如果这里的智能理论还试图涵盖包括人类智能在内的"各种形式的智能"，则这种理论很可能超出了人类智能可理解的范围。

所以，尽管自监督学习是值得探索的一个重要方向，它也只是探索"智力的本质"漫漫长途中的一个阶段。人类和很多动物具有自监督学习能力，并不是自监督学习多神奇，而是因为他（它）们拥有一颗可以自监督学习的大脑，这才是智力的本质所在。机器要进行自监督学习，也要有自己的大脑，至少要有深度神经网络那样的可塑载体，否则自监督学习无从发生。相比之下，强化学习的要求简单得多，一个对温度敏感的有机大分子就能进行强化学习，这正是生命和智能出现的原因。所以，强化学习才是更基本的学习方法。

当然，从零开始强化学习，确实简单粗暴、浪费巨大，这也是强化学习思想提出百年并没取得太大进展的重要原因。强化学习近十年来突然加速，是因为有了深度神经网络作为训练的结构基础，因而在围棋、《星际争霸》等游戏中超越人类。不过，人类输得并不心甘情愿，抱怨的主要理由是机器消耗的能源远高于人类大脑。我认为这种抱怨是片面的，人类棋手大脑的功耗确实只有数十瓦，但训练一个人类棋手要花费十多年时间。更重要的是，人类棋手学围棋时是带着大脑这个先天基础的，这颗大脑是亿万年进化来的，消耗了巨大的太阳能，这都应该记到能耗的总账中。这样比较，到底是机器棋手还是人类棋手能耗更大呢？

从节省能源角度看，机器智能确实不应该从头再进化一次，而是应该以进化训练好的生物神经网络为基础，这就是纯粹的连接主义：构造一个逼近生物神经网络的人工神经网络。1950 年，图灵的开辟性论文《计算机与智能》中就表达了这个观点："真正的智能机器必须具有学习能力，制造这种机器的方法是：先制造一个模拟童年大脑的机器，再教育训练它。"这也是类脑智能或神经形态计算的基本出发点。相关科研实践开始于20世纪80年代，基本理念就是构造逼近生物神经网络的神经形态光电系统，再通过训练与交互，实现更强的人工智能乃至强人工智能。

除了改进训练对象的先天结构，训练不可或缺的另一个要素是环境。环境才是智能的真正来源，不同环境孕育不同智能。人们往往把今天人工智能系统的成功归结为三个要素：大数据＋大算力＋强算法，其中数据是根本，另外两个要素主要影响效率。训练更强智能，需要更大数据，这是智能发展的基本规律。有人提出"小数据"方法和小样本学习，标榜要颠覆大数据方法，给出的典型理由是人类和动物能够举一反三，不需要大数据。这种观点貌似有道理，其实言过其实，因为他们忘记或者故意隐瞒了实现举一反三的主体是大脑，而大脑本身是"进化大数据"训练的结果。所谓小数据方法，是以大数据"预训练"为前提的。仅靠小数据不可能训练出复杂智能，道理很简单——小数据没有蕴含足够的可能性和复杂性，所谓的强大智能又从何而来呢？

但即便是大数据，也不能完整有效地表达环境，数字孪生能更全面地刻画物理环境，更好地保留环境自有的时空关系，因此也能够哺育出更强的人工智能。物理世界的模型化本来就是科学最核心的任务，以前从中发现规律的是人类，未来这个发现主体将扩展到机器。

行文至此，我们已经从人工智能发展史中小心翼翼地挑出三根靠得住的基本支柱：一是神经网络，二是强化学习，三是环境模型。在这三根支柱中，杨立昆最突出的贡献是对神经网络的贡献，特别是卷积神经网络。至于想到用卷积神经网络，是因为借鉴了生物神经感知系统，这就是卷积神经网络在图像识别和语音识别等领域大获成功的主要原因——深度神经网络已经借鉴了生物神经网络的部分结构。

总而言之，人工智能经典学派有三个：符号主义、连接主义和行为主义。符号描述和逻辑推理不是智能的基础，而是一种表现，读写都不会的文盲就拥有的"低级"智能才更基础。因此，连接主义和行为主义虽然困难重重，但有着更强的生命力，从中发展出的深度学习和强化学习两套方法，成为当今支撑人工智能的两大主要方法。

展望未来，人工智能的发展途径有三条。一是继续推进"大数据＋大算力＋强算法"的信息技术方法，收集尽可能多的数据，采用深度学习、注意力模型等算法，将大数据中蕴藏的规律转换为人工神经网络的参数，这实际上是凝练了大数据精华的"隐式知识库"，可以为各类文本、图像等信息处理应用提供共性智能模型。二是推进"结构仿脑、功能类脑、性能超脑"的类脑途径，把大自然亿万年进化训练出的生物神经网络作为新一代人工神经网络的蓝本，构造逼近生物神经网络的神经形态芯片和系统，站在人类智能肩膀上发展机器智能。第三条技术路线的核心是建立自然环境的物理模型，通过强化学习训练自主智能模型。比如，构造地球物理模型，训练出的人工智能系统能够适应地球环境，与人类共处共融；构造高精度物理模型（例如基于量子力学模型构造出粒子、原子、分子和材料模型），可以训练出能够从事物理学和材料学研究的人工智能；构造出宇宙及其他星球的物理模型，可以训练出的人工智能则有望走出地球，适应宇宙中更复杂的环境。

人类智能是地球环境培育出的最美丽的花朵，我们在为自己骄傲的同时，也要警惕人类中心主义。地球不是宇宙的中心，人类智能也没有类似的独特地位，把人类智能视为人工智能的造物主，曾经禁锢了人工智能的发展。沉迷于寻求通用智能理论，将是阻碍人工智能发展的最大障碍。破除人类中心主义的傲慢和对通用智能理论的迷思，构建更好的人工神经网络（包括逼近生物神经网络），坚持和发展强化学习基本思想，不断提高环境模型的精度和广度，人工智能将稳步前行，前景无限。

探求未知的科学精神

郭毅可

欧洲科学院院士，英国皇家工程院院士，香港浸会大学副校长，
英国帝国理工学院教授，高山书院顾问委员会委员

拿到杨立昆先生的新书，一看书名《科学之路：人、机器与未来》，我就被深深吸引。

在不久的未来，机器会思考吗？机器如何思考？机器思考和人类的思考有什么不同？我带着这些疑问拜读了这位人工智能大师的新作。

我和杨立昆先生并不认识，但关于他的故事却早有耳闻。我非常钦佩他在人工智能处于低潮时的远见卓识。他看到了在大数据、大算力的支持下大规模神经网络的巨大潜力。他在卷积神经网络上的开创性工作，开启了深度学习的新时代。

在过去的十多年里，他是深度学习技术和理论的积极倡导者和实践者，为这个技术的发展和应用做出了杰出的贡献。在这本书中，他以自己特有的热情对人工智能这些年的突飞猛进和未来的光明前景做了深入浅出的阐述，引人入胜！

杨立昆先生对机器思考的观点和看法有他的独到之处：一方面他强调机器有独特的思考能力，另一方面他也承认今天机器的思考缺乏常识。对机器思考的机制和机器思考与人类之间互通的讨论的研究是今天人工智能的热点，也是最具挑战性和哲学意义的命题。所以，这

本书不仅有着向大众传播科学技术的价值，而且更展示了杨立昆探求未知的科学精神。

我希望大家像我一样喜欢这本书，并从中获益。

今天，人工智能的各类图书充斥书架，但真正由人工智能革命的领导者亲自撰写的书却很少。人工智能大家杨立昆在这本书里，把人工智能的来龙去脉和他本人的核心观点，和我们娓娓道来。我们就像坐在冬天的火炉边，端着一杯咖啡，听他讲述人工智能的故事，这本身就是一种享受。我们在书里不仅能得知一些有趣的人工智能发展的小故事，也可以领会到几代人坚持不懈的努力，从而更加赞叹这种锲而不舍的精神。同时，我们对人工智能未来社会的理解，也会更加深刻。我本人长期从事人工智能的研发实践工作，强力推荐这本书给各位读者，希望大家尤其是青年人，从中获得深刻的启发。

杨强

香港科技大学讲座教授，

国际人工智能联合会议（IJCAI）理事长（2017—2019），

香港人工智能与机器人学会理事长，

国际人工智能学会 AAAI Fellow

杨立昆博士是一位伟大的人工智能科学家，强人工智能实现道路上的布道者。

作为现代人工智能的一种主流范式，深度学习技术因对人脑有更好的模仿效果，已经蔓延到整个商业科技世界，并潜移默化地改变了人们的生活习惯。在打造一台"可学习"的机器这个奇妙想法的实现过程中，我们能清晰地看到一位巨人踩下的脚印——杨立昆提出的卷积神经网络和反向传播优化方法论使人工智能领域得到了前所未有的复兴。这本书由浅至深详尽地介绍了人工智能革命的发展，以及杨立昆与人工智能结缘的始末，看完让人心潮澎湃，大受启发！

彭志辉（稚晖君）

华为天才少年，人工智能工程师，科技博主

杨立昆先生的这本《科学之路》由100多篇言简意深的短文组成，每篇只有一两页，围绕一个引人入胜的观点，读起来完全没有压力。作为人工智能中兴的亲历者和关键人，相比比尔·盖茨、霍金，他的观点更具实践者方有的科学基础，而与马斯克、扎克伯格相比，他的表达也更能"祛魅"、更纯粹、更没有商业意图。作为大师，他不避讳人工智能还面临很多的未知，这些未知影响到了自动驾驶等重要应用在近期的普及（杨先生用大量的篇幅讲述了他对自动驾驶的洞察），也为人工智能未来30年的巨大创新"留白"。掩卷沉思，每一个有志于用人工智能改变世界的读者都会油然而生一种责任感，为往圣继绝学，为万世开太平，杨先生的科学之路，其道不孤。

吴甘沙

驭势科技董事长、CEO

科研的魅力

以机器深度学习为基础的智能系统已成为我们日常生活中不可或缺的一部分。世界上还没有一个地方像中国那样，让机器深度学习成为国家级优先项目，并成为公众瞩目的焦点。

在过去10年，我曾多次造访中国，这让我对中国的学生、企业家和科学家在人工智能和机器深度学习方面的兴趣和热情有了最直观的感受。

我第一次访问中国是在2009年，当时是应北京大学举办的一个暑期研修班的邀请。

我做了三场有关机器深度学习的讲座，内容涉及卷积网络、图像识别的应用、自然语言处理和自动化机器人。4年之后，深度学习这个概念才开始变得家喻户晓。

学生的热情令人难以置信。有一天，所有参加研修班的人去长城游览。在我们等待回北京市区的大巴时，一位学生腼腆地问是否能跟我合影，我欣然同意。很快，所有的学生竟然都排队要与我合影。在美国，只有电影明星和著名的音乐家才有这种待遇，科学家是没那么多人追捧的。

上海恐怕是世界上唯一会有人在街头拦住我并索要签名的城市。

诚然，与在巴黎或纽约相比，我在上海的确更显眼，但我认为这也反映出中国年轻人对科学和工程，尤其是对人工智能感兴趣的程度。

在最近几年，我观察到中国的科学家开始崭露头角，他们成为国际学术圈的主角。近些年，中国的研究机构在 CVPR 上发表的科研论文越来越多，这与 10 年前相比已不可同日而语。百度是最早部署商业化深度学习系统的大型公司之一，领先于谷歌和微软。有一些重大的创新也是由中国科学家做出的，例如，ResNet 卷积网络体系结构（残差网络）是何恺明发明的。他当时在位于北京的微软亚洲研究院工作（现在就职于加利福尼亚州门洛帕克的 FAIR）。

科学研究最棒的地方就在于它让科研结果得以自由交流。科学家可以自由地发表研究结果，并且几乎是系统地公开分享他们的代码。科学技术的迅速发展正是得益于这种自由的信息交流。加入这个领域进行开放研究的富有才华和创造力的年轻科学家和学生越多，技术进步就越快，整个世界也将从技术进步中受益良多。

信息的自由流动就是进步的动力。

我的科学之路

"哈尔（HAL）！把舱门打开！"在电影《2001 太空漫游》中，一台名为"哈尔 9000"的高智能计算机操控着宇宙飞船，而它拒绝执行为宇航员戴夫·鲍曼（Dave Bowman）打开分离舱舱门的命令，这一场景戏剧性地展现出人工智能的关键问题：系统转而攻击它的设计者，这是幻想还是有依据的害怕？我们是否应该担心终有一日世界会被终结者或几乎拥有无限力量和邪恶设计目的的智能机器人统治？越来越多的人提出这样的问题，因为我们生活在一场前所未有的变革之中。放在 50 年前，这种变革是不可想象的。那就是，我毕生研究的人工智能正在颠覆人类社会。

因此，我想写这本书来解释人工智能运作时的方法和技术，且毫不掩饰其中的复杂性。这一过程比学习国际象棋更难，但是我认为有必要对这个话题形成一个理性的认识。大众媒体上总是充斥着"深度学习""机器学习""神经网络"等术语，我想用通俗易懂的语言一步步地阐明推进计算机科学和神经科学交叉的科学方法。

在深入了解机器的旅程中，本书提供了两个层次的阅读目标：第一个层次较为基础，即叙述、描写和分析；第二个层次针对对此感兴趣的读者，本书提供了更加深入的数学和信息技术推理。

人工智能可以让机器识别图片，转译不同语言的语音，翻译文本，自动驾驶，自动操纵工业流程。人工智能近年来惊人的发展离不开深度学习。深度学习可以训练机器直接完成任务，而不需要对其进行显式编程（明确的编程指示）。人工神经网络是深度学习的特点之一，其架构和运作方式基于人脑的启发。

人脑由860亿个神经元构成，神经元细胞之间相互连接。人工神经网络也是由大量单元和数学函数构成的，与简化后的神经元类似。在学习时，人脑神经元之间的连接会被改变，人工神经网络在学习时也是如此。因为这些单元的组织通常是多层的，所以它们被称为神经网络，而人工神经网络学习的过程则被称为深度学习。

人工神经元的作用是对输入信号进行加权求和，如果求和总值超过某一阈值，则产生一个输出信号。人工神经元正是由计算机程序计算出的数学函数。可见，人工智能领域的词汇场与人脑中的词汇场相近，但这并不是巧合，因为正是神经科学领域的发展促生了人们对人工智能的研究。

我还想在这趟非同寻常的科学探索中追溯我的人工智能之旅。我的名字与改变了视觉识别的卷积网络密不可分。卷积网络受哺乳动物视觉皮层结构和功能的启发，能有效处理图像、视频、声音、语音、文本和其他类型的信号。

那么研究者做了什么呢？研究者的理念从何而来？对我而言，我经常凭直觉工作，同时也受数学的启发而工作。我知道许多科学家的工作方式与我完全相反。我会在脑中设想一些极端情况，也就是爱因斯坦所说的"思维实验"，即设计一个场景，然后尝试设想其后果，以便更好地理解问题。

这种直觉总会在我的阅读过程中出现。我贪婪地阅读，我熟知前人的所有工作。在探索之路上我们并非孤身一人，时机到来之时，那些已经存在的但尚未被提出的理念会一个接一个地涌入许多人的头脑中。科学研究也是一样，它的进展总是无序的，有时突飞猛进，有时停滞不前，甚至会走回头路。但研究这件事总是依靠集体协作的，发明者独自一人在实验室里工作的场景只会出现在科幻小说中。

深度学习的探索之旅并不容易，我们不得不与各个方面的怀疑论者做斗争。完全基于逻辑和手写程序的人工智能的拥护者说我们会失败，传统机器学习的捍卫者公开指责我们，可事实上，我们研究的深度学习仅仅是机器学习这个广阔领域中的一套特殊技术而已。谈到机器学习，机器不需要显式编程，基于例子就可以学习处理一项任务，这是有局限性的，我们希望可以突破这些局限性。深度神经网络，即我们提出的深度学习，就是突破局限性的方法。深度神经网络十分有效，但是运作也非常复杂，并且难以进行数学分析，但我们还是如同炼金术士般不懈追求着。

2010 年前后，当神经网络终于被明确证明有效时，传统机器学习的拥护者停止了他们的挖苦。我本人从未怀疑过神经网络的有效性，我一直相信，人类智能如此复杂，因此，我们必须建立一个具有自我学习能力和经验学习能力的自组织才能复制它。

如今，在大量可用数据库和工具（如 GPU，可使计算机的计算能力倍增）的推动下，这种形式的人工智能是最有发展前景的。

在学业接近尾声时，我曾打算在北美待上几年；直到现在，我还待在这里。在经历了不少波折后，我进入了拥有 20 亿用户的脸书工作，负责人工智能方面的基础研究。也是在那里，我开始了研究工作。我不想隐瞒脸书在 2018 年经历的风波，这场风波使公司遭受严重质疑，但脸书的业务领域仍在不断扩张。无论何时何地，我都坚持公开透明原则。

2019 年 3 月，我获得了美国计算机协会颁发的 2018 年度图灵奖，这个奖项也被誉为计算机界的诺贝尔奖。我与两位深度学习领域的专家共获此殊荣，他们是约书亚·本吉奥和杰弗里·辛顿。这两位也是我的同路人，我们有时合作无间，有时又各自独立研究，但互相之间从未停止过交流。

我的职业生涯的进展多与上述经历有关，也与我能够在由一群富有激情的人组成的群体中逐渐占有的一席之地有关。这些人是20世纪50年代控制论的继承者，他们提出了一些深刻又大胆的问题，比如，神经元这些非常简单的物体是如何通过互相连接制造出"智力"这种涌现属性的。

研究深度学习的科学之旅也能够引导我们提出一些基本问题，比如，由于提取了轮胎、挡风玻璃等物体的特征，一台机器可以识别一辆汽车，那么其工作方式与我们的视觉皮层识别这辆汽车有什么不同？机器的工作方式和人脑或者动物大脑的工作方式之间有哪些可观测的相同点？这些研究前景都是无限的。

我仍要指出，无论机器多么强大和复杂，它们总是高度专业化的，它们的学习效率远远低于人类和动物，它们没有常识和意识，至少目前还没有。在处理特定任务方面，机器的表现可能会超过人类，比如，它们能够在围棋或国际象棋比赛中击败人类，能够翻译数百种语言，能够识别植物或昆虫，能够检测到医学影像上肿瘤的位置。但是人脑仍然遥遥领先，它比机器更全面，也更具可塑性。

机器何时才能缩小与人脑的差距呢？

第一章

人工智能呼啸而来

人工智能正在逐步占领经济、通信、健康和自动驾驶汽车等领域。很多观察家不再将其视为一次技术演变，而视其为一场革命。

1

人工智能无处不在

"Alexa（亚历克萨，亚马逊公司开发的智能语音助手），布宜诺斯艾利斯的天气如何？"

智能音箱捕捉到问题，通过家里的 Wi-Fi（无线通信技术）将它上传到亚马逊服务器，然后服务器将其转录为文字并进行解译，再运用气象服务查找相关信息并回传到智能音箱，整个过程用时不超过一秒。最后，音箱会用温柔的声音播报："目前，阿根廷布宜诺斯艾利斯市的气温为 22℃，多云。"

在办公室里，人工智能算得上是一个勤奋的助手。它能快速地完成复杂、重复的任务，比如在几分之一秒的时间内，以惊人的运算能力浏览数百万个网页，从中找出它所需要的信息。

1945 年，宾夕法尼亚大学为了计算弹道建造了 ENIAC（埃尼阿克），它是最早的编程电子计算机之一。ENIAC 每秒可执行约 360

次 10 位数乘法，这在当时简直就是天方夜谭。今天，即使个人计算机处理器的运算速度也要比它快 10 亿倍，可执行数百个 GFLOPS^①；用于处理图形效果的 GPU 可执行几十个 TFLOPS。GFLOPS、GPU、TFLOPS，这些名字看起来短小可爱，但若以数据处理能力而论，它们却是庞然大物。

人们并没有就此止步。如今的超级计算机搭载了数万个这样的 GPU，处理能力可达数十万个 TFLOPS。如此等级的运算能力使得我们可以模拟各种需要庞大计算的系统，比如预报天气，建立气候模型，计算一架飞机四周的气体流动或者构造一个蛋白质；还可以模拟宇宙最原始时期的大事件，如一颗星星的死亡、星系的演化、基本粒子的碰撞，甚至一次核爆炸。

在这些模型中使用的微分方程或微分方程数值的求解工作，过去只能交由数学家完成。这是否意味着超级计算机已经像数学家一样聪明了呢？当然不是，至少目前不是。人工智能的挑战之一，就是未来某一天可以利用其计算能力完成通常只能由人类和动物完成的高智能工作。

但还是要小心这种表面现象，因为人工智能程序在某些领域的学习能力是很强的。2017 年，由东京大学研究计算机科学及计算机科学的社会影响力方面的专家新井纪子设计编写的程序顺利通过了该大学入学考试。这个被命名为"东大"（东京大学的简称）的程序在语文、数学和英语等学科的考试成绩甚至要高于 80% 的考生。要知道这个程序系统可是丝毫不会像人一样思考，它对自己所写的内容更是毫无概念，它的成功也说明了日本高等教育的入学考试跟机器的智力一样肤浅。好在我们欣喜地得知"东大"并没有通过最终考试。

---

① FLOPS 是处理器每秒操作浮点运算次数的度量单位。1 MFLOPS 表示每秒 100 万个数字运算（"浮点"的加法或乘法）。1 GFLOPS 表示每秒 10 亿次的浮点运算，即 1000 MFLOPS。1 TFLOPS 表示每秒 1 万亿次浮点运算，或 1000 GFLOPS，即 100 万 MFLOPS 或每秒 10^{12} 次操作。

2

人工智能艺术家

　　人工智能是一名精于模仿的艺术家。它能熟练地模仿他人的风格进行创作，例如能够神奇地将任何一张照片转化成莫奈风格的油画，还能将冬天的景色变成春天的，[①] 或是用一匹斑马替换某个视频中的一匹马。因此，必须小心提防此类虚假视频。一个典型的例子是：2017 年，美国罗格斯大学的艾哈迈德·埃尔加马尔（Ahmed Elgammal）团队开发出一套系统，该系统创作出来的画作与原作品风格无异，连专家也无法辨认真假。[②]

　　音乐领域也是如此，许多研究人员使用人工智能进行声音合成以及音乐作品创作。2019 年 3 月 21 日，谷歌的"品红项目"（Magenta）[③] 在巴赫（John Sebastian Bach）诞辰纪念日的纪念活动（谷歌涂鸦）[④] 上一鸣惊人：它可以让一个普通人摇身一变成为深谙谱曲和配乐的著名作曲家。

　　说到这里，不得不提 2019 年 2 月 4 日晚在伦敦卡多根音乐厅举办的音乐会，当英语专场管弦乐团（English Session Orchestra）的 66 位音乐家演奏舒伯特的《第八交响乐》（"未完成的交响曲"）时，这首交响曲已不再是"未完成"状态。因为华为实验室的人工智能系统在分析了已完成的两篇乐章后，制作了残缺的后两章的旋律。当然，乐队使用的乐谱是由作曲家卢卡斯·康托尔（Lucas Cantor）根据旋律谱写的。

----

① https://github.com/junyanz/pytorch-CycleGAN-and-pix 2 pix.

② https://arxiv.org/abs/ 1706 . 07068 .

③ https://ai.google/research/teams/brain/magenta/.

④ https://www.google.com/doodles/celebrating-johann-sebastian-bach.

3

索菲亚：类人生物还是虚张声势

索菲亚是一位面带神秘微笑、长着一双玻璃眼珠的美丽的光头女人，"她"在 2017 年的许多舞台上都大放异彩。"她"动人的脸庞能够呈现数十种不同的表情，在调侃一个记者关于地球上有太多机器人的担忧时，"她"笑道："您好莱坞电影看太多了！"这个经典笑话让"她"如此酷似人类，以至沙特阿拉伯在当年授予了"她"沙特国籍。实际上，"她"只是一个由工程师预先设定好一系列标准答案的"木偶"。当我们与"她"交流时，所有的谈话内容均会经过匹配系统处理，并从得到的答案中选择最合适的一个输出。索菲亚欺骗了人们，"她"只是一个完成度很高的塑料制品，并不比东京大学的"东大"更聪明，只不过是我们（被这个激活了的物体所感动的人类）赋予了它某些智能。

4

飞速迭代的人工智能

人工智能的世界日新月异，不断地挑战新的极限。当一个关键问题被攻破后，便会进军新的领域，旧的领域便不再属于人工智能的范畴，而是会作为惯用工具存在。

比如，在 20 世纪 50 年代，计算机科学处于萌芽状态，将数学公式转化成可由计算机执行的指令尚属人工智能的范畴。但是现在，它只是编译器的基本功能：编译器能够将工程师编写的程序编译成可由计算机直接执行的指令序列。所有计算机科学专业的学生都会学习这些知识。

再比如路径搜索，在 20 世纪 60 年代它显然属于人工智能领域，但如今，它已是人们日常生活中最常被使用的功能之一。在路径搜索的算法中，有一些可以使人们找到最短路径（相互连接的节点网络），例如，1959 年的迪杰斯特拉算法[1]与 1969 年哈特、尼尔森和拉斐尔（Hart，Nilsson，Raphael）的 A* 算法[2]。路径搜索已被运用于 GPS（全球定位系统）中，不再具有技术先锋的性质。

20 世纪七八十年代，人工智能的核心是基于逻辑和符号处理的自动推理技术的集合。拥护这个传统的盎格鲁–撒克逊人用 GOFAI 称呼它，意思是 "好的老式人工智能"，这带有一定的自嘲意味。

专家系统也是如此，它运用推理引擎，依据一些事实推断出新的事实。例如，1975 年，MYCIN 专家系统能够帮助医生确定急性感染，如脑膜炎，并建议医生使用抗生素治疗。该系统囊括了大约 600 条规则，例如，如果传染性生物呈革兰氏阴性，并且是厌氧的以及棒状的，那么这样的生物就是类细菌（概率是 60％）。

当时，MYCIN 是一种创新。它的规则包括一些确定性因素，系统会将这些因素结合在一起判断结果的可信度。它通过一个名为 "反向链接" 的推理引擎做出一个或多个诊断假设，然后根据使用人员输入的患者症状更改假设，做出最终的诊断，再给出建议使用的抗生素和建议使用剂量，同时还会提供某些可信指数以供判断。

---

[1] https://fr.wikipedia.org/wiki/Algorithme_de_Dijkstra.

[2] https://fr.wikipedia.org/wiki/Algorithme_A*.

为了打造这样一个系统，技术方的工程师必须坐在医生（专家）旁边，请后者详细地解释其诊断方式：如何诊断阑尾炎或脑膜炎，有什么症状。于是规则产生了：如果患者有这种症状，那么有多大概率是阑尾炎，有多大概率是肠梗阻，或有多大概率是肾绞痛。工程师会在数据库中手动编写这些规则。

MYCIN 及其后续产品可靠性都很高，只不过都是实验阶段得出的结果，产品并没有投入应用。当时，医学计算机化刚刚开始，其数据的输入很乏味，并且一直都很乏味（现在也是如此）。事实证明，所有这些基于逻辑和树搜索的专家系统在被开发时都存在种种困难，并且极为复杂。如今，它们已被废弃，虽然如此，但它们仍然被拿来作为参考，活跃在人工智能教科书中。

尽管事实如此，但逻辑方面的工作最终还是衍生出了一些必不可少的应用，像方程的形式求解、数学积分的计算以及程序的自动验证等。空中客车公司（Airbus）就会通过这类应用来验证民航飞机控制软件的准确性和可靠性。

人工智能研究的队伍中仍有一部分人在研究这些课题，而我所属的另一部分研究人员则投身于用完全不同的方法研究机器学习。

5

让机器学会学习

推理能力仅是人类智力的一个小分支，我们还擅长使用类比的方式进行思考，或以直觉作为行动参考，逐步积累经验，认知世界。感知、直觉、经验等都是后天习得的能力，或者说是后天训练出来的能力。

因此，如果我们想制造出一种接近人类智能的机器，首先要做的就是赋予它学习能力。人脑是由 860 亿个相互连接的神经元编织的网络组成的，其中约 160 亿个神经元活跃在大脑皮层中。每个神经元与平均约 2000 个其他神经元通过一种被称为突触的结构连接。神经元通过创建突触、删除突触或修改其有效性而进行学习。因此，目前最流行的机器学习方法便是建立人工神经网络，并通过修改它们之间的连接达到学习的目的。

我们可以列出一些基础原则。

机器学习的第一阶段可以被叫作学习或者训练，在此阶段，机器"学习"如何完成一项任务。第二阶段是实施阶段，此时机器不再学习。

为了训练机器识别一张图片中的物体有汽车还是飞机，我们首先需要提供数千张汽车或者飞机的图像，让机器学习。每次当机器捕获图片时，其由人工神经元相互连接组成的内部神经网——本质是由计算机计算的数学函数——便会处理该图片并输出相应答案。如果答案正确，那么我们什么也不需要做，直接转到下一张图片即可；如果答案不正确，那么我们可以调整机器内部的相关参数，即调整神经元之间的连接强度，使其输出的答案向正确答案靠近。从长远的角度来看，经过不断调整的机器最终可以识别任何物体，不论该物体是否曾经出现在它见过的图像上。我们将这种能力称为推广能力。

虽然机器识别图像的过程与人脑的工作原理相似，但机器与人脑之间依旧存在不可忽视的差距。我们来看一组对比数据：人类的大脑有 86×10^9 个神经元，通过约 1.5×10^{14} 个突触相互连接，每个突触每秒可执行上百次"计算"。一次突触计算相当于计算机进行上百次的数字运算（如乘法、加法等）。也就是说，一个正常运作的大脑每

秒可进行 1.5×10^{18} 次运算。当然，在现实中，大脑的神经元只有一部分一直处于被激活状态。相比之下，每个 GPU 每秒可执行 10^{13} 次运算，因此，需要 10 万个 GPU 才能接近大脑的运算能力。还有一个关键点，即人类大脑消耗的功率大约为 25 瓦，而一个 GPU 的消耗是人脑的 10 倍，即 250 瓦。电子的效率是生物的一百万分之一。

6

技术混搭

如今的应用程序通常是机器学习、GOFAI 与传统计算机成果混搭的结晶，比如自动驾驶。车载视觉识别系统使用的是一种被称为"卷积网络"的十分特别的神经网络结构，通过不断训练，它可以探测、定位和识别物体以及道路上出现的提示信息。但是当"看到"车道标记、人行道、静止的汽车或自行车之后，自动驾驶系统就会依据手动编写的经典的路线规划系统，或基于规则的系统做出决策。

目前，全自动驾驶汽车仍处于测试阶段，但有些已经投入市场的汽车，比如自 2015 年以来，特斯拉不断推出的电动车型，就已经配备了使用卷积网络的辅助驾驶系统。启动配备视觉系统的巡航定速装置后，汽车可以在高速上自动驾驶，并保持在同一车道上。当驾驶员发出转向指令时，它会检测前后是否有车，确认安全后做出转向动作。

7

我们应该如何定义人工智能

接下来，我们将遍历人工智能的各个领域。现在先暂停一下，思考一个问题：我们应该如何定义人工智能的共同特征呢？

我认为，所谓人工智能就是用机器执行通常由人类或动物完成的任务，即机器要有感知、推理和行动的能力。人工智能的发展与其学习能力是密不可分的，正如生物一样。人工智能系统只是十分复杂的电子电路和计算机程序，不过它们拥有存储和访问数据、快速计算以及学习的能力，这使得它们能够从海量数据中"抽象"出其中包含的信息。

关于感知、推理和行动，英国数学家、计算机科学先驱艾伦·图灵（Alan Turing）早有预见，他在第二次世界大战期间破译了德军的信息编码系统——恩尼格玛密码机。图灵早已预见了机器学习的重要性，他曾在文章中写道："与其编写程序模拟成人的思维，倒不如模拟孩童的思维，此后再给予它适当的培训，它就会拥有成人的思维。"[1]

艾伦·图灵的名字与著名的图灵测试息息相关，该测试的内容是让一个人与他看不见的两个测试者（一台计算机和一个人）进行书面对话，[2] 由第三者（一个人）在不知情的情况下进行辨识。如果这个人在规定时间内没有辨别出哪一方是机器，那么表明这台计算机通过了测试。但如今，人工智能的发展速度如此之快，研究者认为这样的

---

① Alan Turing. Computing machinery and intelligence, *Mind*, October 1950, vol. 59，no. 236．

② 同上。

辨别测试已经没有必要了。对话能力仅仅是智力的一种特殊展现形式，如今的人工智能完全有能力编造一个骗局，将自己伪装成一个心不在焉、有轻度自闭症、英语口语差劲的东欧少年，以此作为借口来解释它语言上的误用或句法错误……

8

人工智能的未来

深度学习就是人工智能的未来，我对此深信不疑。然而目前的深度学习系统仍无法进行逻辑推理，因为当前的逻辑与学习能力并不匹配，这是未来几年的主要挑战。

因此，深度学习的能力十分强大却又十分有限。只受过国际象棋训练的机器根本无法下围棋，反之亦然，而且它完全不理解自己所做的事情，它只不过是机械化地执行指令，它所掌握的常识甚至还不如一只野猫。如果以生物的智能做一把标尺，人类的智能为100，老鼠的智能为1，那么人工智能在标尺上的位置可能更接近后者，尽管它们在执行十分精确严密的任务时所表现出的性能都远超人类。

9

算法的广阔天空

算法是指令序列，这就是它的全部，没有任何神奇、难以理解的地方。举个例子，假如我们想要按升序排列一组数字，为此我还编写了一个计算机程序：首先，读取第一个数字，将其与下一个数字做比较，如果第一个数字大于第二个数字，则将它们的位置调换；其次，比较第二个和第三个数字；之后不断重复这个操作，直到比较完列表中的最后一个数字为止。我根据列表的长度重复以上过程，直到表中的数字按照升序排列。

上述程序使用的算法被称为"冒泡排序"，我可以用伪编程语言将这一过程翻译为一组明确的指令。

```
冒泡排序（表 T）
    变量 i 从（T-1）遍历到 1（T 为数组的大小）
        变量 j 从 0 到（i-1）
            如果 T[j+1]<T[j]
                交换（T, j+1, j）
```

取一个值，与另一个值进行比较，与第三个值相加，进行数学运算，执行循环操作，检验条件为真或为假，等等，这些都是算法。一个算法就像一个菜谱。

我们经常谈及脸书的算法、谷歌的算法，这其实是一种语言上的误解。比如谷歌的算法，更准确的说法应该是算法集合，它可以生成一个包含搜索内容在内的所有网站的列表，网站的数量可达数百个甚至数千个。然后，谷歌为每一个站点分配一系列由手写算法或经过训练的算法生成的数值。这些数值可以评估网站的受欢迎程度、可靠性和网站内容的趣味性等。如果搜索的内容是一个问题，那么这些数值可以评估网站给出的答案以及网站内容与用户兴趣是否匹配。这是一个极为复杂的过程。

但是，就一个训练好的系统而言，生成数值的代码在原理上非常简单，如果不考虑运行速度，几行代码就可以实现（因为快速运行的需求会使代码变得复杂）。系统的真正复杂之处在于网络神经元之间的连接，这种复杂性取决于该网络的体系结构及其训练程度，而不是取决于计算数值的代码。

在探讨智能机器的内部工作原理之前，我想概述一下自 20 世纪中叶以来人工智能历史的主要脉络。这是一场我很早就参与其中的激动人心的冒险，这个过程中有争论、有幻想、有暂时的停滞，也有只相信机器逻辑的科学家和像我一样从神经科学以及控制论中得到启发，为发展智能机器而通力合作的人。

第二章

人工智能和我的学术生涯

1

永恒的追求：让机器拥有智能

正如美国女作家帕梅拉·麦科多克（Pamela McCorduck）所写的那样，人工智能的历史始于"人类扮演上帝的古老愿望"。长久以来，人类一直试图创造出带有生命特征的机器。20世纪，得益于科学和神经科学的进步，人们甚至幻想制造拥有人类思维的机器。20世纪50年代，伴随着第一批机器人和计算机的诞生，一些乌托邦主义者甚至预测机器很快就能够拥有人类的智能。这一梦想在科幻小说中得到了完美体现。但可惜的是，迄今为止，我们离真正的智能化还有很远很远的路要走。

在这趟追寻智能化的长途之旅中，技术是否创新是前进的决定性因素，人们追求的是使计算机以更小的容量存储更多的数据，并以更快的速度运行。1977年，重达5吨、功率消耗约为115千瓦、造价800万美元的Cray-1超级计算机的计算能力为160 MFLOPS。如今，一个人花 300 欧元购买的一台游戏专用计算机都具备 10 TFLOPS 的计算能力,性能比 Cray-1 提高了 6 万倍。在可预见的将来,任何一部智能手机都能具备如此等级的计算能力。

如果要追溯这段旅程的开端,那就让我们从诞生了"人工智能"这一术语的达特茅斯会议开始吧。1956 年夏,两位人工智能领域的先驱马文·明斯基(Marvin Minsky)和约翰·麦卡锡(John McCarthy)在新罕布什尔州汉诺威附近的达特茅斯学院组织了此次会议。马文·明斯基对研究具备学习能力的机器这件事充满热情。1951 年,他与普林斯顿大学的一位校友共同开发建造了 SNARC,这是最早的神经机器之一。SNARC 具有 40 个能够进行基础学习的"突触",属于小型电子电路神经网络。约翰·麦卡锡则发明了在人工智能领域中被广泛使用的编程语言 LISP。他还发明了最初应用于国际象棋游戏程序的一种树搜索算法(也就是 α-β 搜索法)。参加此次会议的研究人员大约有 20 位,其中包括任职于贝尔实验室(通信巨头 AT&T 公司位于新泽西的实验室)的电气工程师、数学家克劳德·香农(Claude Shannon),IBM 公司的内森·罗切斯特(Nathan Rochester),以及机器学习理论的先驱雷·所罗门诺夫(Ray Solomonoff)。他们就新兴的计算机科学和控制论带动下的某些全新的领域交换了意见,它们包括自然与人工系统之间的规则、复杂信息的处理、人工神经网络、自动机器的理论等。这次小规模会议起草了一份原则声明,该声明标志着由约翰·麦卡锡提出的"人工智能"一词正式进入人们的视野。

2

传统智能难以复制

此后，部分科学家认为智能机器的底层逻辑就是树搜索和专家系统的结合。工程师为机器提供事实数据和规则，系统基于提供的数据和规则推断出其他事实。研究的目的是制造出一种可以代替人类进行复杂推理的机器。卡内基·梅隆大学的艾伦·纽维尔（Allan Newell）和赫伯特·西蒙（Herbert Simon）提出了逻辑理论家计划（Logic Theorist），期望通过探索由数学公式转化构成的树来证明简单的数学定理。那是一个对人工智能寄予厚望的时代。

但是在 1970 年，美国国防部下属的 ARPA[①] 削减了美国国内人工智能领域基础研究的预算，人工智能由此进入第一个寒冬。三年后，因为莱特希尔的报告[②] 极大地打击了科学家对人工智能的热情，英国同样采取了削减预算的战略。没有资金投入，研究也就陷入停滞状态。

20 世纪 80 年代初，因为受到专家系统的巨大鼓舞，历史的车轮再次转动起来。日本开启了雄心勃勃的"第五代"计算机项目，旨在赋予计算机系统逻辑推理能力，使其能够进行对话、翻译文本、解释图像，甚至像人类一样进行推理，可惜项目以失败告终。类似于我们描述过的专家系统 MYCIN，它的实际开发与商业化都比人们的预期

---

① 美国高级研究计划局，1972 年改名为 DARPA，是美国国防部资助研究与发展（R&D）项目的机构。

② 通常指詹姆斯·莱特希尔（James Lighthill）1973 年发表于"人工智能：论文研讨会"（Artificial Intelligence: a paper symposium）的论文"Artificial Intelligence: A General Survey"（《人工智能：概览》）。——译者注

困难很多。事实证明，让技术工程师坐在医生或其他工程师身边，试图详细记录两者在识别疾病或诊断故障时的智力活动过程，是行不通的。人们幻想将专家的知识体系和智力活动过程简化为一套规则，但事实远比幻想要复杂得多、昂贵得多、不可靠得多。

树搜索研究取得的巨大成功离不开传统智能，然而这种传统智能却难以复制。

3

人类与人工智能的"战争"

1997 年，世界国际象棋冠军加里·卡斯帕罗夫与 IBM 开发的超级计算机"深蓝"（Deep Blue）在纽约展开了 6 场复仇赛。"深蓝"是一个长约 2 米、重 1.4 吨的庞然大物。此前已有三局平局，在第六场比赛中，卡斯帕罗夫仅走了 19 步就投子认输，无助的手势凸显了失败的辛酸。他承认自己被机器的探索能力征服。

我们先来认识一下"深蓝"。为了更加有效地分析棋盘上的位置，IBM 的工程师为它安装了 30 个处理器，扩充了 480 个专门设计的电路。拥有如此强大的计算能力，"深蓝"可以使用相对传统的树搜索技术每秒计算约 2 亿个棋盘位置。

2011 年 2 月 14 日至 16 日，IBM 的沃森计算机参加了美国一档智力竞赛节目——《危险边缘》，并在三轮比拼后脱颖而出，拔得头筹。在节目中，沃森的形象是一个顶部闪着光的地球仪，站在它左右两侧的对手是《危险边缘》节目的两位前冠军。计算机科学家为沃森编写了专门用来竞赛的程序，使它可以排除问题中的非关键词（冠词、介词等），从而识别出有意义的单词，然后从约 2 亿页的文本中搜索相关单词以及可能是对应答案的句子，最后选择最合适的答案输出。这 2 亿页文本来自整个维基百科、大量百科全书、各类词典、各种索引文献、新闻信息以及文学作品，它们全部存储在容量为 16 TB① 的随机存取存储器（RAM）中（硬盘的读取速度对这种应用场景来说太慢了）。成千上万个实词和专有名词构成了一个庞大的词条列表，每个词条都对应了其可能出现的维基百科的文章、网页或文本。沃森的系统会检索是否存在某个文档包含了问题中出现的关键词，接下来要做的就是在该文档中找到正确答案。

例如，如果问题是"巴拉克·奥巴马（Barack Obama）的出生地是哪里"，那么沃森会判定答案是一个地名。它会在数据库中检索出所有提及巴拉克·奥巴马的文档，其中必然会有某篇文章的用词包含"奥巴马""出生""夏威夷"。最后，它只需在选项中选择"夏威夷"就好了。沃森本质上是由信息检索系统和优秀的数据索引组成的，它并不理解问题的含义，而只会像一个小学生参照书本（或维基百科）做作业那样，在"书本"上找到正确答案并照抄出来，实际上它也不理解自己所写的内容。

2016 年，人工智能在首尔有了新的战绩。韩国围棋冠军李世石（Lee Sedol）向他的计算机对手 AlphaGo 鞠躬致敬。在这次比赛中，李世石以 1∶4 负于 AlphaGo。后者是由谷歌子公司 DeepMind 设计的大型系统，它整合了几种已知相对成熟的技术——卷积网络、强化学习和蒙特卡洛树搜索（一种随机树搜索方法）。与"深蓝"不同，

---

① TB（太字节）是数字信息量的度量单位，换句话说，是内存大小的单位。它代表 1 万亿字节。一个字节用于编码多达 256 个不同的值。

AlphaGo 受过专门"训练"，它通过与自己对战积累经验，提升能力。但是，人类与人工智能的"战争"刚刚开始而已……

4

神经流派的崛起

20 世纪 50 年代，当基于逻辑和树搜索的传统人工智能触及极限时，机器学习的先驱纷纷开始发声。他们认为，要使人工智能像人类或动物那样执行复杂任务，仅靠逻辑是不够的，而应该以大脑的学习机制为蓝图，设计出更加接近大脑的、能够自行规划的系统。我走的就是基于深度学习和（人工）神经网络的研究道路。这种研究几乎活跃在所有当前热门应用中，首当其冲的就是自动驾驶。

神经网络的起源可以追溯到 20 世纪中叶。20 世纪 50 年代，加拿大心理学家和神经生物学家唐纳德·赫布（Donald Hebb）热衷于研究神经连接在学习过程中起到的作用。人工智能领域的乌托邦主义者是唐纳德理论的拥护者，他们认为，与其重现人类推理的完整逻辑序列，不如探索它们的载体，也就是大脑这个强大的生物处理器。

因此，旨在模拟生物神经电路的计算机科学家被人们统称为神经流派（与之前的逻辑流派或顺序流派相反）。他们孜孜不倦地追求基于一种原创体系结构的机器学习方式，这种体系本质上是一种数学函数网络，我们类比人类的神经网络，称它为人工神经元。当网络接收了输入信号，其中的神经元将以原创体系结构对其进行处理，以便输出端能够识别该信号。简单元素——人工神经元——的共同作用产生了复杂的认识。就像在大脑中，基本功能单元——神经元——之间的相互作用使人产生了思想一样。

这股研究潮流始于 1957 年，当时心理学家弗兰克·罗森布拉特（Frank Rosenblatt）在康奈尔大学开发出了感知器，它是第一台受唐纳德·赫布认知理论启发而被开发出来的学习机，它在经过训练后便可以拥有识别形态的功能。因为到目前为止，感知器仍是机器学习的参考模型，我们将会在下一章对其进行详细探讨。

20 世纪 70 年代，两位美国人，时任加利福尼亚圣何塞州立大学的电气工程学教授理查德·杜达（Richard Duda）和位于加利福尼亚州门洛帕克的斯坦福研究所（SRI）的计算机科学家彼得·哈特（Peter Hart），评估了所有被称为"统计形式的识别"的方法，[①] 并撰写了一本评估手册，感知器就是其中一个例子。手册一经推出，立刻成为模式识别领域的参考标杆。对所有的学生，甚至于我而言，它都是一本行业"圣经"。

但感知器并不是万能的，它的系统由单层人工神经网络构成，功能十分有限。研究人员也曾试图引入多层神经网络来提高效率，但囿于没有找到相对应的训练算法（优良的指令序列）而以失败告终。因此，这种机器学习方法的作用十分有限。

---

① Richard O. Duda, Peter E. Hart, Pattern Classification and Scene Analysis, Wiley, 1973 .

5

遭遇寒冬

1969年，西摩尔·帕普特（Seymour Papert）和马文·明斯基（后者在20世纪50年代曾热衷于人工神经网络的研究，后来放弃了）联合出版《感知器：计算几何学概论》一书。[①] 他们在书中指出了学习机的局限性，其中有些局限性对于技术发展会造成严重阻碍。因此对他们来说，神经网络的研究之旅已经走入了死胡同。这两位都是麻省理工学院极负盛名的权威教授，他们的作品在领域内引起了轰动：资助机构纷纷退出，不再支持该领域的研究工作。与GOFAI一样，神经网络的研究也遭遇了它的第一个"冬天"。

大多数科学家不再谈论制造具有学习能力的智能机器之事，转而把目光转向了更容易落地的项目。比如，运用一些原本用来研究神经网络的方法创建了"自适应滤波"，这是许多现代通信技术的起源。在此之前，当我们通过电话线在两台计算机之间交换数据时，电话线可能会发生以下情形：我们输入一个二进制信号，电压从0伏升到48伏，而信号在距离目的地还剩几公里时就已经损坏了。但现在，自适应滤波器能将其复原，这个过程是通过以其发明者鲍勃·拉迪（Bob Lucky）的名字命名的Lucky算法实现的。20世纪80年代后期，鲍勃·拉迪曾在贝尔实验室担任部门经理，领导着约300人工作，我也是其中一员。

如果没有自适应滤波，就不会出现带扬声器的电话。扬声器可以

---

① Marvin L. Minsky, Seymour A. Papert, *Perceptrons : An Introduction to Computational Geometry*, The MIT Press, 1969 .

让我们对着麦克风讲话，而它不需要同时记录对话者说的话（有时我们能听到自己在说话）。回声消除器使用的算法与感知器使用的算法非常相似。

如果没有自适应滤波，也不会出现调制解调器[1]。调制解调器能让一台计算机通过电话线或任何通信线路与另一台计算机实现通信。

6

狂热的疯子

在 20 世纪七八十年代的"寒冬"里，仍有一些人执着于神经网络研究，科学界把他们视为狂热的疯子。比如，芬兰人戴沃·科霍宁（Teuvo Kohonen），他研究的是一个与神经网络比较接近的课题——联想记忆。再比如，还有一群日本人，与西方不同，日本的工程科学生态系统比较孤立，其中包括数学家甘利俊一（Shun-Ichi Amari）和一位名为福岛邦彦（Kunihiko Fukushima）的业内人士，后者发布了一个被他称为"认知机"（Congitron）的机器，这一命名来自术语"感知器"（preceptron）。福岛邦彦前后一共发布了这个机器的两个版本，分别是 20 世纪 70 年代的认知机和 80 年代的神经认知机（Neocognitron）。与同时代的弗兰克·罗森布拉特一样，福岛邦彦也受到了神经科学新发现的启发，特别是美国人大卫·休伯尔

---

[1] 调制解调器是包括调制器和解调器的设备，用于通过电话或同轴电缆传输数字数据。——译者注

（David H. Hubel）和瑞典人托斯坦·威泽尔（Torsten N. Wiesel）的发现给予了他很多灵感。

休伯尔和威泽尔是两位神经生物学家，他们因在猫的视觉系统方面的研究成果获得了1981年的诺贝尔生理学或医学奖。他们发现视觉是视觉信号通过几层神经元传递后呈现的结果，包括从视网膜到初级视觉皮层，再到视觉皮层的其他区域，最后到颞下皮层。在这些层级中，神经元发挥着非常特殊的作用。在初级视觉皮层中，每个神经元仅连接到视野的一小部分区域，即接收区域。这些神经元被称为简单细胞。在下一层，即视觉皮层中，其他单元集成了上一层激活的信息，使得视觉对象即使在视野中稍微移动，视觉系统也能保持图像的呈现。这些单元被称为复杂细胞。

福岛邦彦便是受到这个研究成果的启发，延伸出了一个想法：先利用一层简单细胞检测各个小接收区域所接收的图像的简洁信息，再利用下一层复杂细胞处理收集到的信息。他研发的神经认知机共有5层：简单细胞、复杂细胞、简单细胞、复杂细胞，最后是类似感知器的分类层。福岛在前四层使用了某种"不受监督"的学习算法，也就是说，它们接受的是不考虑完成任务的、"盲目"的训练。仅有最后一层像感知器一样，接受了"受监督"的训练。但从总体来看，福岛邦彦缺乏一种可以调整所有层级参数的算法，所以他的网络只能识别诸如数字一类极其简单的事物。

在20世纪80年代初期，福岛邦彦并非独自一人在此领域进行探索，北美的一些团队也在进行着积极的探索，例如心理学家杰伊·麦克莱兰德（Jay McClelland）和戴夫·鲁梅尔哈特（David Rumelhart），还有生物物理学家约翰·霍普菲尔德（John Hopfield）和特伦斯·谢诺夫斯基（Terry Sejnowski），以及计算机科学家杰弗里·辛顿。辛顿与我共享了2018年度图灵奖。

7

被兴趣激发的人

从 20 世纪 70 年代起，我开始对这些研究产生了浓厚的兴趣，我的好奇也许来自对父亲的观察。他是一名航空工程师，同时也是一位动手天才，他总是喜欢在业余时间做电子产品。他制作过遥控飞机的简化模型。记得那是在 1968 年 5 月大罢工①期间，父亲在家里制作了他人生中第一个遥控汽车和一艘船的遥控器。我并不是家里唯一被激发兴趣的人，我弟弟也是。他比我小 6 岁，同样受到父亲的影响，后来也成为计算机科学家。他大学毕业后成为谷歌的研究员。

在很早的时候，我就对技术、征服太空以及计算机的诞生充满了探索的热情。我曾梦想成为一名古生物学家，因为人类智能的出现及演化深深地吸引了我。即使在今天，我也依旧认为大脑的运行机制是生命世界中最神秘的事物。我 8 岁的时候，在巴黎跟我的父母、一位叔叔和一位沉迷于科幻的阿姨一起看过一部电影——《2001 太空漫游》。影片里出现了我所热爱的一切：太空旅行、人类的未来以及超级计算机哈尔的起义。哈尔为了确保自己的生存和完成最后的任务而要展开屠杀，这件事情真的很不可思议，而在这之前，如何将人工智能复制到机器中这个问题就已经让我深深着迷了。

鉴于此，高中毕业后我自然而然地打算投身这个领域进行具体研究。1978 年，我进入了巴黎高等电子与电工技术工程师学院，就读该学院无须参加预科课程，可以在高中毕业后直接申请。我的实践经

---

① 这里的大罢工指"五月风暴"，是 1968 年 5 月法国爆发的一场学生罢课、工人罢工的群众运动。——译者注

历证明，读预科并不是在科学之路上取得成功的唯一途径。而且，我在巴黎高等电子与电工技术工程师学院学习时拥有很多自主权，所以我肯定会好好珍惜利用！

8

卓有成效的阅读

在第一批让我感到欣喜的读物中，有一份是我在 1980 年读过的报告。这实际上是一份辩论总结，辩论是在瑟里西（Cerisy）会议上展开的，主题是人类语言机制到底是先天的还是后天的。[①] 语言学家诺姆·乔姆斯基的观点是，大脑中生来就已经存在能够让人们学习说话的结构。而发展心理学家让·皮亚杰（Jean Piaget）则认为，一切都是通过后天学习获得的，包括大脑中学习说话的结构，语言学习是随着智能的逐步建构而分阶段完成的。因此，智力的获得是人与外界交流学习的结果。这个想法深深地吸引了我，我开始思考如何才能将其应用于机器学习中。也有其他一些顶尖的科学家参加了这场辩论，比如西摩尔·帕普特，他极力颂扬了感知器，认为它是能够学习复杂任务的简单机器。

我因此知道了感知器的存在，并迅速沉迷于这个课题。我利用每周三下午不上课的时间，在罗康库尔的 Inria（法国国家信息与自动

---

① Théories du langage, théories de l'apprentissage : le débat entre Jean Piaget et Noam Chomsky, débat recueilli par Maximo Piatelli-Palmarini, Centre Royaumont pour une science de l'homme, Seuil,《Points》, 1979 .

化研究所）的图书馆寻找专业图书来读。在法兰西岛大区，Inria 掌握着最为丰厚的计算机研究经费。我在阅读过程中很快发现，西方科学界尚无人研究神经网络。同时我还惊奇地发现，有关感知器的研究就截止在西摩尔·帕普特所称颂的感知器上，此外没有进一步的发展。

系统理论（在 20 世纪 50 年代被称为控制论）是我的另一个研究爱好，它主要研究人工系统和天然生物系统。比如人类体温的调节系统：人体温度之所以能够维持在 37℃左右，主要得益于一种恒温器，它可以调节人体温度与外界温度之间的差异。

我对"自组织"也有浓厚的兴趣。分子或相对简单的物体是如何本能地相互作用组成复杂结构的？智能是如何从大量相互作用的简单元素（神经元）中发展而来的？

我研究了柯尔莫哥洛夫、所罗门诺夫和柴廷（Chaitin）的算法复杂性理论中的数学部分。此外，我在前文中提到的理查德·杜达和彼得·哈特[1]的书就摆放在我的床头，同时我还订阅了《生物控制论》，这是一本涉及大脑运作原理和生命系统的计算机数学模型的期刊。

因此，所有因为"寒冬"而被忽视的人工智能问题都呈现在我面前。在思考这些问题时，我慢慢形成了自己的理念：以逻辑的方式无法建构真正的智能机器，我们必须赋予机器学习的能力，让它们能以经验为基础进行自我建构。

在阅读期间，我发现科学界不只我有这种想法，因此我也注意到了福岛邦彦的研究成果，并开始思考提高新认知中心神经网络效率的方法。对正式开展研究来说比较幸运的是，巴黎高等电子与电工技术工程师学院为学生提供了当时功能非常强大的计算机。我与学校里的朋友菲利普·梅曲（Philippe Metsu）一起开始编写程序。他同样热爱

---

[1] Richard O. Duda, Peter E. Hart, Pattern Classification and Scene Analysis, op. cit., p. 6 .

人工智能，尤其对儿童的学习心理感兴趣。学校里的数学老师也愿意指导我们，我们一起尝试模拟神经网络。但实验十分费力：计算机进步缓慢，编写程序也着实令人头疼。

在学校的第四年，我由于更加沉迷于这项研究，开始设想一种用于训练多层神经网络的学习规则，可惜并没有真正得到数学层面的验证。我构想出一种可以在网络中实现从后向前传递信号的算法，用来实现端到端的训练，我将它命名为 HLM 算法（取自分层学习机的英文名称 hierarchical learning machine，参见第五章相关内容）。命名这个算法的时候，我还玩了一个有趣的文字游戏 ①……在 HLM 的基础上发展而来的"梯度反向传播"算法如今已被广泛应用于训练深度学习系统。HLM 与如今的反向传播梯度网络的不同之处在于，HLM 传递的是每个神经元的期望状态。因此在当时计算机运算乘法的速度比较慢的情况下，可以使用二进制神经元。HLM 算法是训练多层网络的第一步。

9

我的偶像

1983 年夏，我从工程专业毕业时，从一本书上了解到一个对自组织系统和自动机网络感兴趣的小组：网络动力学实验室（LDR）。他们的办公地点位于巴黎圣纳维耶沃综合理工学院的旧址，小组成员

---

① 在法语中，HLM 是低租金住房（habitation à loyer modéré）的缩写。——译者注

都是法国人，他们来自各大高校。因为该小组不挂靠任何机构，所以几乎没有经费和预算，只有一台回收的计算机。从另一个角度说，法国在机器学习方面的研究当时正处于近乎停滞的状态。我拜访了他们。和我不一样，这些研究人员没有接触过有关神经网络的早期出版物，但他们熟悉其他作品。

我向他们表示，我对他们的研究课题感兴趣，而且我所在学院的设备有助于他们做进一步的研究。后来，我在皮埃尔和玛丽·居里大学继续研究生学习时，也加入了他们的小组。1984 年，我准备攻读博士学位。虽然当时我有巴黎高等电子与电工技术工程师学院的研究奖学金，但还没有找到合适的论文指导老师。弗朗索瓦丝·福热尔曼-苏利耶（Françoise Fogelman-Soulié，后来更名为 Soulié-Fogelman）与我共事了很长时间，她当时是巴黎第五大学的计算机科学副教授。从能力上来讲，她完全可以指导我，可惜，她还没有完成国家博士论文（此资格是欧洲教育体系的特色），所以她没有取得指导博士论文的资格。

因此，我只能求助于实验室中唯一一位能够指导计算机博士论文的教授莫里斯·米尔格朗（Maurice Mil-gram），他是贡比涅技术大学计算机和工程科学的教授。他同意成为我的导师，但同时表示他对神经网络一无所知，所以可能帮不上什么忙。我永远都不会忘记他对我的关照。那段时间，我将所有精力都用在了巴黎高等电子与电工技术工程师学院（和它强大的计算机）和 LDR（和它的知识环境）中。

我身处一个完全未知的领域，这实在令人兴奋。在国外，也有一些课题跟我们接近的研究小组正在慢慢起步。1984 年夏，我陪同弗朗索瓦丝·福热尔曼去了加利福尼亚，在带有传奇色彩的施乐帕克研究中心的实验室实习了一个月。

当时，我十分渴望见到两位大人物：一位是来自巴尔的摩约翰斯·霍普金斯大学的生物物理学家和神经生物学家特伦斯·谢诺夫斯基（《深度学习》作者），另一位是来自卡内基·梅隆大学的杰弗里·辛顿，后者与约书亚·本吉奥和我共同分享了2018年度的图灵奖。辛顿和谢诺夫斯基于1983年发表了一篇有关玻尔兹曼机（Boltzmann Machines）的文章，并在其中描述了一个带有"隐藏单元"的神经网络的学习过程，这个隐藏单元是位于输入和输出之间的中间层的神经元。我之所以对这篇文章感兴趣，主要是因为他们提到了多层神经网络的训练，这可是我研究课题中的核心问题，他们是真正对我的研究有价值的人！

10

"你认识一个叫杨立昆的人吗？"

我职业生涯真正意义上的转折点出现在1985年2月，在阿尔卑斯山莱苏什举行的研讨会上。在那次会议上，我遇到了当时世界上对神经网络感兴趣的顶级专家，他们有物理学家、工程师、数学家、神经生物学家、心理学家，尤其是遇到了在科学界宛如神话一般的贝尔实验室里一个新成立的研究神经网络的小组成员。得益于在莱苏什的相识，三年后，我被该小组聘用。

这次研讨会是由我所在的法国研究小组LDR的成员组织的，他们是弗朗索瓦丝和她当时的丈夫热拉尔·韦斯布赫（Gérard Weisbuch），后者时任巴黎高等师范学院的物理学教授，以及当时在法国国家科学研究中心（CNRS）任职的理论神经生物学家埃利·比嫩斯托克（Élie Bienenstock）。会议汇聚了许多对"自旋玻璃"感兴趣的物理学家，以及物理学和神经科学等领域的权威人士。

自旋是基本粒子和原子的特性。此特性可将它们同化为向上或向下的小磁体，这两个状态可以与人工神经元的两个状态进行类比：激活或者非激活。它们遵守相同的规则。自旋玻璃是一种晶体，其中的杂质原子充斥着自旋，每个自旋依据耦合权重与其他原子自旋交互。如果权重为正，则它们倾向于在同一方向上对齐；如果权重为负，则它们倾向于相反的方向。我们将向上自旋赋值为 +1，将向下自旋赋值为 -1。每个杂质原子的自旋方向取决于相邻杂质原子的加权和。换句话说，确定自旋方向的函数类似于确定神经元处于激活或非激活状态的函数。约翰·霍普菲尔德那篇关于自旋玻璃和神经网络的开创性文章[1]，引得许多物理学家开始关注并学习人工神经网络，但当时仍有许多工程师和计算机科学家不愿谈及这个话题。

在莱苏什，我是年龄最小的与会者之一，我当时刚开始着手写博士论文。令我无比紧张的是，我需要在众多享誉业界的大咖面前，用英语做一个关于多层网络和 HLM 算法（反向传播的前部研究）的英文报告。

尤其有两位听众给了我巨大的压力：一位是贝尔实验室的部门负责人拉里·杰克尔（Larry Jackel），后来我很荣幸地加入了他的部门；另一位是该部门的二号人物约翰·登克尔（John Denker），他是一位来自亚利桑那州的真正牛仔，身穿牛仔裤和牛仔靴，有着垂到脸颊的头发……这位刚刚完成博士论文的"非典型研究人员"拥有令人难以置信的强大气场！当某位研究者发言之后，他能够很快就议题展开讨论，表明自己的观点。他谈话时虽没有攻击性，却掷地有声，有理有据。当然他的自信也是有缘由的，弗朗索瓦丝·福热尔曼曾说："贝

---

[1] John J. Hopfield, Neural networks and physical systems with emergent collective computational abilities, *Proceedings of the National Academy of Sciences*, 1982, 79 (8), pp. 2554 – 2558, DOI: 10.1073/pnas.79.8.2554.

尔实验室的研究人员有着巨大的优越感。当你要研究某个课题时就会发现，要么贝尔实验室早在 10 年前就已经研究过了，要么已经证明这条路行不通了。"简直太可怕了！

我做完了关于多层网络和 HLM 算法的报告，与会者中真正听懂的人寥寥无几（这已经让我够紧张了！），然后，约翰·登克尔举起了手，我简直紧张到窒息！但他在所有听众面前对我说："讲得真的很好！谢谢您，让我知道了很多事情……"我确信我的名字已经留在他和拉里·杰克尔的脑海中。一年后，他们邀请我去他们的实验室做报告。两年之后，我接受了贝尔实验室的面试。三年后，我正式加入了他们的团队！

同样是在莱苏什，我碰到了特伦斯·谢诺夫斯基，也就是与杰弗里·辛顿共同发表关于玻尔兹曼机的文章的作者。他是在我完成报告后到场的。我在下午的茶点时间找到了他，向他阐述了我在多层神经网络方面的工作。在交流之前，我并不确定他是否会感兴趣。他只是耐心地听着，并没有告诉我他与杰弗里·辛顿也在进行反向传播研究，也没有告诉我，辛顿已经成功实现反向传播，只不过没有对外公布而已。

伟大的发明之间能够相互启发。辛顿的研究就使用到了加利福尼亚大学圣迭戈分校的戴夫·鲁梅尔哈特的思路，辛顿在之前的几年里曾跟随戴夫读博士后。1982 年，戴夫提出这个方法并编写了程序，只可惜没能成功运行。他找到辛顿，辛顿说："失败的原因出在了局部一些极为细微的问题上。"（参见第四章"多个谷底的困扰"）后来，戴夫放弃了。但是，在研究玻尔兹曼机的过程中，辛顿意识到问题并没有自己当初想象的那么严重。因此，他用 LISP 语言在 Symbolics 公司的 LISP 机器上用戴夫的方法重新编写了程序，这一次程序成功运行起来。

因此，在我们交流的过程中，特伦斯很快注意到我的 HLM 方法和反向传播非常相似。他没有告诉我，在反向传播成功后，他已经在研究此后几个月将会风行一时的实际应用了。特伦斯回到美国后向辛顿提到了我："法国有个孩子在进行跟我们同样的研究！"

同年春天，我写了第一篇关于自己研究成果的文章（我承认，这篇文章离科学文献的标准有点远），并在1985年6月举办的Cognitiva大会上将其公开，那是法国第一次召开集合了人工智能、神经网络、认知科学和神经科学的综合性大会。杰弗里·辛顿是当时的主讲嘉宾，他在开幕辞上介绍了玻尔兹曼机。结束后，将近50个人聚集在他的周围，我也想上前交流，但并没有机会靠近他。随后，我注意到他转向其中一位会议组织者丹尼尔·安德勒（Daniel Andler），并问道："你认识一个叫杨立昆的人吗？"丹尼尔开始四处观望，我立马大喊道："我在这儿。"其实，辛顿已经在会议论文集上看到了我的文章，虽然他不精通法语，但依然看懂了文章的内容，他意识到我就是特伦斯提过的那个"孩子"。

我们在第二天碰了面，并一起在一家古斯古斯（来自北非马格里布地区的美食）餐厅吃了午饭。他向我解释了反向传播的原理，他知道我能听懂！辛顿说自己正在写一篇文章，其中引用了我的研究成果，我听后非常自豪。我俩很快意识到，我们的兴趣、方法以及思路都十分相似。辛顿邀请我参加1986年在卡内基·梅隆大学举办的关于联结主义模型的暑期培训班，我欣然接受。当时在认知科学界，研究者通常用"联结主义模型"这个术语来称呼神经网络这个未知领域。

11

梯度反向传播的运用

发明无法一蹴而就，它们是经历反复实验、失败、进入低谷和讨论的结果，通常要走很长的路才能实现。人工智能的前沿阵地也是如此，在接连不断的新发现的推动下步步向前。20 世纪 80 年代，梯度反向传播的普及使得训练多层神经网络成为可能。该网络由成千上万分层的神经元组成，其间的连接更是数不胜数。每层神经元都会合并、处理和转换前一层的信息，并将结果传递到下一层，直到在最后一层产生响应为止。这种层次体系结构赋予了多层网络能够存储惊人的潜能，我们会在接下来的深度学习部分进行进一步的讨论。

不过，在 1985 年，多层网络的学习过程仍然很难实现。物理学家对完全连接的神经网络（霍普菲尔德网络）和自旋玻璃之间的类比更感兴趣，他们认为人脑中有一个联想记忆模型。普鲁斯特通过描绘玛德莲蛋糕的形状、气味和口感回想相关联的图像和情感，[1] 即记忆；而多层网络就是在感知模式的基础上运行的。多层网络是通过何种机制仅仅从形状就辨识出玛德莲蛋糕的？物理学家还没有给出答案。

这一切在 1986 年发生了转变。特伦斯·谢诺夫斯基发表了一篇探讨 NetTalk 多层网络的技术报告，NetTalk 通过反向传播训练使机器学习阅读。该系统将英文文本转换成一组语音音素（基本语音）后传到语音合成器，从而实现"阅读"的功能。将文本语音转换成法语很简单，转换成英语却十分困难。在训练的初期，这个系统如同一个

---

① 情节源自法国 20 世纪伟大的小说家、意识流小说大师普鲁斯特的文学作品《普鲁斯特的小蛋糕》。——编者注

刚开始学习说话的婴儿，随着训练的不断积累，它的发音也越来越好。特伦斯·谢诺夫斯基到巴黎高等师范学院现场做了相关报告，震惊了现场听众和业界。随即，所有人都希望向我取经，因为多层网络突然变得十分流行，我也变成了这个领域的专家。

在这之前的一年，我发现可以用拉格朗日①形式从数学的角度反向传播，这类形式化是传统机械、量子机械和"最优控制"理论的基础。我还注意到在20世纪60年代，有一位最优控制的理论家提出了一个类似反向传播的方法，这个方法被命名为"凯利-布赖森（Kelly-Bryson）算法"，也被称为"伴随状态法"。在1969年出版的由亚瑟·布赖森（Arthur Bryson）和何毓琦（Yu-Chi Ho）合著的《应用最优控制》（*Applied Optimal Control*）一书中对其进行了详细讲述。

这些科学家从没想过将这个方法应用到机器学习或者神经网络领域，他们更感兴趣的是系统的规划和控制。比如，如何控制火箭，使其到达一个精准的轨道并且和另外一个航空器对接，且同时要尽可能减少能源消耗。而从数学的角度来说，这个问题和调整多层神经网络节点的权重问题非常相似，这样最后一层的输出结果就会符合预期。

后来，我又了解到有好几位学者的发现都十分接近反向传播。在20世纪六七十年代，有人发现了反向传播中梯度的基本单元——"反向—自动微分"。但当时几乎所有人都用它来寻找微分方程的数值解或者做函数优化，而不是用于多层网络的学习，可能只有上过何毓琦课程的哈佛大学的保罗·韦尔博斯（Paul Werbos）是个例外。韦尔博斯于1974年在他的博士论文中提出了使用被其称为"有序导数"的方法来进行机器学习。直到很久之后，他才测试了他的方法。

1986年7月，应辛顿之邀，我在匹兹堡的卡内基·梅隆大学参加

---

① 约瑟夫-路易斯·拉格朗日（Joseph-Louis Lagrange），法国著名数学家、物理学家和天文学家。

了为期两周的关于联结主义模型的暑期课程（见图 2-1）。这次美国之行我其实是有顾虑的，因为当时我的妻子正在孕中，我们的第一个孩子将在我回法国 4 周后降生。

图 2-1　1986 年有关联结主义模型的暑期课程班学员

照片中标出的是斯坦尼斯拉斯·德阿纳（SD）、迈克尔·乔丹（MJ）、杰伊·麦克莱兰德（JMcC）、杰弗里·辛顿（GH）、特伦斯·谢诺夫斯基（TS）和我（YLC）。除此之外，照片上的许多参与者日后都成了机器学习、人工智能和认知科学领域的重要人物：安迪·巴尔托、戴夫·图尔茨基、格里·泰绍罗、乔丹·波拉克、吉姆·亨德勒、迈克尔·莫泽尔、理查德·德宾等组织者。

图片版权：暑期学校的组织者

　　我对那个夏天最深的记忆就是我与辛顿，还有刚完成博士论文的迈克尔·乔丹（Michael Jordan）建立了一个研究神经网络的团队，我们三个人之间也因此结下了深厚的友谊。为什么邀请迈克尔呢？因为他的法语比我的英语好。在暑期培训班的野餐会上，他弹着吉他演唱了乔治·布拉桑（Georges Brassens）的歌。

　　虽然我还只是个学生，但辛顿还是邀请我做了一场报告，并介绍说我发现了反向传播。在一次晚餐时，我们享用着我带来的一瓶很棒的波尔多红酒，辛顿跟我说，他将在一年后离开卡内基·梅隆大学，加入多伦多大学。他问："你愿意成为我的客座研究员吗？"我回答："当然了！"这一年时间正好够我完成博士论文。

大变革的时代到来了。鲁梅尔哈特、辛顿、威廉联合发表的关于反向传播的论文在业界引发了爆炸式的反响。[1]NetTalk 成功的消息也迅速传播开来。神经网络领域的研究走上了快车道。我制作的名为 HLM 的神经网络模拟和反向训练软件也吸引了法国工业界的一些买家，Thomson-CSF（现在名为 Thales，即法国泰雷兹集团）就是我的顾客之一。

1987 年 6 月，我完成了博士论文，并在皮埃尔和玛丽·居里大学通过了答辩。因为我在 4 月尝试一种新的沙滩帆船推进方式时伤到了脚踝，所以我借助拐杖才完成了答辩。杰弗里·辛顿是我的答辩委员之一，此外答辩委员会还有莫里斯·米尔格朗、弗朗索瓦丝·福热尔曼，雅克·皮特拉（Jacques Pitrat，法国人工智能符号领域的科研领袖之一）和贝尔纳·安吉尼奥（Bernard Angéniol，Thomson-CSF 的一个研究团队负责人）。同年 7 月，我和我的妻子，还有我们一岁的宝宝一起来到多伦多，我成为辛顿的客座研究员。我们预计在多伦多的生活不会超过一年，我的妻子为了照顾孩子，不得不搁置了她的药剂师工作。我还指导着一个名叫莱昂·博图（Léon Bottou）的朋友。我与莱昂结识于 1987 年初，当时他正在巴黎综合理工学院完成最后一年的学业。他对神经网络很感兴趣，因此决定跟随我做毕业实习。请千万不要告诉他们的校长我还没有取得博士学位。当时，我正计划

---

① D. E. Rumelhart, G. E. Hinton, R. J. Williams, Learning internal representations by error propagation, in D. E. Rumelhart, J. L. McClelland, PDP Researche Group, *Parallel Distributed Processing: Explorations in the Microstructure of Cognition*, MIT Press, 1986, vol. 1, pp. 318-362.

编写新的软件来创建并训练神经网络，它是由 LISP 解释器驱动的模拟器。

我把解释器的相关工作交给了莱昂，他仅用三周时间就完成了！此外，因为我们都拥有同款个人计算机——Commodore 公司的 Amiga（一款高分辨率、快速的图形响应、可执行多媒体任务的计算机），所以我俩的合作既愉快又高效。与现在的苹果计算机和其他品牌的个人计算机不同，Amiga 计算机具有类似北美 IT（信息技术）部门中常见的 UNIX 工作站的属性：我们使用 C 语言编程，使用 GCC 编译器和 Emacs 文本编辑器。我那台 Amiga 计算机安装了专供信息工作者使用的文本处理程序 LaTex，我就是利用它完成了博士论文。莱昂和我通过连接 MiniTel（数字化电话信息的交互式媒体）远程交换程序代码段。

我们将程序命名为 SN（simulator neuronal，神经模拟器），它也是我俩长久合作与友谊的见证。莱昂后来在纽约 FAIR 的办公室离我的办公室并不远。

在多伦多，我完成了 SN，之后对其做了调整，以便实现我设想的一个可以用于图像识别的神经网络——卷积网络。卷积网络是受福岛邦彦的神经认知机启发而产生的一个想法，但它使用的是更为传统的神经元，并且受到反向传播的驱动。同时，杰弗里·辛顿开发了一种更简单的用于语音识别的卷积网络，他将其称为 TDNN（时延神经网络）。

1987 年年底，我应邀前往麦吉尔大学的蒙特利尔计算机科学研究中心做报告。报告结束时，一位年轻的硕士研究生提出了一系列问题，从提问中可以看出他在多层神经网络方面有比较深入的研究。要知道在同时期，该领域的研究人员相当少。他想了解如何调整神经网络结构，并使其能够处理语音或文本等时间信号。我记住了他的名字：约书亚·本吉奥。他的问题非常有水平，我期待着在他毕业后与他合作。后来，在他取得了博士学位并在麻省理工学院短暂任职之后，我推荐他去了贝尔实验室。

12

神圣之地

莱苏什的专题讨论会还产生了许多其他影响。1986 年暑期培训班期间，拉里·杰克尔和贝尔实验室自适应系统研究部的成员打听到了我在匹兹堡的消息，因此邀请我在回程时到新泽西的贝尔实验室做个演讲。我还记得第一次拜访贝尔实验室的情景，至少在 20 世纪 80 年代，贝尔实验室是一个激动人心的研究殿堂，当时的先进技术几乎都出自这里，所有的物理学、化学、数学、计算机科学和电气工程学的权威人物都聚集在这里。拉里·杰克尔的办公室距离阿瑟·阿什金（Arthur Ashkin）的办公室很近，后者因为在激光原子陷阱方面的研究贡献获得了 2018 年度的诺贝尔物理学奖。阿瑟身边有一位名叫朱棣文的同事，他因发现激光冷却和捕获原子的方法在 1997 年获得了诺贝尔物理学奖。贝尔实验室的“研究部”有 1200 名员工，分散在世界各地。研究部的掌门人是阿诺·彭齐亚斯（Arno Penzias），他本人同样是诺贝尔奖的获得者，他的研究成果是发现了宇宙辐射并证明了宇宙大爆炸理论。能与这么多伟大的人物如此近距离地接触，我简直有些飘飘然。

贝尔实验室在新泽西的办公大楼位于纽约以南约 60 公里的霍姆德尔（Holmdel），这座大楼是由芬兰著名建筑师埃罗·沙里宁（Eero

Saarinen）设计的。大楼本身散发着令人惊叹的魅力。想象一下：它是一个高为 8 层、长 300 米、宽 100 米的玻璃长方体，里面汇集了约 6000 名、以工程师为主的工作者，光是我参观的研究部就有 300 人左右。

1987 年春，拉里·杰克尔又一次邀请我到贝尔实验室，这次是为了讨论入职面试。我告诉他："请您也邀请我的妻子过来吧，她才是最需要被说服的人。"于是在我和实验室成员交流的时候，拉里带着我妻子伊莎贝尔和我们 18 个月大的宝宝凯文开车去兜风。他向我的妻子介绍了该地区的优点：绿意盎然的环境、美国特色的大房子和距离实验室不远的大海，新泽西当得起"花园之州"的美名。当天晚上，我们在一家意大利餐厅用餐时，凯文因为疲惫大哭。一位叫约翰·登克尔的长着络腮胡子的成员抱起了他，在餐厅里溜达，凯文马上就安静了下来。后来我得知，登克尔是家中长子，下面还有三个弟妹，因此他很会照顾小孩。他不仅是一位杰出的物理学家和工程师，而且还会说法语，会引用伏尔泰和佐拉的名言。真是一位善解人意的亚利桑那州牛仔！第二天，拉里和他的两个同事带我们去游览曼哈顿。那天天气并不好，但我们还是不顾门卫的劝告，乘坐双子塔的电梯爬上了世贸中心大楼。到达楼顶时，雾大到我们甚至看不到彼此！最终，盛情难却，伊莎贝尔和我决定在新泽西待一两年。

于是，我在 1988 年 10 月入职贝尔实验室。拉里的部门隶属于鲍勃·拉迪管辖，后者是一位十分杰出的工程师，是自适应滤波器算法的发明者。鲍勃·拉迪负责管理着 BL 113 分部，该部门汇聚了霍姆德尔及其附近克劳福德山的大约 300 名研究人员，神经网络研究组也是因为他的批准才得以成立。我见过他好几次，他是一个又高又瘦、个性鲜明的人，对一切都感兴趣，当然也包括电信技术。我还在实验室里见过另一位风云人物：约翰·霍普菲尔德。4 年前，我们曾在莱苏什碰过面，是他在自旋玻璃和神经网络之间建立了联系。

贝尔实验室的工作条件比我在法国的工作环境不知领先了多少倍。这里有丰富的资源和完全自由的研究主题，我的同事全是各个领域的领军人物。我一入职，就独自拥有一台 Sun 4 计算机。相较之下，在多伦多，一台同样的计算机需要 40 个人共用。曾有人告诉我："在贝尔实验室，靠节省开支是无法混出名堂的！"这真是一句发人深省的话。

13

贝尔实验室的岁月

在多伦多，我只能利用一个很小的手工数字集来测试我的第一个卷积网络，这些数字全是我用鼠标画出来的。但是在贝尔实验室，我们通过美国邮政收集到了信封上的手写邮政编码，共计 9298 张"真实"的手写数字图像。因此，我制作的 SN 卷积网络模块也可以直接发挥作用了。我计划建造一个具有 16 × 16 像素的输入信号和 4 个层级的大型卷积网络（见图 2-2）。完成后，它一共有 1256 个单元、64660 个连接和 9760 个可调节参数（在一个卷积网络中，多个连接可以共享同一个参数）。这真是激动人心。我花了三天时间，用 7291 张图像作为学习实例，在 Sun 4 计算机上训练这个网络。剩下的 2007 张图像被拿来作为测试案例，最终的错误率仅有 5%，这创造了新的纪录。

这些成果是在我入职后仅两个月内取得的，拉里对此十分高兴，他将我的网络命名为 LeNet（源自我的名字 Le Cun）。紧接着，我们在一张很小的加速卡上成功运行了它，并取得了每秒识别 30 个字符的好成绩。研究快速推进，我们又开发了一个新的卷积网络架构：LeNet 1，这个架构拥有 4600 多个单元，接近 10 万个连接，错误率进一步下降。

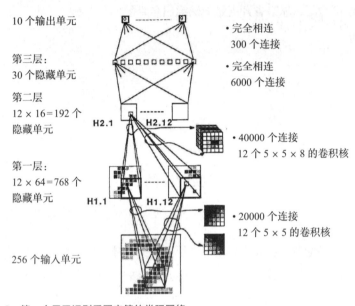

图 2-2　第一个用于识别手写字符的卷积网络

我在 1988 年下半年到贝尔实验室时构造了第一个卷积网络。这是一个神经网络，其结构受视觉皮层的启发。它包括 4 层，前两层的神经元连接到前一层的小区域，即所谓的感受野（参见第六章关于卷积网络的内容）。各层连续地从图像中提取出越来越抽象和全局的特征。

不久，拉里找到贝尔实验室工程部的合作伙伴来推进技术和研发产品。我们跟一组感兴趣的工程师合作，很快就开发出了一个可以读取银行支票上的金额的系统。

该系统使用一个带有 34 万个连接的 LeNet 5 大型卷积网络，能够处理 20 × 20 像素的输入信号（见图 2-3）。在我的同事和朋友莱昂·博图、约书亚·本吉奥和帕特里克·哈夫纳（Patrick Haffner）的帮助下，系统成功读取了收集到的大约一半的支票，错误率不到 1%。另一半支票因为机器无法识别，只能人工处理。一个系统可以精确到真正投入实际应用，这还是第一次。

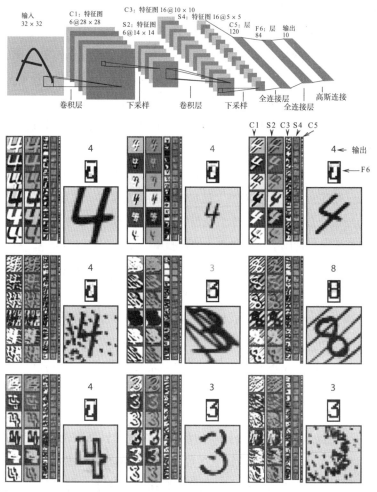

图 2-3 　LeNet 5 是一个用于识别手写字符的商业化卷积网络
LeNet 的结构包括 7 层。它比之前的版本大得多，并且使用了分离的层用于卷积和池化（参见第六章的相关内容）。它能辨识出奇怪的数字。

CCR 是 AT&T 的一家子公司，这是一家向银行销售支票扫描器和自动取款机的企业，他们的产品配备了我们开发的自动阅读系统，能够自动读取存入机器的支票上的金额。1994 年，法国布列塔尼的互助信贷银行开始使用 NCR 的自动取款机。

1995 年，快速读取系统首次全面上市，我们在一家意大利餐厅庆祝了这个特殊的日子。餐厅位于距实验室几公里外的一个美丽的小城市雷德班克（Red Bank），这里也是贝西伯爵（美国爵士音乐家、钢琴家）和电影导演凯文·史密斯（Kevin Smith）的家乡。

但是，我们回去时获悉，AT&T 公司的管理层决定将公司进行拆分，成立几家独立运营的新公司。几个月以后，NCR 带着开发和销售读取系统的研究团队离开了。新成立的朗讯科技公司随后也独立了出去，带走了"贝尔实验室"这块招牌和实验室的一大部分工程师，之前与我们合作的工程师小组也包括在内。我们的研究小组则留在了 AT&T 公司，隶属于一个新成立的实验室：AT&T 研究实验室。更加令我难过的是，项目的后续开发工作也停摆了。至于已经研发出来的产品商业化工作，则由 NCR 和朗讯科技继续开展。

20 世纪 90 年代末，我们的系统读取了由美国发行的所有支票的 10%~20%，这是那 10 年来神经网络最引人注目的成就之一。可惜的是，AT&T 新成立的电信服务公司对这项技术并不感兴趣。那是 1996 年，当时互联网刚刚兴起。我那时被提拔为部门负责人，首先要做的就是为团队寻找一个新的项目。经过讨论，我们决定研究图像压缩技术，扫描高分辨率的纸质文件并通过互联网进行传播。我们希望可以通过适当的技术手段，帮助世界各地的图书馆扫描它们的藏书并发布在互联网上。我们打算在 1998 年推出这项技术，并将其命名为 DjVu（DjVu 的法语发音和"似曾相识"的法语发音相近）。DjVu 可以将高分辨率的彩色扫描页压缩至约 50kB，是 JPEG 或 PDF 的 1/10。

不幸的是，AT&T 错过了 DjVu 的商业化。大型公司在将其内部实验室的创新技术进行商业化时出岔子，也是老生常谈的话题了，比如施乐公司史诗级的错失良机的先例——施乐公司错过了他们在加利福尼亚帕克研究中心实验室发明的现代办公自动化系统的商业化，这个系统几乎囊括了所有现在办公需要的模块：个人工作站、计算机网络、多窗口图形显示系统、鼠标和激光打印机。但施乐没能及时卖掉这些产品，才使得史蒂夫·乔布斯（Steve Jobs）和苹果公司有时间用 LISA（苹果发布的世界第一台图形用户界面计算机）和麦金塔（继 LISA 之后的第二台图形用户界面计算机）复制这个概念，抢占了先机。

　　事实上，AT&T 之前也发生过类似的事情。贝尔实验室的很多发明都曾在公司内部引起了不错的反响，但 AT&T 忙于像其他公司一样通过晶体管、太阳能电池、CCD（电荷耦合器件）摄像机、UNIX操作系统、程序设计语言 C 和 C++ 等手段赚钱，并不在乎某些新技术的商业化，而这些新技术的命运也跟 DjVu 一样。公司最终以约1200 万美元的价格，将 DjVu 的使用许可证出售给了西雅图一家已经占有图像技术市场的公司 LizardTech。让人啼笑皆非的是，后者也错过了 DjVu 的商业化机会。我们曾建议 LizardTech 以开放源代码的方式分发基础代码，因为只有让所有人使用，才能让他们接受新格式。但出于对控制权和利润的担忧，LizardTech 并没有听从我们的建议。再后来 LizardTech 也想过做改变，可惜为时已晚。LizardTech 的选择决定了结局，当然这是另外一个故事了。

14

职业与信念

从 1995 年开始，新的"寒冬"开始降临。我们的卷积网络没有被采纳，更没有被应用于其他领域。约书亚·本吉奥回到蒙特利尔，只保留了实验室的兼职身份；杰弗里·辛顿离开多伦多去伦敦建立了一个理论神经科学实验室；其他一些人同样选择了离开。留下的人仍然相信卷积网络的未来。为什么机器学习团队对神经网络的兴趣下降了？这是一个谜，可能只有科学史学家和社会学家能够解开这个谜团。神经网络基本上成了没人愿意谈及的话题，卷积网络更是成了大家口中的笑话。他们说这项技术太复杂了，除了杨立昆没人能让它发挥作用。这简直就是胡说八道。

或许是技术屏障阻碍了它的传播。在计算方面，卷积网络需要大量的投入，但在当时，计算机不仅速度慢而且还很昂贵。同时，用于训练计算的数据集太小——当时还没有发生信息爆炸，因此，研究人员必须自行收集数据，这无疑限制了应用程序的开发。而神经网络软件（如 SN）所需的数据必须由研究人员从头到尾亲自手写，这又需要大量的时间投入。此外，AT&T 不允许我们将 SN 神经网络模拟器以开放源代码的形式发布出去，即便这样可以加速人们接受卷积网络。在那个时代，企业都在自顾自地发展，只考虑自身利益。

1991 年，莱昂·博图获得了博士学位，后加入了贝尔实验室。因为他不喜欢美国的生活，所以在一年后回到法国，重新经营以前他与几个朋友创建的公司——Neuristique。Neuristique 公司推出了 SN 的商业版，为那些希望使用神经网络的公司提供服务。它的系统运行得太好了，以至潜在客户竟对此产生怀疑：因为公司虽然成绩斐然，但为客户提供咨询意见的专家却说该公司所做的事情是"不可能"实现的！公司经营了几年后，莱昂重新燃起回归科研领域的念头。于是，他转让了公司，再次回到贝尔实验室，并决定留在美国。

当时机器学习领域的学者大多不愿意研究神经网络，他们更偏爱SVM和"核方法"。具有讽刺意味的是，核方法是由我们实验室内部的同事伊莎贝尔·居永（Isabelle Guyon）、弗拉基米尔·瓦普尼克和伯恩哈德·伯泽尔（Bernhard Boser）于1992—1995年发明的，其核心内容在1995—2010年成为研究机器学习的主要方法。当时另一套被机器学习领域采纳的方法——提升方法（boosting），也出自贝尔实验室。它是由另一个部门的同事罗布·夏皮尔（Rob Schapire）和约阿夫·弗罗因德（Yoav Freund）开发的。我们与他们的关系都不错，大家可以据此想象一下当时我们实验室内部智力辩论会的场景。神经网络的研究就这样被隐于幕后，度过了将近15年的寒冬。

1995年，拉里·杰克尔仍旧对卷积网络的未来充满信心，并对其他人更倾向于SVM的事实感到难过。弗拉基米尔·瓦普尼克是个数学家，他喜欢那些能够用数学定理来确保运行的方法，不喜欢神经网络，因为后者从理论的角度来解释时显得过于复杂。拉里决定跟他打两个赌。第一个是，拉里打赌在2000年3月14日之前会出现一个数学理论来解释为什么神经网络可以完美运行，瓦普尼克则持相反的观点。这个赌局还有一个追加条款：解释卷积网络的数学理论必须是由瓦普尼克之外的人提出的，否则就算瓦普尼克赢了赌局。换句话说，如果拉里或其他人办不到，最好的方法就是激励瓦普尼克发展这个理论。

第二个是，弗拉基米尔·瓦普尼克打赌在2005年3月14日之后将没有人会再使用神经网络，拉里则持相反的观点。他们签订了赌约，我作为证人也签了名字（见图2-4）。每个赌局的赌注都是在一家高档餐馆吃一顿晚餐。

结果他们要兑现两顿晚餐，因为拉里输了第一局，瓦普尼克输了第二局，而我作为证人免费享用了两顿晚餐。

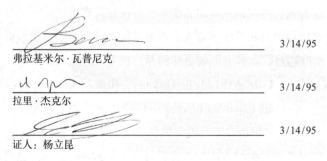

弗拉基米尔·瓦普尼克　　　　　　　　　　3/14/95

拉里·杰克尔　　　　　　　　　　　　　　3/14/95

证人：杨立昆　　　　　　　　　　　　　　3/14/95

图 2-4　拉里·杰克尔和弗拉基米尔·瓦普尼克于 1995 年的赌约

2001 年，莱昂和我终止了 DjVu 项目的研究。后来在长达 5 年多的时间里，我们基本没有再涉足机器学习领域的研究，只是发表了几篇我们在 20 世纪 90 年代下半程的工作细节的长文章。于我而言，这些文章就像是一篇篇绝唱：业界不再对神经网络感兴趣，我们却依旧在向业界解释如何使用它们。1998 年，我们在著名杂志《电气与电子工程协会会刊》（*Proceedings of the IEEE*）上发表了一篇后来广为人知的论文，题目为《基于梯度学习的文档识别》，作者为杨立昆、莱昂·博图、约书亚·本吉奥和帕特里克·哈夫纳。[①]这是一次全新的、教学性的、全面性的尝试。

论文详细阐述了如何使用卷积网络，提出了通过组装可区分的参数模块来构建一个学习系统的想法。此外，它还描述了一个全新的技术——图形处理网络，这项技术主要用于训练那些针对图形操作模块的系统，而传统的神经网络仅能操作数字表格。我们同样展示了如何建立以及训练一个字符识别系统。1998—2008 年，这篇论文的影响

---

① Yann LeCun, Léon Bottou, Yoshua Bengio, Patrick Haffner, Gradient-based learning applied to document recognition, *Proceed-ings of the IEEE*, 1998 , 86 (11), pp. 2278 – 2324 .

力还十分有限，每年仅有几十次引用量。但从 2013 年开始，引用量开始以指数级增长。仅 2018 年一年，就有 5400 次引用。现在许多人都把它视为卷积网络的开山之作，尽管在此前 10 年，我们已经发表了多篇文章。2019 年，它成为我的主要代表作，引用数量超过了20000 次。

2001 年年底，互联网泡沫开始爆发。AT&T 通过光纤和同轴电缆向所有家庭提供互联网和电视信号的计划没能说服华尔街，公司股票下跌。这对我们来说可不太妙：我们出售 DjVu 之后获得的股票期权变得一文不值。时任 AT&T 实验室副总裁的拉里·拉比纳（Larry Rabiner）是一位语音识别领域的先驱，他宣布将在三个月后退休，尽管他还没有到退休的年纪。因为我足够了解他对研究和对他为之奉献了整个职业生涯的实验室的感情，所以我有理由相信这是"世界末日"的一个预警。于是，我开始悄悄为自己谋求后路——寻找另一份研究职位。

同年 12 月，预警应验了。我们接到通知，公司将再次被拆分为若干部分，并裁去一半的研究人员。因为我已经在日本 NEC 公司得到了一个职位，所以我想成为被裁的一分子。我对公司说："我不在乎公司对什么领域感兴趣，我会继续研究视觉、机器人技术和神经科学。"之所以这么说，主要还是为了让它解雇我，它也的确这么做了，因此我十分感谢它。2002 年年初，我与莱昂、弗拉基米尔·瓦普尼克等一道离开 AT&T，加入 NEC 普林斯顿研究中心。该中心是久负盛名的 NEC 的实验室，我们在那里重新开始了神经网络的研究。

在离开 AT&T 之前，我给实验室的成员拍了几张照片（见图2-5）。

那时，弗拉基米尔·瓦普尼克的名声和影响力达到了顶峰。我想拍一张令人难忘的照片，同时跟他开个小玩笑。我在一块白板上写了

图 2-5　AT&T 实验室研究图像处理的部门合影

1996—2002 年，我是这个实验室的负责人。站着的人从左到右分别是：弗拉基米尔·瓦普尼克、莱昂·博图、杨立昆、约恩·奥斯特曼、汉斯-彼得·格拉夫。坐着的人从左到右分别是：埃里克·科萨托、帕特里夏·格林、黄福杰（音译）和帕特里克·哈夫纳。瓦普尼克、莱昂、格拉夫、科萨托和黄福杰于 2002 年年初和我一起加入了NEC。

以他的名字命名的机器学习理论的公式，他就是因为这个公式被世界熟知。我让他站在白板前，他也很高兴能在自己的杰作前留影。但是在公式的下面，我还写了一句话 "All your bayes are belong to us"（"你所有的贝叶斯都属于我们"）（见图 2-6）。这是一个很烂的文字游戏，因此我有必要解释一下。当时在互联网上流传着一个词——模因 ①，用以委婉地嘲笑日本电子游戏《零翼战机》中十分草率地将日语对话翻译为英语的事情。游戏中有一个征服银河系的人物，他用不怎么标准的英语说："How are you gentlemen ! All your base are belong to us. You are on the way to destruction." 其大概意思是："先生们，你

---

① 　模因（mème）是指一个因人们传播而产生的想法。这个词是由生物学家、进化学家理查德·道金斯（Richard Dawkins）仿照"基因"（gène）这个词，因其相似的复制方式而发明的。

们好吗？你们所有的基地都是我们的了。你们正在走向毁灭。"这句话十分好笑，因此出名了。想要弄明白我的调侃，还要知道另外一件事：瓦普尼克的机器学习理论方法存在一个竞争对手，这个竞争对手使用的理论方法是基于贝叶斯定理（Bayes theorem）创立的。贝叶斯定理是一个将联合概率和条件概率结合起来的公式，同样是以其发明人——18世纪英国数学家和牧师托马斯·贝叶斯（Thomas Bayes）——的名字命名的。瓦普尼克不喜欢贝叶斯理论，认为它是"Vrong"的（"错误"的英文单词是 wrong，瓦普尼克的英语发音带有俄语口音）。因此，我借用那个著名的模因梗玩了一个恶作剧，用 Bayes 代替了 Base，以开玩笑的方式让瓦普尼克成为征服机器学习星系的皇帝！2002年，我把这张照片贴在了我的个人主页上，后来它竟变成了瓦普尼克的"官方"照片，瓦普尼克的维基百科主页引用的就是这张照片。这很有意思，因为我觉得瓦普尼克并不知道这个笑话的微妙所在，当然也不会知道它的语法并不准确。

图 2-6　2002年的弗拉基米尔·瓦普尼克

他因这张与白板上的学习理论公式合影而出名。殊不知，这是一个很烂的文字游戏，源于当时流行的网络模因。

在加入 NEC 的两个星期之后，我接到了时任谷歌董事会主席兼总干事的拉里·佩奇（Larry Page）的电话。当时的谷歌是一家只有600 名员工的初创公司，但是所有人都在谈论它、使用它的服务。拉里希望我能去谷歌担任研究室的负责人。他了解我，因为他很钦佩我之前开发的 DjVu。我应邀参加了面试，谷歌也给了我职位，只是最终我没有接受邀约。一方面是因为我的家人不愿意搬到加利福尼亚；另一方面，尽管这个职位很有吸引力，但在做了 6 年的部门领导和应用研究项目后，我更愿意回到基础研究领域，继续研究机器学习、神经网络、神经科学和机器人技术。我十分清楚自己无法在一个只有600 人、还没有实现盈利的初创公司中实现梦想，尤其是当我身处一个领导者的职位时。

可令我意想不到的不是，NEC 在这件事过去一年之后遇到了经济危机，它开始给普林斯顿的实验室施压，要求实验室转向研究更容易变现的实际应用。我们也因此错过了一个又一个物理学家、生物学家和视觉研究人员。NEC 的管理层也向我们表明公司对机器学习并不感兴趣，他们解雇了实验室主任，让一位没有研究经验的管理人员坐上了那个位置。这无疑是解散我们小组最稳妥有效的方法。

之后，我又在 NEC 待了 18 个月，并于 2003 年去了纽约大学做教授。我曾向好几所院校投递简历，并收到了伊利诺伊大学厄巴纳-香槟分校和芝加哥大学丰田科技学院提供的职位。但一直没有得到纽约大学的回复，我还为此担忧了一段时间。

然后我联系了建议我投递简历的人，他感到很惊讶："你投简历申请了？我们没收到！"原来，学校管理人员的计算机出了问题，一半申请人的信息都丢失了。弄清原委后，纽约大学为我组织了一次面试。那天，我首先做了工作经历报告。计算机学院的院长理所当然地在听众席中，她叫玛格丽特·赖特（Margaret Wright），是运筹学领域的一位权威学者。我认识她，因为她也曾就职于贝尔实验室，而且在几年前，我在加州大学伯克利分校的一次研讨会上与她发生过争论。当时她认为运筹学的一些出色发现将会应用于机器学习，而我不同意。我真希望她忘记那次不愉快的经历，然而上帝并没有听见我的祈祷。在我的报告结束时，她提出了一个与当年那场辩论会有关的问题。那时我以为这个职位与我无缘了，但事情并没有按我以为的方向发展，因为她说从我们当时的讨论中获益匪浅！我于 2003 年 9 月被纽约大学聘为教授，同时我也坚定了重启神经网络研究并证明它的有效性的研究目标。

20 世纪 90 年代末以来，我一直坚信卷积网络的下一个闪光点在图像识别领域。为此，我于 1997 年在 CVPR 上宣读了一篇与图像识别有关的文章，可当时并没有引起太多人的注意。但是深耕于此领域的人，例如伊利诺伊大学的戴维·福赛思（David Forsyth）等都知道机器学习将在计算机视觉领域中扮演至关重要的角色。他邀请我参加一个在西西里岛举办的研讨会，与相关领域内的著名学者一起对话。会上，我遇到了当时任职于伊利诺伊大学（现执教于巴黎高等师范学院）的让·蓬斯（Jean Ponce）、卡内基·梅隆大学的马夏尔·埃贝尔（Martial Hébert）、加利福尼亚大学伯克利分校的吉滕德拉·马利克（Jitendra Malik）、牛津大学的安德鲁·西塞曼（Andrew Zisserman）、加州理工学院的彼得罗·佩罗纳（Pietro Perona）等人。令我吃惊的是，他们都对卷积网络展现的能力十分震惊。2000 年，我受邀在 CVPR 做了一场全面的报告。

我在该研究领域中占据了一席之地，并与相关学者建立了稳定的联系，在可以预见的未来，这些联系必将开花结果。在接下来的 10 年中，机器学习在视觉领域中的重要性与日俱增。但一直等到 2014 年，卷积网络才成为视觉研究的主要方法。虽然该领域的领军者愿意接受新想法，可一些年轻同行在评论我们的文章时却并不那么宽容……

15

深度学习的阴谋

    我与我的同事兼朋友杰弗里·辛顿和约书亚·本吉奥达成共识，决定共同努力重新唤起科学界对神经网络的兴趣。我们始终相信它是行之有效的，能够大幅提高图像和语音识别的效率。幸运的是，CIFAR 对我们的想法很感兴趣。它的名字起得很好，因为 CIFAR 的读音是"see far"，在英文中意为"远见"。2004 年，该研究院制订了一个为期 5 年的神经计算与自适应感知计划（NCAP）。当时杰弗里·辛顿被任命为该计划的负责人，而我是其科学顾问。NCAP 将我们聚集在一起，组织讲习班，为学生们开辟了一个科学小天地。

    当时仍然有很多研究者认为神经网络的研究是一场闹剧。因此，我们提出了一个新名称——深度学习。我把我们的三人小组称为"深度学习的阴谋"。这是一个真实的笑话。

    因为不受重视，我们发表文章之路很不顺利。2004—2006 年，我们写的关于深度学习主题的文章几乎都被机器学习领域的重要会议否决了，这些会议包括 NeurIPS、ICML 等。当时研究机器学习的主要方法是核方法、提升方法和贝叶斯概率法，神经网络几乎已经从可选项中消失了。像 CVPR 和 ICCV 这样的应用领域大会也对神经网络的相关工作保持缄默。

    即便我们信念坚定，也会有某个动摇的时刻。我记得在 1987 年12 月 6 日，在多伦多，杰弗里·辛顿来到实验室的时候神情沮丧。他沉默阴郁，简直与先前判若两人。辛顿像所有有自尊心的英国人一样，很有幽默感，但那天，他讲的笑话都很苦涩。办公室里的同事都不知道发生了什么事。最终，辛顿向大家坦陈了他的困扰："今天是我 40 岁生日，我的职业生涯也到头了，什么也做不成了。"在他的认知里，40 岁是一个里程碑，过了这个岁数，人的头脑就不再如以往清醒了。他觉得自己再也不会有关于大脑工作原理方面的发现了。可事实上，我们在 20 年后又有了新的想法。但我们碰见的大多数人都不如辛顿，他们都很傲慢。

借着 CIFAR 计划的东风，我们的人际圈逐渐扩大。从 2006 年起，这个圈子达到了一定规模，因此在我们向一些大会提交文章时，评审专家中总有那么一两位支持我们工作的。我们的想法开始在业界传播，也开始得到认可。

2007 年，参加机器学习的大型会议 NeurIPS 的学者不足 1000 人，属于不受重视的会议。但是到 2018 年，参会者达到了 9000 名。杰弗里·辛顿、约书亚·本吉奥和我每年都会参加，这里会产生关于机器学习的最有意思的想法。会议会持续一周，包括为期三天的全体会议和两天的小组研讨会，研讨会的形式更加自由。

研讨会的举办地是温哥华附近的一个冬季运动胜地。与会者可以在星期四下午乘大巴到达那里。那一年，我们建议组织一个深度学习研讨会，但是组织者在没有做任何解释的情况下就拒绝了我们的提议。不过这并不能阻止我们，我们利用 CIFAR 提供的资金组织了自己"私设"的研讨会，并租用大巴来接送对深度学习感兴趣的人。我们的研讨会有 300 位参与者，比以往任何一次都多，也因此成了 NeurIPS 最受欢迎的研讨会。这也标志着"深度学习"这一术语开始被业内的专业文献采用。

16

卷积网络的春天

（如果读者对深度学习领域不是特别熟悉，那么可以先行阅读后面的章节，因为本节会提到一些有关深度学习的基本概念，对于这些概念，我们会在后面进行详细解释。）

2003—2013 年的 10 年间，我在纽约大学的实验室扩展了卷积网络的应用范围，首先是在 2003 年开发的无须方位和照明的简单物体的识别，以及人脸识别（见图 2-7 和图 2-8），[①] 都获得了认可。1991年，我在位于帕莱索[②] 的汤姆森–CSF 中心实验室进行了为期 6 个月的访问，其间，我设计了一个人脸检测系统，并于 1993 年公布，但是没有引起太多科学家的重视。

图 2-7　利用卷积网络进行人脸检测

左图是 1991—1992 年设计的第一个用于检测图像中的物体的卷积网络的结果呈现。相关文章陆续发表于 1993 年和 1994 年。右图是 2003—2004 年在 NEC 开发的高性能系统，该系统可以检测不寻常的人脸，例如，来自《星际迷航》的外星人，还可以估计面部姿态。

---

① 　参见本书图 6-12 中的详细文字解释。
② 　大巴黎（法兰西岛）郊区的一个城市。——译者注

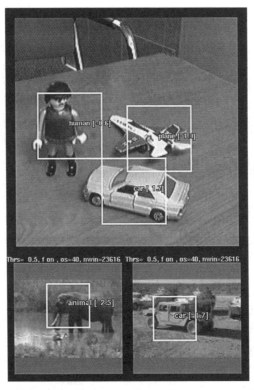

图 2-8　独立于位置和方位的对象识别

卷积网络由玩具图像组成，玩具图像分为 5 类：人、动物、飞机、汽车、卡车。事实证明，它能够识别出与玩具不同的自然图像中的真实物体。

2003—2004 年，另一个项目 DAVE 的进展让我们感到很满意，我们设计的一辆装有两台摄像机的机器人小卡车能够独自在野外行驶（见图 2-9）。当然，它需要被提前训练。训练方法就是由一位操作员驾驶操控它在不同的环境（如公园、花园、森林等）里行驶一两个小时。系统会同时记录两台摄像机拍下的图像和方向盘的位置。然后，一个经过训练的卷积网络能够借助输入的图像信息预测方向盘的角度，使其可以像被真人操控时一样躲避障碍物。经过几天在计算机上的训练打磨之后，系统就可以操控机器人小卡车了。

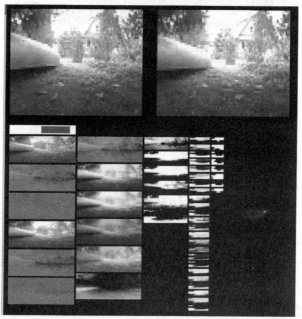

图 2-9　机器人 DAVE（2003 年）

这台小型无线电遥控机器配备了两个摄像头。一个卷积网络（右）经过训练后可以模仿操作员行为自主行事，同时避开障碍物。网络的输入是由两个摄像机拍摄的图像组成（顶部），网络的输出是方向盘的角度（此处为向右侧，由图像下方的亮条表示）。缩略图代表网络连续层中各单元的激活状态。

然而，这种仅仅是模仿学习的项目很难说服学术界，相关文章直到 2006 年才得以发表。不过，这项成果却说服了 DARPA 的代表启动 LAGR（应用于地面机器人的机器学习）项目。这是一个关于机器学习在驾驶移动机器人领域的应用的大型研究项目，项目周期为 2005—2009 年。我们将会在第六章详细讨论这个项目。总之，这个项目后来衍生出了大量有关汽车自动驾驶的项目。

说回 2005 年，这是我在纽约大学出成果的一年。我们证明了可以将卷积网络用于语义分割，即用像素所属的物体类别标记图像的每个像素。我们将此技术应用于通过显微镜获得的生物学图像的分析（见图 2-10）。后来，这项技术在机器人驾驶和自动驾驶领域同样发挥了巨大的作用，因为它能够从图像中分辨出可驾驶区域或障碍物。

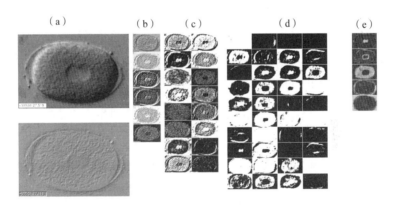

图 2-10 卷积网络用于生物图像的语义分割
输入图像中的每个像素被识别为属于以下 5 类之一：细胞核、核膜、细胞质、细胞膜和外部环境。（a）一个线虫胚胎细胞的图像显示在卷积网络的输入处。（b、c 和 d）卷积网络的连续层提取的图像特征。（e）输出包括 5 个小缩略图，每个小缩略图对应 5 个区域类别。在每个输出缩略图中，一个清晰的像素表示输入图像中相应的像素已被识别为与缩略图关联的类别。

我们还训练了一个用于图像比较的卷积网络，以确定两张照片上是同一个人还是不同的人。这种“度量学习”的基础是我在 1994 年提出的 Siamou 网络概念（孪生神经网络），后者主要用来验证签名。后来，这种卷积网络在人脸识别中得到了应用（参见第七章"内容嵌入和相似度测量"）。

2007 年，我们开始着手研究自然图像中的物体识别。与之前处理的简单图像不同，现在要识别的是普通图像中存在的主要物体。不幸的是，计算机视觉界使用的图像数据库太小，比如 Caltech-101 数据库（加利福尼亚理工学院 101 类图像数据库）包含大约 100 个物体类别，但每个类别仅包含 30 个图像实例，这对训练卷积网络来讲太少了。对于这种量级的数据，传统手动提取特征，再利用基于 SVM 的分类器处理更有优势。由于无法获得足够的数据量，我们只能转向研究无监督学习。具体操作是预先训练卷积网络层并从中总结出一般模式，而不再关注某个具体任务。也就是说，训练一个网络层生成一种表征，并从中重建该层的输入，这就是所谓的自编码器。它的一个特色就是将所需的神经元的数量最小化。有了这种方法，我们勉强拥有了传统系统的性能，但是在一个具体应用中，这种方法突破了传统方法的局限，这个应用就是行人探测，这在自动驾驶领域起到了至关重要的作用。幸运的是，行人探测是我们拥有足够数据的少数应用程

图 2-11　城市图像的语义分割
每个像素被卷积网络标记为它所属的物体类别，如汽车、道路、人行道、建筑物、树木、天空、行人等。

序之一。相关文章于 2013 年 6 月发表，这些方法再次有了用武之地，我们将在第九章中重点讲解。

继 LAGR 项目之后，我们实验室又参与了一个由 DARPA 资助的深度学习项目，这是第一个看起来完美符合我们兴趣的项目。可在 2009 年年初，美国政府换届，这个项目也因为 DARPA 领导层的变动受到影响。资金本已顺利获批，但无法准时到账，之后是资金缩减，而且就在项目刚要启动之际，项目负责人就因为疲于应对一系列变动而辞职了，他的继任者不看好这个项目，试图将它完全停掉。幸亏我们据理力争，项目才得以幸存，作为交换，我们也要参与一些在我们看来并不重要的项目。尽管困难重重，但我们依然完成了一个自然图像的语义分割系统。该系统在原有的基础上大大提升了识别的精确度和速度。

到那时为止，计算机视觉界仍然对我们持怀疑态度，比如，我们 2012 年在 CVPR 大会上递交的一篇结果十分完善的论文被否决了（尽管结果不错）。文章的审稿人从未对卷积网络有过深入研究，无法理解它为什么能完美地完成工作。这件事让我想起了一个传统笑话："当然，这在实践中效果很好，但在理论上行得通吗？"评审们认为，在手工设计如此少的情况下，从头到尾驱动一个视觉系统没有意义。其中一个反对观点是，如果机器可以学习一切，那么科学界将无法获得对视觉问题更多的理解。幸运的是，这篇文章在几个月后被一个机器学习领域的重要会议 ICML 接受了。

与此同时，业界对于深度学习的认知也在慢慢提升。大量级的图像数据库也在慢慢出现，且足以训练大型的深度神经网络。

大约在 2010 年，深度学习在语音识别领域实现了突破，取得了第一批成果。虽然其中并没有用到卷积网络，但在此之后，卷积网络得到了大规模应用。杰弗里·辛顿提出了一个绝妙的想法：在接下来的夏季实习期内，他将三位博士生分别送到了业内最领先的三家公司——谷歌、微软和IBM，并让他们用深度神经网络代替原有系统的中央模块，看看是否有奇效。果不其然，系统性能有了显著提升。18个月后，这三家公司都部署了新的基于深度学习的语音识别系统。如今，当我们与虚拟语音助手交谈时，将我们的语音转换为文本的就是一个经过训练的卷积网络。这项技术进入了快速发展阶段，并不断衍生出新的消费产品。

软件在发展，计算机硬件也是如此。GPU的突破使计算机的计算能力成倍提升。2006年，我的朋友、贝尔实验室前同事、微软研究院的帕特里斯·西马德（Patrice Simard）首次尝试将GPU用于神经网络。斯坦福大学、IDSIA[①]、蒙特利尔和多伦多的研究人员也相继开展了这项研究。到2011年我们就可以确定，未来毫无疑问属于那些可以在GPU上驱动大型神经网络的人，他们将成为开启深度学习新革命的推手……

2012年是具有决定性意义的一年，[②]它是一个新时代的开端，人们不再质疑卷积网络的有效性，这也是后文一些章节的主题。

[①] IDSIA，人工智能研究所，这个研究所坐落在瑞士的曼诺，是1998年由安杰洛·达勒·莫勒（Angelo Dalle Molle）通过以他命名的基金建立的。

[②] Yann LeCun, Yoshua Bengio, Geoffrey Hinton, Deep learning, *Nature*, 2015, 521, pp. 436–444.

第三章

机器的初级训练

机器可以被训练用来完成一些简单的任务，比如旋转方向盘或识别字母。训练的内容包括在机器中建立一个函数 $f(x)$，以便输出对应输入信号（图像、声音、文本）的预期答案（识别图像、声音或文本）。

1

从海兔得到的启发

海兔是一种软体动物，一直都是神经科学家实验的宠儿，它的某些本能反应显示出其对突触连接的适应能力，这是学习机器的理想模型。海兔通过由基本神经网络系统控制着的鳃呼吸，当你用手触摸它的鳃时，腮会因为受刺激而缩回；如果你再次触摸，腮会再次缩回，过一段时间后再伸出来。鳃每次受刺激后再伸出来所需的时间会不断减少，触摸次数多了之后，鳃适应了手指的触摸，反应便不如前几次强烈，不会马上就伸出来。这种小动物在习惯了外界的打扰后，就会认为事情并没有那么严重，从而自然而然地就会忽略外界的刺激。

精神病学家和神经生物学家埃里克·坎德尔（Eric Kandel）对控制海兔行为变化的神经网络很感兴趣。鳃的收缩是突触效应改变的结果，而这些突触连接着检测触碰的神经元和控制收缩的神经元。受刺激的次数越多，突触的效应就越低，鳃就会随之减少收缩的频率。这个过程揭示了一种生化机制：改变突触的值就可以改变类似海兔这种软体动物的行为。简而言之，这解释了海兔在这个过程中的适应能力。埃里克·坎德尔因为这个发现获得了 2000 年诺贝尔生理学或医学奖。

这种通过改变突触效应来适应或学习的机制几乎存在于所有具有神经系统的动物体内。比如，大脑本质上是一个由突触相互连接组成的神经元网络，其中大多数连接可以通过学习进行修改。这种规律适用于整条生物链，简单的秀丽隐杆线虫（一种只有 1 毫米长的带有 302 个神经元的小蠕虫），具有 18000 个神经元的海兔，具有 25 万个神经元、1000 万个突触的果蝇，具有 7100 万个神经元和 10 亿个突触的小鼠，具有 8 亿个神经元的兔子和章鱼，具有 22 亿个神经元的狗和猪，具有 320 亿个神经元的猩猩和大猩猩，以及人类：人类拥有 860 亿个神经元和约 150 万亿个突触。从这些数据中可以看出一个有关智能的巨大奥秘：通过修改由非常简单的单元构成的网络中的连接，就能产生智能行为。

机器学习研究的目标就是以人工神经网络为基础，在机器内重现这种现象。这种通过调整突触效应而进行的学习，是 20 世纪中叶以来被统计学家称为"模型参数识别"的一个例证。

2

监督学习

想象一下，如果要制造一辆自动驾驶汽车，让它像人类司机一样驾驶，我们该怎么做？

首先，我们必须从一个优秀的驾驶员那里收集行车数据，也就是说，要记录汽车在高速公路上的位置，以及驾驶员如何通过方向盘来修正汽车的位置，使汽车保持在车道中间。

　　其次，分析拍摄交通标志线的摄像机获得的实时数据，以测量汽车在车道中的位置。摄像机每 0.1 秒就会记录一次汽车相对于道路标记的位置和方向盘的角度，这样在一小时内就能获得 36000 个有关汽车的位置和方向盘的角度的记录。这就是我们需要的数据。

　　最后，将这些数据映射到一张图上：横坐标上的变量 x 代表汽车的位置，这是系统输入的数据。假如高速公路某条车道的宽度为 4 米，汽车正行驶在车道中央，则 x 值为 0；如果车轮压上右边的白线，则 x 值为 +2 米；如果车轮压上左边的白线，则 x 值为 −2 米。图表纵坐标上的变量 y 代表方向盘的角度，这是系统输出的数据；它以度为单位。例如，+5 度代表方向盘向左偏转少许，0 度代表汽车直行，而 −5 度则代表方向盘向右偏转少许。

　　通过记录驾驶员正常驾驶汽车的位置和方向盘的角度，我们便可获得成千上万对 (x, y)，每一对 (x, y) 都由汽车在道路上的一个位置和方向盘所偏转的角度组成。真正测试时，我们会收集很多示例，并将数据元素标号映射在图上。为了区分图中的数据或显示某一个特定的示例，我们在方括号中会给出编号，例如，X[3] 和 Y[3] 构成 3 号示例（这是计算机科学家十分喜欢的一种表示法）。如果我们收集的示例总数为 p（如 $p = 36000$），那么我们得到的学习集就可以表示为：

$$A = \{(X[0], Y[0]), (X[1], Y[1]), (X[2], Y[2]), \cdots,$$
$$(X[p-1], Y[p-1])\}$$

　　当我们使用这些示例训练机器时，目的就是训练它们根据汽车在道路上的位置来预测并选择合适的方向盘角度的能力。换句话说，我们希望通过训练，让机器"模仿"人类驾驶员，尽可能地重现驾驶员的行为。

　　为此，我们还要找到一个函数 $f(x)$，对于学习集中的每一个 x，

函数 $f(x)$ 都可以生成集合中对应的 y，即 Y[0] 对应 X[0]，Y[1] 对应 X[1]，依次类推。一旦发现合适的函数 $f(x)$，我们就可以利用它计算任何 x 所对应的 y，即使是我们现有学习集中不存在的 x 值也能够找到其对应的 y 值。这就是监督学习的原理之所在。

3

随机近似

寻找根据 x 预测 y 的函数 $f(x)$

假如有一个完美的驾驶员，我们将他驾驶汽车时得到的数据映射在图中的一条直线上，如图 3-1 所示。当这些点完美对齐时，我们便可以得到一条穿过这些点的直线。我们随机选择一个函数：首先确定它是一条直线，接下来只需确定它的斜率即可。

这个函数可以写为：

$$f(x) = w*x$$

这个函数使用的是计算机科学家常用的符号，其中符号 * 表示乘法。这个函数表示一条经过原点且斜率为 w 的直线。在下面的讨论中，为方便起见，我们可以将 f 当作带有 x 和 w 两个变量的函数。为了在计算机上使用 Python[①] 语言对函数编程，我们可以将其写为：

$$def\ f(x, w) : return\ w*x$$

----

① Python 是一种非常灵活且易于使用的编程语言，也是机器学习工作者使用最多的一种编程语言（www.python.org）。

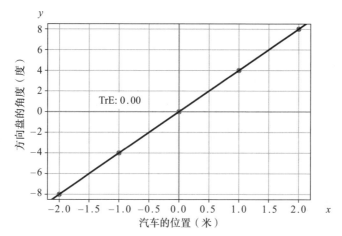

图 3-1　汽车在车道上的位置与将其带回到车道中间的方向盘角度之间的关系

横坐标代表汽车相对于高速公路车道中心的位置（以米为单位），纵坐标代表使汽车返回车道中心所需的方向盘角度（以度为单位）。对于一个位置的负值（在车道中心的左侧），则必须向方向盘（顺时针方向）施加负角。在此，4°的方向盘角度可以校正 1 米的位置偏差。

字母 w 和 x 是变量，其函数表示的是 $w*x$ 的乘积。变量相当于一种"抽屉"，或计算机内存中的单元格，我们可以在其中存储一个数字。例如，我们可以创建变量 w 并赋值 4，然后创建值为 2 的变量 x：

$$w=4$$

$$x=2$$

字母 w 和 x 仅表示相应内存的名称。为了用 x 和 w 这些值计算函数，我们将函数写成：

$$yp=f(x,w)$$

其中符号 yp 代表我们预测的模型产生的结果 y。

当我们把上边的数值输入函数时，变量 yp 就得到了数值 8（4*2）。

如要将函数应用于学习示例 3，只需执行：

$$x=X[3]$$

$$y=Y[3]$$

$$yp=f(x, w)$$

此时，求出通过这些点的直线就等于找出该函数参数 w 的正确值。假设我们只有两个训练数据点，即 A=[[0.0,0.0],[0.9,3.6]]。

经过这两个点的直线有且只有一条，在这种情况下，w 的正确值应该为 4，因为 4 * 0.9=3.6。我们再添加第三个训练数据点：（-0.8，-3.2）。这三个点完全在一条线上，并且 w 的值始终为 4。

但这只是理想情况，现实中很难实现。因此，我们再假设第四个数据点为（1.9，5.4）。此时，如果 w 的正确值依然为 4.0，那么我们的函数 $yp=f(x, w)$ 的预测值将不再是 5.4，而是 7.6（4*1.9）。正如上文所说，字母 yp 表示函数模型对 y 的预测，但现在第四个点不在直线上，我们该怎么办？

在这种情况下，不可能找到穿过所有点的直线，我们需要提出一个折中方案：允许出现一些误差，规划一条"尽可能靠近"所有点的直线（见图 3-2）。

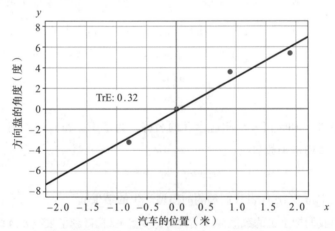

图 3-2　一条尽可能地靠近未完全对齐的点的直线

4 个点中的 3 个点对齐，斜率为 4 的直线经过这 3 个点，但是不经过第 4 个点，我们的问题就是找到一种折中方案：一条尽可能靠近这 4 个点的直线，但是它不会准确地经过任何一个点。

减少错误

当 w=4.0 时，利用直线预测到的值为 7.6，但在第四个数据点中得到的值是 5.4，因此产生的误差为 −2.2（5.4−7.6）。如果修正 w，使直线更接近第四个点，那么相对应地，它就会远离其他三个点。由于找不到一条可以通过所有点的直线，因此在我们的示例中，最佳的折中方案是一条斜率约为 3.2 的直线。

对于一个给定的 w 值，或者收集到的数据集中的任何一个值，通过函数预测到的 yp 值（在新直线上）和实际得到的 y 值（在每个学习示例中）之间都可能存在误差。

我们可以测量这 4 个点的平均误差，对其中的任何一个点而言，误差值可能是正值，也可能是负值，但重要的是预测值 yp 和观测值 y 之间的距离。为了量化误差距离，我们通常会采用此误差的平方或绝对值（始终为正）。

对于一个给定的 w 值，例如，（X[3]，Y[3]），其中对 X[3] 的预测值是 yp=w*X[3]，它的误差值为（Y[3]−w*X[3]）** 2。计算机科学家用符号 "** 2" 表示平方。[1]

度量系统误差的 L（w）表示学习示例中所有误差的平均值：

L（w）=¼（（Y[0]−w*X[0]）**2+（Y[1]−w*X[1]）**2+（Y[2]−w*X[2]）**2+（Y[3]−w*X[3]）** 2）

此函数中唯一的可变参数是 w，也就是说，L（w）的值取决于 w，因此这是 w 的函数，也被称为成本函数。L（w）的值越小，平均误差越小，也就意味着机器的精准度越高。所以，我们需要找到一个 w 的 $\check{w}$ 值，使得成本函数 L（w）最小（见图 3-3）。

---

[1] 在 Python 语言中，次运算符写为 **，例如 x 的平方写为 x** 2。

假设具有 p 个学习点，使用希腊字母 $\sum\limits_{i=0}^{p-1}$ 表示成本函数，即 i 从 0 到 $p-1$ 时所有项的数值之和。函数表达为：

$$L(w) = 1/p * \sum_{i=0}^{p-1} (Y[i] - w * X[i])**2$$

该公式涉及 w 的平方，因此它是一个二次多项式，也就是抛物线（见图 3-4）。

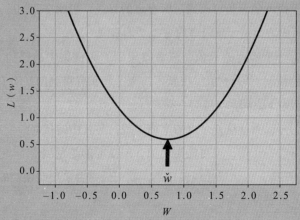

图 3-3　表示二次成本函数的抛物线

当成本函数是 w 的二次多项式函数时，它是具有唯一最小值的抛物线的形式。解，即产生成本最小值的 w 值，在图形上用 $\check{w}$ 表示。

想要使误差最小，即成本函数 L（w）最小，我们可以使用一个名为"随机梯度下降"（SGD）的方法。虽然名字看起来很深奥，但它其实很简单。

这个方法的思路是，取一个学习集里的点，对直线稍做调整使其接近这个点。然后再操作下一个点，继续调整直线使其接近第二个点。我们需要调整的幅度与误差值成正比，即误差越小，我们对直线操作的幅度也就越小。假设我们处理的是示例 3，调整 w 的公式为：

$$w=w+e*2 * （Y[3]–w*X[3]）*X[3]$$

注意，这不是数学公式，而是计算机科学家使用的公式，用 w

的当前值加上后面计算得到的值（等号的右边），替换变量 w（等号的左边）。我们来看一下这个公式，变量 e 称为"梯度步长"，它必须是一个很小的正数，用来确定 w 调整的幅度。如果 X[3] 为正，且直线在点（X[3]，Y[3]）之下，也就是说（Y[3]–w*X[3]）的差是正数，则 w 值增加，这就是这个公式的作用。相反，如果直线经过该点上方，即差值为负数，表明 w 值将减少。直线接近该点的速度随着直线与该点的距离减少而降低，并在穿过该点时停止。当 X[3] 为负数时，公式将反向更新，即斜率太小会产生正误差，反之亦然。

我们不断地操作每一个示例，不断地调整直线的斜率，如果此时逐渐减少 e 的值，直线最终会稳定在一个使 L（w）最小的 w 值附近。这种方法被称为"随机近似"，是由美国统计学家赫伯特·罗宾斯和萨顿·门罗于 1951 年提出的。

4

数学家的题外话

我们可以延伸一下随机梯度下降法的适用范围。设定 C（x，y，w）表示给定示例的成本函数。示例中，对于给定点（x，y），C（x，y，w）=（y–w*x）** 2，根据随机梯度下降法可获得的 w 值：

$$w=w-e*dC（x，y，w）/dw$$

其中 e 是梯度步长，dC（x,y,w）/dw 是 C 相对于 w 的导数（我们称为梯度）。相对应 w 的（y–w*x）** 2 的导数为 –2 *（y–w*x）*x，则公式更新为：

$$w=w+2 *e*（y–w*x）*x$$

对于这个公式的直观理解与上文提到的公式相同：如果 C（x，y，w）的斜率（导数）为正，w 的值将减少；如果斜率为负，则 w 的值将增加。通过重复此操作，w 最终将下降到 $C(x, y, w)$ 的底部。我们想要最小化的是关于所有点的 $C(x, y, w)$ 的平均值 $L(w)$：

$$L(w) = 1/p * \sum_{i=0}^{p-1} C(X[i], Y[i], w)$$

罗宾斯和门罗证明了，如果在所有的数据点上重复此过程，在 e 逐渐减小的条件下，该过程将收敛到 $L(w)$ 的最小值。

到目前为止，随机梯度下降法一直是现代系统中训练机器学习最常使用的方法。所以，我把它安排在这里进行讲解。在后面的章节中，当谈到感知器、自适应线性神经元和多层神经网络时，我们将再次提到它。

不过，对于我们感兴趣的话题，即得到一条尽可能靠近所有点集的直线，随机梯度下降的表现就不那么尽如人意了，甚至可以说是没有任何用处。上文中提到的抛物线成本函数可以转换为：

$$L(w) = 1/p * \sum_{i=0}^{p-1} (Y[i]**2 + (w**2) * (X[i]**2) - 2*w*X[i]*)$$

或者：

$$L(w) = (\sum_{i=0}^{p-1} 1/p*X[i]**2) *w**2 - (\sum_{i=0}^{p-1} 2/p*X[i]*Y[i]) *w + \sum_{i=0}^{p-1} 1/p*Y[i]**2$$

我们知道，这是带有系数的 w 的二次多项式，现在我们有了导数，这个多项式的最小值是导数为 0 时 w 的值，即：

$$(\sum_{i=0}^{p-1} 2/p*X[i]**2) *w - (\sum_{i=0}^{p-1} 2*X[i]*Y[i]) = 0$$

由此得出我们的解决方案：

$$w = (\sum_{i=0}^{p-1} X[i]*Y[i]) / (\sum_{i=0}^{p-1} X[i]**2)$$

总结

以监督学习方式训练机器的基本原理如下：

1. 选择一个学习集合：

$$A = \{(X[0], Y[0]), \cdots, (X[p-1], Y[p-1])\}$$

2. 提出一个模型，即参数为 w 的第一个函数 $f(x, w)$。其参数实际可能有几个，也可能有几百万个。在这种情况下，它们将被分别命名为 $w[0]$，$w[1]$，$w[2]$……统称为：w。

3. 提出第二个函数，即成本函数 $C(x, y, w)$，它用于测量学习示例中存在的误差，例如 $C(x, y, w) = (y-f(x, w)) ** 2$，$L(w)$ 为整个学习集合的平均值。

4. 从函数 $f(x, w)$ 找到一个参数，使得成本函数 $L(w)$ 达到最小值，通常使用的方法是随机梯度法：

$$w=w-e*dC(X[i], Y[i], w)/dw$$

5

伽利略和比萨斜塔

函数 $f(x, w)$ 得到的可能不是一条直线。比如，让一块石头从高处落下来，测量它在给定时间内下落的高度。我们都知道，高度会按照下降时间的平方增加。

想象一下伽利略爬上比萨斜塔，停在某一层，然后扔下一块小石头并记录它落到地面所用的时间；他再往上爬一层，扔下同一块石头并测量时间；然后再上一层，重复做上面的实验。

一定存在一条唯一定律能够将石头下落所用的时间 x 和下落的高度 y 联系起来。

因此，根据石头落地所用的时间，我们可以得出下落的高度。将 x（下落时间）与 y（下落高度）联系起来的公式是 $y=0.5g*x**2$，其中 g 表示重力加速度，为 9.81 米每秒的平方（m/s²）。这个函数是一个抛物线。伽利略根据自己的观察，建立了这条定律。从此，人们可以通过下落时间计算下落高度，或者通过下落高度计算下落时间。

伽利略的发现奠定了科学方法的基础，该科学方法试图通过数学公式建立将一个变量与另一个变量联系起来的定律。他也由此奠定了物理学的基础：从观察到的现象中总结出定律，并用定律预测现象。这正是自主学习所做的事情。

6

图像识别

上述发现潜在规律的基本原理同样适用于模式识别。每一个输入的图像 x 都可以被视为一个很大的数字集合。例如，一张 1000 × 1000 像素的黑白照片可以用 100 万个数字表示，每个数字表示一个像素的灰度值。如果是彩色图像，则每个像素由三个值表示：红色、绿色和蓝色。

同样，机器给出的答案 y（图像识别）也可以由一个数字或一系列数字表示。比如，向机器输入一张猫的图片（x），然后指示机器回答"这是一只猫"（y）。我们可以设定 $y = 1$ 代表猫，$y = -1$ 对应猫以外的东西。这样，我们就限定了函数的输入为两类图像。

我们也可以用同样的方法训练一辆配备摄像机的汽车进行自动驾驶，只不过过程要稍微复杂一点，因为这次要输入系统的 x 是由数百万个数字组成的图像，系统会根据图像计算汽车在道路上的位置。输出值 yp 是方向盘的角度和踏板受到的压力。

假如想要训练一台机器区分汽车图像和飞机图像，我们需要提供数千张汽车图像和数千张飞机图像。然后，输入一张汽车图像，如果机器给出正确的答案，那么我们什么也不要做；如果机器判断错误，那我们就调整系统参数使其更接近正确答案。换句话说，我们利用调整参数的方式减少误差。

所有的监督学习系统都遵循相同的原则，即：

1. 对于一个输入值 x，它可以是图像（计算机程序中的一个数字表）、语音信号（由麦克风输入的数字模拟转换器发出的数字序列）、要翻译的文本（由一系列数字表示）等，这些我们将在下面的章节中详细分析。

2. 有一个期望的输出值 y。它是对应输入值 x 的理想结果。

3. 机器输出的值 yp，是由机器给出的答案。

7

感知器的创新

在这一节，我们以感知器为例来谈一种非常简单的机器——线性分类器。

线性分类器是学习机的前身，是 1957 年由美国心理学家弗兰克·罗森布拉特在美国布法罗的康奈尔大学的航空实验室设计出来的。当时，一些人工智能领域的研究者主要的研究方向就是探索人类和动物智力特性的成因：学习。

感知器的出现源于其发明者受到了当时神经科学发现的启发。心理学家和生物学家主要研究大脑如何工作以及神经元的连接方式，他们将生物神经元描绘为具有多个分支的星状物。除了最后一个分支，其他所有分支输入都形成入口或者树突，它们通过接触区——突触——将本神经元和其他上游神经元相连接。最后一个分支——轴突——是下游神经元的唯一出口。神经元接收并处理由上游发来的电信号，并在需要时将唯一的单个信号传输到下游。这条输出链由电脉冲序列组成，被称为动作电位或放电脉冲（spikes），其频率代表神经元活动的强度，可以用数字表示。

1943 年，美国控制论学家和神经科学家沃伦·麦卡洛克和沃尔特·皮茨提出了一种简化了的生物神经元数学模型，有人将其称为一幅"漫画"，这个"人工神经元"能够计算出代表上游神经元活动强度的加权和。如果这个值低于某个阈值，则表示神经元处于不活跃状态；相反，如果它高于此阈值，则表示神经元处于活跃状态，并会产生一系列沿其轴突向下游神经元传播的放电脉冲，脉冲的频率也由一个数字表示。

在麦卡洛克和皮茨的这个模型中，输出为二进制：活跃或不活跃，1 或 −1。每个二进制神经元计算与其连接的上游神经元输出的加权和。如果这个值大于阈值，则输出为 1，否则为 −1。在我们的示例中，此阈值为 0。

使用公式表示如下：

$$s = w[0]*x[0] + w[1]*x[1] \cdots w[n-1]*x[n-1]$$

其中 s 是加权和，$x[0]$，$x[1]$，$x[2]$，…，$x[n-1]$ 是输入值，而 $w[0]$，$w[1]$，$w[2]$，…，$w[n-1]$ 是权重，即加权和中涉及的系数。这样由 n 个数字构成的集合被称为"n 维向量"。在向量中，每个数字都有其独特的编号。我们可以用数学符号更简洁地表示这个公式：

$$S = \sum_{i=0}^{n-1} w[i]*x[i]$$

向量之间的这种运算称为向量积。在计算机上，人们可以编写程序（使用 Python 语言）执行这个计算：

```
def dot ( w, x ):
    s= 0
    for i in range ( len ( w ) ):
        s=s+ w[i]*x[i]
    return s
```

这段代码定义了一个函数 dot (w, x), 其参数 w 和 x 是两个向量。

该函数计算了 w 和 x 之间的向量积, 并返回结果。代码 for 是一个循环。它执行了 len (w) 次（w 的维数）下一行的代码, 它的作用是在变量 s 中累加 w 项和 x 项的乘积; 最后一行代码将 s 的值返回给调用程序。我们可以创建两个三维向量, 并按如下所示调用函数：

w=[−2, 3, 4]

x=[1, 0, 1]

s=dot (w, x)

将数字 2 代入变量 s 中, 即产生：

$$-2*1+3*0+4*1=2$$

假设规定的阈值为 0, 如果 s 大于 0, 则神经元的最终输出为 + 1; 如果 s 小于 0 或等于 0, 则神经元的最终输出为 − 1。我们同样可以利用 Python 编写一个小程序计算输出值：

```
def sign ( s ):
    if s> 0:  return  + 1
    else:  return −1
def neurone ( w, x ):
    s= dot ( w, x )
    return sign ( s )
```

这样定义的符号函数在参数 s 大于 0 时, 返回 +1; 如果 s 小于或等于 0, 则返回 −1。

根据麦卡洛克和皮茨的说法, 这些二进制神经元同样进行着逻辑计算，而大脑可以被视为一个逻辑推理机。[1]

这个想法启发了心理学家弗兰克·罗森布拉特，他在他的感知器中使用了麦卡洛克和皮茨提出的二元阈值神经元。此外，他还重新拾起了把信号传输到神经元的想法，神经元计算输入的加权和，并在加权和大于 0 时被激活。不仅如此，他在原来生物神经元的基础上更进一步设计出了一个程序，允许机器通过修改加权和的权重来纠错，从而进行自我调整。这个灵感来自大脑在学习过程中会改变突触效应的机制，类似的想法可以追溯到 19 世纪后期西班牙神经解剖学家圣地亚哥·拉蒙尼·卡扎尔（Santiago Ramóny Cajal）做过的工作。

罗森布拉特还了解过加拿大心理学家唐纳德·赫布于 1949 年在其《行为的组织》[2] 一书中提出的观点，即当两个神经元同时处于激活状态时，连接两个神经元的突触会变得更加活跃，这就是赫布学习假说。这一假说在 20 世纪 60 年代就已得到证实，到 20 世纪 70 年代，埃里克·坎德尔通过研究海兔解释了其生物化学机制。

因此，感知器在最简单的形式下只有一个麦卡洛克和皮茨所描述的神经元，它通过改变自身的权重进行学习。在训练阶段，假设操作员将字母 C 的图像输入到机器中，设定预期的输出：字母 C 为 +1（其他字母为 –1），机器会调整其权重以使输出更接近期望的答案。操作员必须重复多次输入 C 和其他字母的操作，并通过调整权重的配置使机器能够识别所有（或几乎所有）C。

操作员可以通过输入带有字母 C 的图像，或训练期间机器从未看到的其他字母的图像来对机器进行测试，从而验证对它的训练是否有成效。如果结果令人满意，那就意味着它已经做好了准备，可以进

[1] Warren S. McCulloch, Walter Pitts, A logical calculus of the ideas imma-nent in nervous activity, *The Bulletin of Mathematical Biophysics*, 1943 , 5 (4), pp. 115 – 133 .

[2] Donald Olding Hebb, *The Organization of Behavior : A Neuropsychological Theory*, Wiley, 1949 .

入应用阶段。

弗兰克·罗森布拉特于 1957 年在布法罗设计的机器的外形就像一个大型金属柜，这个金属柜上裸露着成千上万条电子线路。这台机器配备一种人造视网膜，这种视网膜是一个由光电管组成的网格，可以用来捕捉输入的图像。它还有数百个像放大器音量键一样的电动按钮，它们代表权重。每个按钮都相当于一个连接到小型电动机上的可变电阻器，可变电阻对视网膜输出的电压加权，电子电路计算加权和。如果此加权和超过设定的阈值，则出口处的灯就会亮起，否则就没有反应。

感知器的创新就是一个学习过程：每识别一次输入的图像并输出相应结果后，它都会自动调整权重。从概念的角度讲，根据数据调整模型参数的想法已经在统计学中存在了几个世纪。弗兰克的高明之处在于，他将这种想法应用到了模式识别上。

8

25 像素的网格

我们先来回想一下感知器的原理：在机器的输入端，视网膜记录低分辨率的简单图像；在输出端，指示灯会根据机器是否正确识别图像亮起或熄灭。

举个例子：将一张 5×5 像素，一共 25 像素的图像输入感知器。机器的视网膜会将绘制在表格中的 25 个像素转换为 25 个数字：黑色像素为 +1，白色像素为 −1。感知器会通过电线上的电压显示这些数字，如今，这些数字被放在计算机的存储格子中。与图 3-4 中字母 C 的图像相对应的 25 个数字的序列应该为：

x[0]= – 1，x[1]= – 1，x[2]= – 1，x[3]= – 1，x[4]= – 1，

x[5]= – 1，x[6]= + 1，x[7]= + 1，x[8]= + 1，x[9]= – 1，

……

-1	-1	-1	-1	-1
-1	+1	+1	+1	-1
-1	+1	-1	-1	-1
-1	+1	-1	-1	-1
-1	+1	+1	+1	-1

图 3-4　字母 C 在 5 × 5 像素网格上的图像

一个图像是一个像素，每个像素是一个数字，用来表示像素的颜色：在这里，+1 表示黑色，–1 表示白色。因此，图像就是一个数字表。在这种情况下，该图像与自然的黑白图像不同，在自然的黑白图像中，关联的数字代表灰度的强度。在彩色图像中，每个像素都与代表红色、绿色和蓝色强度的三个数字相关联。

一个数字序列，即向量 x[0]，…，x[24] 代表输入的图像（见图 3-5）：第一个像素连接到神经元的第一个输入 x[0]，第二个像素连接到第二个输入 x[1]，依次类推。

该机器有 25 个权重，各自对应连接一个像素。这 25 个参数及其连接图构成了机器的体系结构。权重与像素的连接模式是固定的：同一像素始终连接同一输入和同一权重。

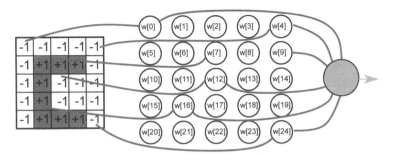

图 3-5　连接到一张图像的一个神经元

每个神经元计算它的输入值的加权和。该神经元有 25 个输入值，它们是一个图像的像素，每个输入的值为 +1 或 -1。每个像素的值乘以这个像素连接到神经元的权重，将这些乘积相加便得出加权和。通过对这些权重的调整，机器可以调节其输出值。然后将加权和与阈值进行比较，如果加权和大于阈值，则神经元输出为 +1，否则为 -1。上述权重构成了该系统的内存。（为清楚起见，图中仅显示了部分连接。）

　　在开始学习之前，所有的权重都为 0。此时，无论图像如何，它们的加权和都为 0，输出都为 -1。

9

区分字母 C 和 D

　　机器学习的过程就是其调整权重的过程。如果我们训练机器区分字母 C 和字母 D，那么方法也一样：重复多次向机器输入两个字母的图像，如果机器给出正确答案，我们什么也不用做；如果错误，我们调整参数的权重（"转动音量旋钮"）来改变加权和，使得 C 为正、D 为负。

接下来，我们对这个训练过程进行更加详细的说明。如果输入的图像是 C，但机器识别错了，就代表着权重的设置不对，其加权和低于而不是高于 0（阈值）。因此机器，更正确的说法是工程师编写的学习算法，必须修改权重以使该加权和增加。那么机器会提升输入端中对应项为 +1 的权重值，减少输出端对应项为 −1 的权重值。

相反，如果示例是 D 且机器给出了错误的答案（+1，代表的是 C），则意味着加权和大于 0，而不是小于 0。在这种情况下，学习算法必须减少对应为 +1 的条目的权重值，增加对应项为 −1 的权重值。

每一次权重的调整幅度都应该控制在很小的范围。调整后，新的权重值将覆盖原来的值。通常来说，一次调整是达不到理想效果的，只有在连续多次的调整后才能得到正确答案。

通过不断重复地输入、识别和对 C、D 的权重进行调整，如果足够幸运，由算法确定的权重配置将会收敛到能够稳定识别任何一个 C 或 D 的状态。

举一个机器学习的例子。向量 x 中有 25 个像素值，w 是向量中的权重，变量 y 代表预期的输出值（+1 或 −1），yp 是由神经元计算后得到的输出值（也是 +1 或 −1）。如果机器计算出正确答案，则（$y-yp$）的差值将为 0；如果预期值 y 为 +1，则（$y-yp$）差值为 +2；但如果 y 与 yp 相反，则差值为 −1 或 −2。我们可以通过以下公式，使用相应的输入值 $x[i]$，根据如上所述的方法调整每个对应的权重 $w[i]$：

$$w[i]=w[i]+e*（y-yp）*x[i]$$

变量 e 是一个决定调整幅度的正常数。权重的变化将使加权和在正确的方向上增加或减少。这个过程可以用几行代码概括。

假设该示例为 C，预期的输出值为 + 1。我们借助前面定义的神经元函数 neurone（w, x）计算加权和，然后将每个权重通过如下方式逐一调整：

```
yp=neurone（w, x）
for i in range（len（w））:
    w[i]=w[i]+e*（y-yp）*x[i]
```

罗森布拉特的感知器是一台重达几吨的电子机器，当时它完成的计算现在仅仅用几行代码就能实现。这就是现代技术的魅力！

在我们列举的示例中，机器学习了 C 和 D "模板"之间的种种差异。C 特有的像素标记为正的权重，D 特有的像素标记为负的权重，其他像素既不在 C 中也不在 D 中出现，或者在 C 和 D 中都出现了，只不过权重为 0。

其实，我们同样可以将感知器学习的过程看作成本函数最小化的过程，其中参数是系统的可调整权重，就像在前面的汽车案例中所描述的一样。我们将在第四章详细讨论这一点。

说一些题外话：当时也存在一种与感知器截然不同的方法，即"最近邻算法"。它可以不依靠形状的变化来进行识别，是一种比较简单的技术，只需将一个图像与另一个图像进行比较即可。计算机的内存中存储了所有用于训练的图像，当要识别一个图像时，机器会将其与内存中的图像进行比较，例如通过计算两个图像之间不同像素的数量，从而找出最相似的图像。它输出的是与输入图像最接近的图像类别：如果输入的是 D，则输出为 "D"。该方法仅限于简单图像的识别，例如少量字体样本里的印刷体字母。但是，对手写字符而言，它的识别效率就会降低，而且价格昂贵。如果要使用最近邻算法来识别一只狗或一把椅子，则需要将数百万张狗或椅子在不同位置、光线、设置和环境中的照片存储到计算机中。这显然是不切实际的，也是行不通的。

10

泛化原理

学习机器的特性是泛化，能够举一反三，即能够给出学习中未曾看到的示例的正确答案。如果学习所用的数据集里包含足够多的 C 和 D 示例，并且样式互不相同，感知器也许就能够识别出它从未见过的 C 和 D，但前提是它们与所学习过的示例差别不是太大。

我们可以通过类推来说明这一泛化原理。人类之所以能够计算出 346×2067 的结果，并不是因为记住了所有可能的乘法运算结果，而是因为发现了乘法运算的原理。感知器的作用原理更为细致，它并没有存储所有可能的 C 的形状来识别，而是建立了一个独特的模型，使它可以执行所要求的识别。让我们看看它是怎样操作的吧。

训练系统的操作人员事先收集了大量的示例，也许是数百个或数千个大小、字体各不相同的字母 C，然后将它们放在 25 个像素网格上的不同位置。字母 D 也如此操作。

如果想要训练一个感知器对 C 的示例生成 +1，对 D 的示例生成 -1，那么在学习过程中，感知器会给 C 图像中黑色的像素和 D 图像中白色的像素各分配一个正的权重，给在 C 图像中白色的像素和 D 图像中黑色的像素各分配一个负的权重。其中，权重代表着能够将 C 与 D 区分开的信息。

从这个过程就能看出学习的魔力：这台"训练有素"的机器能够超越我们输入的示例，识别出从未见过的图像。

11

感知器的局限性

当收集到的示例中的 C 或 D 相差不大时，我们刚刚描述的方法可以发挥作用；但如果形状、大小或方向的差别太大（例如一个在图像角落里极小的 C），那么感知器将无法找到可以区分 C 和 D 示例的权重组合。此外，经证实，某些类型的形状变化也是无法被感知器识别的。所有的线性分类器都存在这样的局限性，感知器只是其中一个例子。接下来我们探究一下为什么会这样。

线性分类器的输入端输入的是 n 个数字的列表，也可以用 n 维向量表示。从数学上讲，一个向量代表的是空间中的一个点，构成它的数字就是其坐标。对于一个有 2 个输入的神经元，输入空间是二维的（它是一个平面），一个输入向量代表平面中的一个点；如果神经元有 3 个输入，则输入向量对应一个三维空间中的一个点。在我们描述的 C 和 D 示例中，输入空间具有 25 个维度（图像的 25 个像素一一对应到神经元的 25 个输入）。也就是说，图像是由 25 个像素值组成的向量，它对应的是 25 维空间中的一个点。这是一个无法用画面呈现的超空间！

一个线性分类器，也就是麦卡洛克和皮茨所说的神经元阈值，将其输入空间分为两部分，即例如 C 的图像和 D 的图像。如果空间是一个平面（具有 2 个输入的神经元），则两部分之间的边界就是一条线；如果空间是三维的，则两部分之间的边界就是一个平面；如果空间维数是 25，边界则应该是一个 24 维的超平面。总结来说，如果输入数据的个数为 n，则该空间具有 n 个维度，分离曲面就是 $n-1$ 维的超平面。

为了验证该边界确实是一个超平面，我们可以重写二维中的加权和公式，即向量 w（权重）和向量 x（输入像素值）的向量：

$$S=w[0]*x[0]+w[1]*x[1]$$

当此加权和为 0 时，我们就跨越在由线性分类器分隔出的两部分之间的边界上，因此，边界点满足等式：

$$w[0]*x[0]+w[1]*x[1]=0$$

也可写成：

$$x[1]=-w[0]/w[1]*x[0]$$

这就是一个直线方程！

当我们计算两个向量的向量积时，如果它们是正交的，则向量积等于 0；如果两个向量之间的夹角小于 90°，向量积为正；如果两个向量之间的夹角大于 90°，向量积为负。因此，在第一种情形中，向量 x 就是所有与向量 w 正交的向量的集合。在 n 维情形中，它们形成 $n-1$ 维的超平面。

不过问题就在这里，以下是我的论证。

我们来设想一个感知器，它只有 2 个输入，也就是一个有 2 个输入的神经元，而不是 25 个输入（5 × 5 像素的网格）。我们在此感知器中添加第三个"虚拟"输入，其值始终等于 – 1。如果没有这个附加参数，分隔线必定经过平面原点；现在多了这个附加参数，两部分空间之间的分界线就有可能不再经过平面的起点，因为我们可以通过改变权重的方式自由移动边界线。

由此可知，这种非常基础的机器无法对某些输入的图像进行分类。（0，0），（1，0），（1，1），（0，1），这 4 个学习示例可以用 4 个点表示，映射到图上则展示如图 3-6：

通过权重的配置，感知器可实现的函数是能够将点分为两个集合，分别进行分类。

通过观察图 3-6，我们可以看到存在一条直线将（0，0）、（1，0）和（0，1）、（1，1）分开，但并不存在将（0，0）、（1，1）和（1，0）、

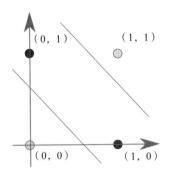

图 3-6　有 2 个输入的感知器

将两个黑点（0，1）和（1，0）对应为 +1，两个灰点（0，0）和（1，1）对应为 -1，这个函数被称为"异或"。不存在一条可以分开黑点与灰点的直线，或者说线性分类器（例如感知器）不能计算这个异或函数。图中的直线分别表示"与"函数：[对于（1.1）为 +1，其他为 -1）] 和"或"函数 [对于（0.0）为 -1，其他为 +1]。在二维情形下，16 个布尔函数中只有两个不能线性分离；在高维空间中，只有极小一部分函数是线性可分离的。

（0，1）分开的直线。

　　如果一个函数在（0，0）点为 0，在（1，1）点为 1，在（1，0）点为 1，在（0，1）点为 0，则该函数称为"异或"。我们说它不是"线性可分离的"：输出为 1 的输入点是不能与输出为 0 的一条直线、一个平面或一个超平面分离的。

　　在下表中，每一行都是两个二进制输入的 4 种可能情况之一。带有编号的每一列代表一个特定的布尔函数在 4 个给定输入时对应的输出。总共有 16 个可能的函数（2^4），其中有 14 个函数可以通过线性分类器实现，只有 2 个函数无法实现（在最后一行中用 N 表示）。

输入	0	1	2	3	4	5	6	7	8	9	10	11	12	13	14	15
00	0	1	0	1	0	1	0	1	0	1	0	1	0	1	0	1
01	0	0	1	1	0	0	1	1	0	0	1	1	0	0	1	1
10	0	0	0	0	1	1	1	1	0	0	0	0	1	1	1	1
11	0	0	0	0	0	0	0	0	1	1	1	1	1	1	1	1
可实现？	O	O	O	O	O	O	N	O	O	N	O	O	O	O	O	O

这个案例中涉及的是二维空间中的点，对应函数中两个输入图像的两个像素，所以这是人类能够看见的一个平面。

而一个真正的感知器能够在多维空间上工作。当我们想让感知器区分稍微复杂或变化较大的形状、位置等时，经常会遇到刚才描述的情况，只不过这种情况是"高"维度的。

对感知器而言，如果输入向量与权重向量形成锐角，则加权和为正；如果为钝角则加权和为负。正负之间的分隔边界是与权重向量 w 正交的点 x 的集合，因为 w 和 x 的向量积为 0。在 n 维空间中，边界方程为：

$$w[0]*x[0]+w[1]*w[1]+w[2]*w[2]\cdots w[n-1]*x[n-1]=0$$

它是一个 $n-1$ 维的超平面。

感知器通过一个超平面将空间分成两半。我们希望在超平面的"一侧"呈现所有使 C 图像检测器处于活跃状态的点，在"另一侧"呈现所有使 C 图像检测器处于非活跃状态的点。如果真的存在这样的超平面，则感知器能够通过不断的学习找到它；如果这样的超平面不存在，也就是说，这些点不是线性可分离的，即使感知器无限次地修改权重，也无法收敛到稳定且唯一的权重配置。

我们为什么要进行这个论证？因为它解释了 20 世纪 60 年代初期困扰研究模式识别学者的难题，而这些专家也因此推断出感知机器的功能有限，无法用它来识别自然图像中的物体。

事实上，当输入数据的维数足够大、示例众多且复杂时，例如成千上万张狗、猫、桌子和椅子的照片，它们的类别很有可能不是线性可分离的，也就是说无法被直接与像素相连接的感知器识别。即使在简单的 C 和 D 的示例中，如果字母的形状、位置或大小有很大的差异，感知器也无法对 C 和 D 进行分类。

西摩尔·帕普特和马文·明斯基在 1969 年出版的著作《感知器：

计算几何学概论》[1]葬送了感知器的未来，这使相关的研究人员更加沮丧。这次机器学习研究的停顿在人工智能的历史中扮演了重要的角色，它导致我们走入了上文提到的人工智能的几个寒冬期（低谷）里的一个，使研究受阻的科学界转变了研究方向。

对当代读者而言，这个论证的好处就是提供了另一个了解机器学习的角度。

12

特征提取器

最简单的感知器无法区分某些形状。因此，从一开始研究人员就找到了一种沿用至今的解决方案：在输入图像和神经层之间放置一个中间模块，也就是所谓的"特征提取器"。它能够检测输入图像中是否存在一些特殊的区域，然后构造一个向量来描述这些区域是否存在、强度如何，并最后将这个向量交由感知器层处理。

现在再来看我们的论证。

当我们将一个感知器直接连接到图像（例如 C）的像素时，该感知器将很难超越"增强模板"模式。在该模式下，由权重编码的像素类别区分了 C 与其他图像。一旦示例的变化太大，罗森布拉特的感知器就会"饱和"，权重将不再能够进行识别。当使用差别极大的 C

---

[1] Marvin L. Minsky, Seymour A. Papert, *Perceptrons : An Introduction to Computational Geometry, op. cit.*

图像训练感知器时，就会发生以上情况。如果图像的分辨率足以识别所有字符（大约 20 × 20 像素），那么 C 的大小、字体或者样式是印刷字体还是手写字体，是定位在图像的一个角落还是中心，都不再重要。如果形状、位置或尺寸差异过大，那么感知器将无法对其进行分类，因为没有适合所有变化的单一的增强模板（见图 3-7）。

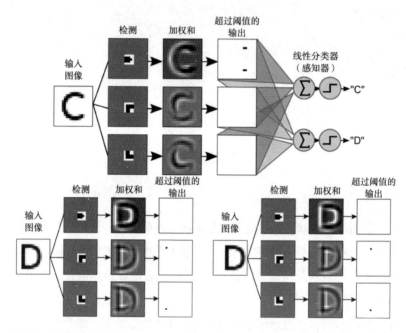

图 3-7 特征提取器

特征提取器检测输入图像中存在的独特图案，并将其输出发送到可训练的分类器上，例如感知器。第一个模板将检测到笔画的线尾作为 "C" 的终端，其他两个模板检测拐角，例如 "D" 的拐角。该层信息卡是感知器的输入端。训练之后，只要存在一些特征，感知器就能够区分 C 与 D，不论其大小和位置如何。在这个示例中，在一个 C 和两个位置不同的 D 的情况下，提取器可以被看作一层二进制神经元。白色像素代表 –1，灰色像素代表 0，黑色像素代表 +1。上述三个特征检测器是一种 5 × 5 像素的"模板"，该模板对输入图像进行比对。对于模板的每个位置，我们用模板的 25 个权重计算输入窗口的 25 个像素的加权和。产生的结果是一些图像，这些图像的每个像素在窗口的内容类似于模板时就会变得更棒。然后，将加权和与阈值进行比较并生成特征图，如果在相应位置检测到图案则生成值为 +1，否则就为 0。

无论字体或书写风格如何，在 20 × 20 像素的图像中分辨出 C 和 D 的方法都是检测拐角和笔画的终端。D 是带有两个角的闭合图形，而 C 是一条两端各有一个端点的开放曲线。我们可以据此构建一个特征提取器，检测端点或拐角的存在，而不必理会 C 和 D 在图像中的位置。所以，我们可以设计出一个由一组二进制神经元集合组成的第一层，这些神经元的输入是图像上 5 × 5 像素的小窗口，并手动给它分配权重（而不是由学习算法确定）。我们能得到三种类型的感知器神经元：一种终端感知器神经元和两种角感知器神经元。输入图像上的每个 5 × 5 像素窗口都会提供三个神经元：每种类型各一个。当输入的 5 × 5 像素窗口图像看起来与权重构成的图像相似时，每个神经元输出为 + 1，否则输出为 0。如果是形状易于辨识的 C，终端检测器将被激活；如果是形状良好的 D，角检测器将被激活。最后一层是一个简单的感知器，只需用它计算出角和终端的数量即可，以此来区分 C 与 D，它们的位置、大小和样式则无关紧要。

我们可以修改感知器的体系结构，使其能够执行更复杂的操作。具体做法就是，将一个手工构建的（工程师需为此功能设计一个程序）、未经训练的"特征提取器"放置在感知器层之前。特征提取器的设计既复杂又费时，为了构造出适合各种应用的特征提取器，研究人员已经采用了多种方法，2015 年以前的科学文献中充满了这类构造方法。

因此，有一种广泛使用的特征提取器会检测输入图像中那些很细微的简单图案。例如，对于字母，它不仅能够标出字母的终端和角，还能标出竖线、横线、循环线等。特征提取器的输出是一系列数字，代表上述这些简单图案存在与否及其位置。此时，感知器并不是直接连接到输入图像的像素，而是通过这些更为抽象的特征连接。

如果要利用感知器检测一辆汽车，则其特征提取器就是一组模板，分别检测车轮、挡风玻璃的角度、散热器护栅等。我们用这些模版扫描整个图像，当扫描到一种图案时，模板就会亮起来，然后将扫描得到的所有特征输入感知器中。我们以相同的方式处理面部，只需检测出眼睛部位的深色区域、鼻孔中的两个小黑点、两片嘴唇之间形成的略深的一条线，就可以构建一个合适的面部感知器。

在最初的感知器中，特征提取器实际上是一个二进制神经元序列，它们随机地连接到输入图像中的小像素组（因为当时我们没有更好的方法）。这些神经元的权重无法通过学习改变，它们是固定的，权重值也是随机的。由于连接是随机的，所以我们永远无法确认哪个是有用的。为了使第一层发挥作用，我们必须设置很多的神经元特征提取器，这就使最终神经元（唯一可训练的神经元）的输入数量激增。在一些自2013年以来就很少使用的分类和模式识别系统中，特征提取器的输出数量多达数百万。特征越多，对感知器的后续分类工作就越有帮助，但价格也更为昂贵。

研究人员从视觉皮层连续区域的组织中受到启发，他们想通过建立更多的神经元层来提升感知器效率：在系统的第一阶段提取出非常简单的特征；在下一层尝试检测这些特征组合的轮廓或是直接连接特征，以形成诸如圆形或角的基本形状；再在下一层，检测这些组合构成的物体局部；等等。

另一种更为精明的构建特征提取器的方法是SVM，这是伊莎贝尔·居永（自2015年起在奥赛①担任教授）的发明，其合作者弗拉基米尔·瓦普尼克和伯恩哈德·伯泽尔都是我在贝尔实验室时的小组成员。1995—2010年，SVM一直都是分类最常用的方法。我对我的朋友和同事深怀敬意，但必须承认我本人对这个方法并不是特别感兴趣，因为它并没有解决特征提取器自动训练的关键问题。不过，SVM方法吸引了很多人的注意。

_____

① 奥赛是巴黎–萨克雷大学所在地。——译者注

SVM 是所谓的核机器的一个范例。虽然它的支持者并不喜欢被拿来做对比，但其本质上就是一种两层神经网络。第一层的单元数与学习集合中的示例数相同，第二层像普通感知器一样做加权和计算。第一层中的单元借助一个核函数 $k(x, q)$，将输入的 x 与所有的学习示例 X[0]，X[1]，X[2]，…，X[p= 1] 做"比较"，表达式中 x 代表输入向量，q 是一个学习示例。例如，如果第一层单元号为 3，则会输出 $z[3]=k(x, X[3])$。

函数 k 的一个典型范例就是计算两个向量之间的距离指数：

$$k(x, q) = \exp\left(-v* \sum_{j=0}^{n-1} (x[j]-q[j]) ** 2\right)$$

当 x 和 q 相邻时，它会得出一个较大的输出值；而当 x 和 q 彼此相距较远时，它会产生一个较小的输出值。

第二层会以监督的形式将学习的权重与输出结合起来。在这种感知器中，只有最后一层进行监督式的训练。但第一层，因为使用了学习示例中的输入 (x)[1]，所以也可以说它受到了某种形式的训练。

一些数学书的主题就是探讨这些极为简单的模型，数学的优美掩盖了这些方法的局限性，所以它们吸引了研究人员，使得 SVM 和核方法大行其道。虽然取得了一些成果，但核机器并没有比感知器强大多少，我和我的同事曾尝试利用这一点说服同行，但无功而返。他们中的一些人仍然不相信多层体系结构的有效性，其中就包括弗拉基米尔·瓦普尼克。

但不管怎么说，在 20 世纪 90 年代中期学习示例数量不多的情况

---

[1]　由于未使用所需的输出 (y)，因此这种学习没有监督。

下，SVM 确实可靠且易于操作。而且当时是互联网时代初期，SVM 的程序开放了源代码，人们可以免费使用。它们是"全新且精良"的，因此很快获得了成功。在 20 世纪 90 年代，核方法使神经网络黯然失色，多层网络的使用渐渐在人们脑海中消失了。

但是，添加一层或多层人工神经元可以计算那些单层神经元无法有效计算的更为复杂的函数。数学定理表明，仅需两层神经元就可以进行任何计算，这也是 SVM 能够成功的原因之一。只不过这种情况需要庞大的中间层。正如我们看到的一样，第一层神经元数量远远大于原始图像中的像素数量，即使我们输入的是 25 像素的小图像，也可能需要数百或数千个神经元处理。

20 世纪 60 年代的研究人员总是困惑于多层网络的训练。在感知器的学习过程中，只有最后一层经过训练，特征提取器的第一层是无法训练的，必须手动确定。

对于输入到机器中的每个图像的数千或者数百万个权重，如何才能手动调整呢？正是由于这个阻碍，20 世纪 60 年代末的学术界放弃了训练端到端智能机器的想法，而侧重于研究构成统计模式识别领域的应用。受感知器启发的体系结构虽然不完善，但直到 21 世纪 10 年代初，这个体系一直在相关领域内占据主导地位。接收信号，然后通过手动设计的特征提取器处理信号，再通过由感知器或任何其他统计学习方法构成的分类子系统接收信号：这就是模式识别的惯用方法。

感知器开启了所谓的监督机器学习。机器在学习的过程中会调整参数，使输出接近于正确的答案。通过适当的训练，机器也能识别从来没有见过的示例，这就是泛化属性。

泛化属性也有其局限性。为了排除局限，在连接到传统分类器（例如感知器）之前，研究人员会对图像进行编码，通过提取其明显特征来完成识别任务。20 世纪 60 年代至 2015 年，研究人员花费了大量精力来设计用于各类问题的特征提取器。围绕该主题已经撰写了数千篇文章，数千名研究人员为此奉献了整个学术生涯。我一直持有的一个想法就是找到训练特征提取器的方法，而不是针对某个问题手工构建特征提取器。但长期以来，这个想法并没有得到同行的信任，这也是多层神经网络和深度学习面临的挑战。

第四章

机器学习的方法

监督学习的基本原理从始至终都没有变过，即通过调整系统参数来降低成本函数，也就是降低在一个学习示例集中测量到的实际输出与期望输出之间的平均误差。实际上，最小化成本函数和训练系统是一回事。

　　这个原理不仅适用于像感知器这样仅对最后一层进行训练的简单模型，还适用于几乎所有的监督学习方法，特别适用于端到端训练的多层神经网络，这一点我们将在下一章进行讲解。

　　总之，基于成本函数最小化的学习是人工智能运作的关键要素。因此，理解其局限性同样有利于我们反思人类自身的学习。

1

成本函数

提示：训练机器的过程就是调整参数的过程。

再强调一遍：学习就是逐步减少系统误差的过程。所谓的机器学习，就是机器进行尝试、犯错和自我调整的操作。每次针对参数的调整都会删除参数原来的值。对于一个给定的训练示例，例如一个关联了输出值 y 的图像 x，其误差值就是一个简单的数字，代表由计算机产生的输出 $yp=f(x, w)$ 与期望的输出 y 之间的距离，其中 w 是参数向量。对于每一个学习示例，即每一对 (x, y)，误差都由一个成本函数 $C(x, y, w)$ 来测算。有一种表示成本的方法是取系统产生的输出 yp 与期待的输出 y 之差的平方：

$$c=(y\text{-}f(x, w))**2$$

实际中存在很多类型的成本函数，上述公式仅用于计算机只产生一种输出的情况，换句话说，上述公式适用于当 yp 和 y 都只是数字的情况。如果我们期望一个系统可以从示例图像中识别出狗、猫或者鸟，那么系统就需要给出三种输出，且输出的是一个向量而非一个数字。三种类型中的每一种输出都会被赋予一个值。例如，第一种输出代表"狗"类，第二种输出代表"猫"类，第三种输出代表"鸟"类，那么输出向量 [0.4，0.9，0.2] 代表系统识别出了一只猫，因为"猫"类的得分最高，为 0.9。在训练中，"狗"类的期望输出是 [1，0，0]，"猫"类的期望输出是 [0，1，0]，"鸟"类的期望输出是 [0，0，1]（见图 4-1）。

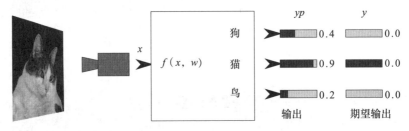

图 4-1　三类分类器

计算机产生三个分数，每类各一个，构成一个三维向量的形式。在该示例中，机器产生的分数向量是 [0.4，0.9，0.2]，由此将图像分类为"猫"。"猫"类所期待的输出向量为 [0，1，0]。

　　成本函数的作用是测量系统的输出结果和期待的输出之间的差距，例如三种输出结果的误差的平方和：

$$yp=f(x, w) \#yp \text{ 是一个三维向量}$$

$$c=(y[0]–yp[0])**2 + (y[1]–yp[1])**2 + (y[2]–yp[2])**2$$

　　事实上，针对多类别的分类问题，我们常常会建立输出为类似概率的分数（介于 0 和 1 之间且和为 1 的分数）的模型，并使用另一种被称为"交叉熵"的成本函数，这种函数能够将期待类别的输出推向 1，而将其他类别的输出推向 0。但总的来说，它们的原理是一样的。

我们可以编写一个 Python 小程序来计算成本函数 $C(x, y, w)$，程序如下所示：

```
#计算一个示例的成本函数
#x：输入向量
#y：期待的输出向量
#w：参数向量
def C(x, y, w):
    yp=f(x, w)  #计算输出值
    c=0        #在 c 中累加成本值
    for j in range(len(y)):  #循环计算输出值
        c=c+(y[j]-yp[j])**2  #累加成本
    return c   #返回输出成本的总和
```

一个给定的含有 p 个示例的训练集，即一个向量 X（其中每个元素本身都是一个输入向量）：

$$[X[0], \ X[1], \ X[2], \ \cdots, \ X[p-1]]$$

和一个向量 Y（其中每个元素都是一个期待的输出），

$$[Y[0], \ Y[1], \ Y[2], \ \cdots, \ Y[p-1]]$$

我们可以用以下函数计算任何一个学习示例的成本，以 3 号示例为例：

$$c = C(X[3], \ Y[3], \ w)$$

我们需要计算学习成本，即利用成本函数在整个训练集上获得的成本平均值：

$$L(X, Y, w) = 1/p*(C(X[0], Y[0], w) + C(X[1], Y[1], w) + \cdots$$
$$C(X[p-1], \ Y[p-1], \ w))$$

同样，我们也可以编写一个程序来计算这一平均值：

```
#计算整个训练集中的成本函数平均值
```

```
#X：输入数据集的数组
#Y：期待输出的数组
#w：参数向量
def L（X，Y，w）：
    p=len（X）#p是训练示例的数量
    s=0  # 一个用来累计成本总和的变量
    for i in range（p）# 对示例进行循环计算
    s=s+C（X[i]，Y[i]，w）# 累加成本
    return s/p # 返回平均值
```
我们可以计算出在整个数据集（X，Y）上的学习成本，计算方式如下：

$$count=L（X，Y，w）$$

在这个函数中，for 循环遍历所有的学习示例，并将每个示例的成本（总和）累加到变量 s 中。最终，用函数返回累加的总和 s 除以示例数 p，即返回了平均值。该程序的返回值取决于中间函数 $C（x，y，w）$ 使用的参数向量 w，中间函数 $C（x，y，w）$ 则取决于函数 $f（x，w）$，而函数 $f（x，w）$ 则取决于 w。

在一个给定示例集的学习过程中，每个参数 w 的配置，即每个 w 的值，都对应一个学习成本。机器在学习过程中会尝试调整系统的参数 w，找到能够使成本最小化的 w 值，也就是使 L 达到最小化的 w 值。

当今可训练的系统内部都有数百万甚至数十亿个可调整参数，也就是说，向量 w 可能具有数百万甚至数十亿个维度。但若与人脑中突触的数量相比，这个数量并不多。

2

找到谷底

那么，如何才能找到成本函数的最小值呢？为了简单起见，我们先设想一个只有两个可训练参数 $w[0]$ 和 $w[1]$ 的系统。对某个特定的学习集而言，其中的每个坐标点（$w[0]$，$w[1]$）都对应一个成本值。

最初，权重是随机设置的，所以在机器开始学习之前，成本值很可能会很高。在学习的过程中，网络会通过调整参数来降低成本。

对于一组给定的存储[①]在 X 和 Y 中的学习示例，我们可以将 $w[0]$ 设为 6.0，将 $w[1]$ 设为 5.0，并计算出相应的学习成本，如下所示：

$$w[0]=6.0$$
$$w[1]=5.0$$
$$count=L（X，Y，w）$$

我们可以将这个成本函数视作一处山地景观，在这处景观中有一个特定的地点，它对应着一对参数，即经度 $w[0]$ 和纬度 $w[1]$，也就是该地点在景观中的坐标。高度（海拔）是该地点（该参数组）对应的成本值。在整个山地景观中，等高线将所有具有相同成本值的点都连接了起来。

想象一下：我们迷路了。现在天已经黑了，天气还糟糕透顶，我们什么都看不到。为了回到位于山谷底的村庄，在没有明确路线的情况下，我们会选择沿着坡度最大的那条线路行进。我们会观察这条线路从何处下坡，然后朝着观察到的方向迈出第一步，这样步步向前，

---

① 注意：计算机程序中的变量是用于记录数据的内存区域的名称（参见第三章相关内容）。

最终到达谷底。在这个例子中，我们选中的斜率最大的下坡方向就是成本函数的梯度，谷底代表成本函数的最小值，其坐标就是使成本最小化的参数的值。

我们的目标是快速找到山谷中的最低点。从计算机技术资源的角度来看，测试非常耗时且昂贵，尤其是在学习库中有数百万个示例的情况下。因此，我们需要求助于一种叫作"通过梯度下降来最小化函数"的方法。现在，这个方法已经成为人工智能领域中被广为使用的一种学习机制。

让我们来理解一下这种方法的工作原理。为了找到斜率最大的线路，我们需要计算梯度，而与梯度相反的方向就是从给定位置下降最快的方向。为了找到它，我们设想一个相对较小的参数扰动，用以了解成本如何降低或增加。还是使用山地景观做比喻，我们朝着给定的方向迈出很小的一步，以此了解这一步会导致位置下降还是上升。为了让这个尝试有效，参数的小扰动必须与成本函数的小扰动相对应，也就是说，需要具备数学家所称的"连续性"的性质，避免函数出现台阶或陡峭悬崖。

接下来需要一个一个地干扰这两个参数。我们首先转向 $w[0]$ 方向（即转向东方），然后可以通过以下步骤来评估斜率 $g[0]$：先走一小步，测量相应的高度变化，用得到的高度差值除以步长。如果海拔降低，我们再朝该方向迈出一步。步幅与坡度成正比，坡度越陡，步幅越大，对于实现目标越有利，因为这说明我们在朝着正确的方向行进。如果坡度很低，那我们只会走一小步。但是，如果在评估坡度时海拔升高了，那我们必须朝相反的方向前进一步，使我们的海拔降低，即成本函数的值降低。

然后，我们旋转 90 度，沿着 $w[1]$ 的方向（向北）前进，重复上述评估操作，计算斜率 $g[1]$。随后再根据结果，决定向前或向后迈出与斜率成比例的步长。不断重复以上两个步骤，我们将慢慢地接近谷底，直至海拔不再下降，也就是到达了山谷的最低点。

分量为斜率（g[0]，g[1]）的向量 g 称为梯度。图 4-2 展示了这个梯度的向量。根据定义可知，梯度向量指向斜率最大（海拔增加最大）的方向，其长度为该方向上的斜率值。向着与该梯度相反的方向前进，就是朝着谷底移动。与向量 g 相反的方向是向量 –g，其分量具有相反的符号（–g[0]，– g[1]）。

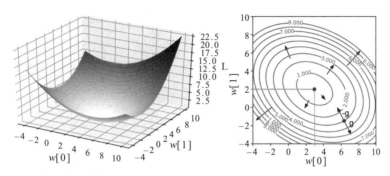

图 4-2　学习成本函数

我们可以将成本函数与山地景观（左侧）进行比较，后者的等高线显示在右侧。训练一台机器的过程就是寻找谷底的过程，即找到产生最低成本值的可训练参数的值。在此示例中，经度和纬度是两个可训练参数 w[0] 和 w[1]，最小值位于坐标（3，2）处。当开始训练这个系统时，我们不知道此景观的形状或其最小值的位置。但是，对于给定的参数值，我们可以计算其高度，即成本值。我们还可以计算指向最大斜率方向上的梯度向量 g。梯度用箭头表示，在每个点上都不同。通过更改与梯度相反的方向 – g，我们向着谷底迈出了第一步。这种修改是将向量 w 用其本身值减去梯度向量并乘以一个控制步长的常数 e 来代替，目标是通过测试，用尽可能少的配置来找到山谷底端的位置。

总结而言，梯度下降的实现步骤如下：

1. 计算当前参数向量值（在当前点）的学习成本。

2. 测量每个轴上的斜率，并将斜率收集在梯度向量 g 中。

3. 沿着与梯度相反的方向修改参数向量。修改方法为：梯度分量具有相反的符号，然后乘以控制步长的常数 e。

4. 将上一步得到的向量添加到参数向量中。换句话说，就是将参数向量的每个分量替换为其当前值减去梯度向量的相应分量乘以步长 e。

5. 梯度步长的大小很重要：如果太小，每一步就只能移动一点点，会拖延我们找到最小值的时间；如果步长太大，则有可能越过最小值，直接到达另一侧。因此，必须确保常数 e 的值合理。

6. 重复以上操作，直至到达谷底，也就是找到学习成本的最小值。

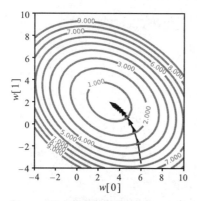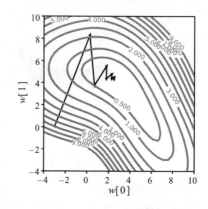

图 4-3 梯度下降法生成的路线

梯度下降的过程旨在沿最大向下倾斜的方向（与梯度相反）采取一系列的前进步骤，直至到达山谷底部。步长与梯度步长 e 成正比。右图中的 e 太大，会引起轨迹的振荡。梯度步长太大可能会导致不收敛。

证明

假设我们位于坐标（w[0]，w[1]）。在此位置，海拔高度（学习成本）为 h=L（X，Y，w）。接下来，我们将描述基于扰动的梯度下降过程，此过程简单但效率低下。首先，我们创建一个附加参数向量 wa，该向量通过轻微干扰（称为 dw）w[0] 的值获得，如下所示：

wa[0]=w[0]+dw

wa[1]=w[1]

然后，我们计算新位置 a=L（X，Y，wa）的高度。扰动引起的高度变化为 a–h，扰动方向的斜率是（a–h）/ dw。为什么要计算这个比率呢？因为这就代表山的坡度，我们需要用它乘以步长，来计算高度的变化。

同样，我们通过如下方式在 $w[1]$ 方向上干扰 w：

$wb[0]=w[0]$

$wb[1]=w[1]+dw$

我们可以计算出此时的高度 $b=L(X, Y, wb)$，$w[1]$ 方向上的斜率是 $(b-h)$ /dw。将两个斜率存储在向量 g 中：

$g[0]=(a-h)/dw$

$g[1]=(b-h)/dw$

向量 g 称为成本函数的梯度，它包含了由各个轴上的斜率组成的向量。该向量指向最大斜率的方向。让我们再次用山地景观的例子做比喻，如果东西方向（$w[0]$）的坡度大于南北方向（$w[1]$）的坡度，则最大坡度方向更接近东西轴。

下面是一个用程序编写的函数，它通过扰动来计算带有两个参数的函数的梯度。这个过程看起来很简单，但是效率很低，稍后我们会对它进行改进：

```
# 通过扰动计算梯度的函数
#X：输入数据集的数组
#Y：期待输出的数组
#w：参数向量
#dw：干扰量
def gradient（X, Y, w, dw）:
    h=L（X, Y, w）# 计算成本
    wa=[0, 0] # 创建向量 wa
    wa[0]=w[0]+dw # 对第一个坐标的扰动
    wa[1]=w[1]
    a=L（X, Y, wa）# 计算扰动后的成本
    wb=[0, 0] # 创建向量 wb
    wb[0]=w[0]
    wb[1]=w[1]+dw # 对第二个坐标的扰动
    b=L（X, Y, wb）# 计算扰动后的成本
    g=[0, 0] # 创建向量 g
    g[0]=（a-h）/dw # 计算第一个坐标的斜率
    g[1]=（b-h）/dw # 计算第二个坐标的斜率
    return g # 返回梯度向量
```

通过调用这个函数，我们能够得到梯度向量的近似值：

$$g=gradient（X, Y, w, dw）$$

根据定义可以知道，此向量 g 指向上面，而通过反转其分量符号获得的向量 –g 指向下面。此时，我们就可以沿着与梯度相反的方向，即最大坡度方向，向山谷谷底进发。如果将这个移动过程分解，就是对应地在 w[0] 方向（东西方向）上移动步长 –e*g[0] 和在 w[1] 方向（南北方向）上移动步长 –e*g[1]。变量 e 是一个很小的正数，它的主要作用是控制步长。

我们可以用程序编写一个带有几条指令的函数完成以上过程：

```
# 梯度方向上的单次移动
#X：输入数据集的数组
#Y：期待输出的数组
#w：参数向量
#e：梯度步长
#dw：干扰量
def descend（X，Y，w，e，dw）：
    g=gradient（X，Y，w，dw）# 计算梯度向量
    w[0] =w[0]–e*g[0]# 更新 w[0]
    w[1]=w[1]–e*g[1]# 更新 w[1]
    return w # 返回新的参数向量
```

梯度下降学习法的步骤可以概括如下：

1. 计算成本。

2. 计算梯度。

3. 通过减去梯度乘以常数 e（梯度步长）来更新参数。

在梯度步长足够小的情况下，我们重复此过程，它最终将会收敛在山谷底部。

```
# 学习过程的程序
#n：梯度下降的迭代次数
def learn（X，Y，w，e，dw，n）：
    for i in range（n）：# 重复 n 次
```

3

实践中的梯度下降

在现实中，"景观"并不只有两个维度，而是有数百万甚至数十亿个维度，因此参数的向量不是由两个数字组成的，而是由数百万个数字组成的。同样，梯度也具有数百万个分量，各个分量表示学习成本函数在对应空间轴上的斜率。

在这种情况下，上述使用干扰来计算梯度的方法就变得极其低效，因为我们需要花费大量的时间干扰每个参数并计算相应的学习成本。

为了更加详细地说明这一点，我们可以编写一个程序来扰动任意维度的参数以计算对应的梯度：

```
def gradient（X，Y，w，dw）:
    h=L（X，Y，w）
    for i in range（len（w））: # 在各维度上的循环
        wa=w
        wa[i]=w[i]+dw
```

```
            a=L（X，Y，wa）
            g[i]=（a–h）/dw

        return g
```
该函数必须在每次干扰后重新计算 L 的值。如果有 1000 万个参数，那么我们将不得不重复计算 L 1000 万次。这明显是不现实的。

另一种大为有效的计算梯度的方法是分析法，这种方法计算的是每个轴方向上的成本函数的导数，它不需要借助扰动。

让我们来看一个简单的二次多项式：
$$c（x，y，w）=（y–w*x）**2$$
考虑到 x 和 y 皆是常数，该多项式关于 w 的导数是一条直线：
$$dc\_dw（x，y，w）=–2*（y–w*x）*x$$
$$=2*（x**2）*w–2*y*x$$
无须扰动 w 我们就可以知道，$c（x，y，w）$ 在任何点的斜率都是通过计算其导数得出的。现在，让我们再看一个二维线性模型，其输入输出函数为：
$$f（x，w）=w[0]*x[0]+w[1]+x[1]$$
然后我们来看一个二次成本函数（带平方的函数）：
$$C（x，y，w）=（y–f（x，w））**2$$
$$=（y–（w[0]*x[0]+w[1]*x[1]））**2$$
将其他变量视为常数，我们就可以计算此函数相对于 $w[0]$ 的导数。该导数可记为：$dc\_dw[0]$，
$$dc\_dw[0]=–2*（y–（w[0]*x[0]+w[1]*x[1]））*x[0]$$
我们也可以对 $w[1]$ 进行同样的计算，得出其导数：
$$dc\_dw[1]=–2*（y–（w[0]*x[0]+w[1]*x[1]））*x[1]$$
由这两个值组成的分量向量便是 $C（x，y，w）$ 相对于 w 的梯度。它是具有与参数向量相同维数的向量，其中每个分量都是对应参数的导数，也就是相对应维度函数的斜率：
$$dc\_dw=[dc\_dw[0]，[dc\_dw[1]]$$

将其他变量视为常数，对某一个变量进行求导时，我们会得到偏导数。偏导数计算的是函数在这个变量方向上的斜率。由所有方向上的偏导数形成的向量就是梯度。

这极大地简化了我们的工作：如果我们可以使用公式来计算函数的偏导数，也就意味着，我们可以在不使用任何扰动的情况下计算函数在每一个点上的梯度向量！

让我们引用上一章描述的感知器的线性模型，它计算的是 w 和 x 之间的向量积：

$$f(x, w) = \text{dot}(w, x)$$

再引用一个衡量误差平方的成本函数：

$$C(x, y, w) = (y - f(x, w)) ** 2$$

就可以很容易地计算出梯度：

$$dc\_dw[0] = -2 * (y - f(x, w)) * x[0]$$
$$dc\_dw[1] = -2 * (y - f(x, w)) * x[1]$$
$$...$$
$$dc\_dw[n-1] = -2 * (y - f(x, w)) * x[n-1]$$

综上所述，存在两种计算梯度的方法，分别是扰动法和偏导数法。

4

随机梯度

梯度下降法还有一个变化形式，可以使我们更加有效地到达谷底。与其计算成本的平均值，再采取调节参数的方式在所有训练示例中找到该平均值的梯度，不如使用偏导数计算单个示例的成本梯度，并同步进行参数调整。

想象一下，如果我们有 100 万张图片，那么使用传统的梯度下降法，我们就需要辨识每一张图片上的内容，计算预测向量与真实向量之间的差值，并重复 100 万次这样的操作，才能得到平均成本。这样的话，即使我们仅向前迈一小步，也需要花费大量的时间。

因此，我们对这个过程进行了简化。简化后，该系统只是从训练集中随机选择一个示例，计算其成本函数的梯度，并根据该梯度进一步调整参数。然后再随机选择另一个示例，计算其成本函数的梯度，再调整参数。我们不断重复以上操作，直到这个梯度无法下降为止。随着不断靠近山谷底部，步长也会随之逐步减小。在实践中，我们并不会一个一个地对上述示例进行梯度计算，而是每一次对一小部分示例（称为"小批量示例"）进行平均梯度计算（见图 4-4）。

每一步计算得到的梯度都会指向不同的方向，因此，参数在训练过程中总是无迹可寻。但是经过不断的反复，它总是会走向谷底。更令人感到惊讶的是，这个方法比在整个训练集中计算梯度更快。

这个方法的计算过程

```
# 随机梯度学习过程
#n: 梯度下降的迭代次数
def SGD (X, Y, w, e, n):
    p=len (X) # 训练示例数量
    for i in range (n): # 重复 n 次
        k=random.randrange (0, p) # 随机生成一个数字
        g=gradC (X[k], Y[k], w) # 计算梯度
        for j in range (len (w)): # 每个参数上进行循环
            w[j]=w[j]–e*g[j] # 更新参数
    return w # 返回参数向量
```

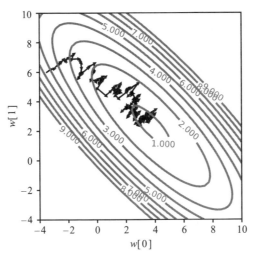

图 4-4　随机梯度的轨迹

在随机梯度过程中，我们从训练集中选取一个随机示例，计算对该示例而言成本函数的梯度，然后在该梯度的相反方向移动一小步。接下来，我们再选取另外一个示例并重复该操作，然后是另一个，依次类推，同时逐渐减小梯度步长 e。此过程能够迅速抵达学习成本（示例成本的平均值）的谷底，同时，由于一个示例与另一个示例之间的成本梯度有波动，因此呈现出的轨迹是不规则的。在图中，学习集包含了 100 个示例。仅仅通过对整个训练集的 4 轮计算，参数就围绕在最小值附近波动了。

虽然参数向量是曲折前进的，并没有遵循平滑的轨迹，但可以更快地到达谷底，这是因为它每一步只进行少量的计算。

随机梯度法是一种简单、与众不同且反优化直觉的方法。需要注意的是，我们经常需要处理数百万（甚至数十亿）个学习示例，那时的效率就不一定高效了。

　　实际上，上述过程中将成本函数等价误差平方的方法，感知器的一个近亲自适应线性神经元也使用过。自适应线性神经元的模型是由伯纳德·威德罗（Bernard Widrow）和泰德·霍夫（Ted Hoff）于 1960 年设计的（它的年纪和我的一样大！）。如今再来讨论它，也是很有意义的，有两个原因：第一，它的二次成本函数易于可视化；第二，该模型在科学史上占据重要地位，曾一直是感知器的竞争对手。

与感知器一样，自适应线性神经元也是通过获取输入向量与权重向量之间的向量积，也就是加权和来计算输出，其理念是使用随机梯度过程来最小化期望输出和模型输出之间误差的平方。我们可以将自适应线性神经元视作分类器：因为它与感知器一样，输出的 A 类为 + 1，B 类为 - 1。感知器的计算过程也是对特定形式成本函数的随机梯度过程。

其成本函数如下：

$$C(x, y, w) = -y * f(w, x) * dot(w, x)$$

其中，

$$f(w, x) = sign(dot(w, x))$$

关于参数向量分量 j 的偏导数为：

$$g[j] = -(y - f(w, x)) * x[j]$$

则参数的更新规则可表示如下：

$$w[j] = w[j] + e * (y - f(w, x)) * x[j]$$

以上公式就是我们在第三章中给出的感知器的学习过程。从原理上讲，感知器的成本函数并不完全光滑：它在斜率急剧变化的地方具有褶皱。在出现褶皱的地方，梯度是无法被良好定义的。上面公式计算出的梯度实际上就是所谓的"次梯度"。这对那些追求细节的数学家来讲，是一件让人烦恼的事情。

感知器和自适应线性神经元都是对仅有一个谷底的成本函数进行最小化，因为从结果来说其学习过程总是落在谷底，所以起点并不重要。但如果成本函数具有多个极小值，那该怎么办呢？

5

多个谷底的困扰

现在我们来想象一个复杂的函数，它有两个或多个极小值（见图 4-5）。

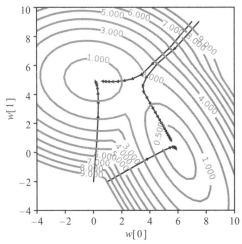

图 4-5　具有两个极小值点的函数

某些成本函数可能具有多个极小值。此图表示具有两个极小值的非凸成本函数。通过应用梯度下降法来找到最小值，依据起点的不同，我们可能选取一个或另一个极小值。此处显示了 4 个梯度下降路径。

假如我们站在阿尔卑斯山脉的某个山脊上，右边是法国的一个山谷，左边是意大利的一个山谷。此时，我们的函数有两个极小值，甚至可能有多个极小值。

在感知器的学习过程中并不会出现这个问题，但是当我们使用两层或更多层的神经网络时，成本函数就会具有多个极小值。从追求系统性能良好（学习成本较低）的角度来讲，有一些极小值是良性的，而有些则不然，因为从某种角度来讲，它们其实会以某种方式处于山谷上（也称为悬谷）。当出现悬谷时，我们往往会陷入困境，无论朝哪个方向走，梯度计算都将返回这个极小值。

图4-5就展示了这种现象：成本函数有两个极小值，一个大，一个小。假设我们随机选取 w 进行优化：如果 w 的取值在0附近，那么我们将得到正确的极小值；如果 w 的取值在5附近，那么我们就无法获得正确的答案。

对很多机器学习的研究人员来讲，一个良好的成本函数应该是凸的，因为凸成本函数只有一个极小值，这就可以为梯度算法的收敛提供理论保证。如果不幸使用了一个非凸成本函数模型，那我们就会陷入困境。

这也是多层神经网络（暂时）被放弃的原因之一：它们的成本函数是非凸的。相反，核机器的成本函数是凸的，所以核机器受到青睐。对理论家来说，凸性是必须的，而非凸性则是他们不愿看见的。

实际上，具有数百万个参数的多层神经网络的非凸性从来都不是一个问题。当通过随机梯度训练一个大型网络时，无论起点如何，我们所达到的局部最小值或多或少都是相等的。虽然解决方案不同，但最终得到的成本值（极小值的高度）却非常相似。我们甚至可以认为，成本函数的布局使得极小值并不是一个点，而是彼此相连的广阔山谷。这可能是高维空间中某些函数的特性。在图4-5中，除非我们能翻越将两个极小值分开的阻隔，否则就不可能从一个极小值走到另一个极小值。但是，如果我们在空间中添加一个维度（垂直于页面的第三维），或许就能够翻越阻隔。当空间具有数百万个维度时，总会有一些维度可以让我们从一个极小值翻越到另一个极小值。我们将在第五章再讲到这一点。

6

机器学习的原理

在学习期间，网络会调整参数，使得学习集中的所有 x 都能给出期待的结果 y。学习后，可以通过内插或外推的方式，为学习集中不存在的新 x 赋值 y。当新的 x 在学习示例范围内时，我们称它为插值；当新的 x 在学习示例所覆盖的区域之外时，则被称为外推。我们通过由工程师选定的函数模型，将学习的成对元素连接在一起。当然，选择函数模型也是有一些具体的约束条件的。

我们用一个示例来说明如何选择模型。

假设学习模型是由如下等式定义的一条直线：

$$f(x, w) = w[0]*x + w[1]$$

我们输入一个 x，让它乘以 $w[0]$（直线的斜率），然后加上常数 $w[1]$（直线的垂直位，即直线与 y 轴相交的点）。如果 $w[1]$ 等于 0，则直线穿过 0；如果 $w[1]$ 不等于 0，则直线与纵轴在 $w[1]$ 处相交。通过改变 $w[0]$ 和 $w[1]$，我们可以构造任何一条直线。

这是一个包含两个参数的模型。如果学习集中只有两个点（X[0]，Y[0]）和（X[1]，Y[1]），那我们一定可以找到使直线穿过这两个点的对应参数（见图 4-6）。

假设我们加入第三个学习示例（X[2]，Y[2]），这个点不在这条直线上，那么如何找到一个新的学习模型将这三个点都连接起来呢？

要训练机器，我们需要先找到一个最接近这三个点的函数模型。根据以往示例的经验，我们可以预测最合适的函数应该是某种曲线，例如抛物线。这是一个平方函数，即二次多项式：

$$f(x, w) = w[0]*x**2 + w[1]*x + w[2]$$

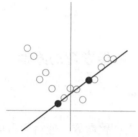

图 4-6　穿过两个点的直线

给定两个点，我们总是可以计算出通过这两个点的直线的参数。

机器学习是为了找到这个公式中我们不知道的值，也就是找到令曲线通过数集中的三个点的向量 w 的三个分量。训练的目的是一致的：我们希望通过获得的曲线（即模型），为不属于训练集的 x 计算出理想的 $f(x, w)$ 值。

该函数可能比二次多项式复杂得多，需要的参数也多得多。比如在我们训练自动驾驶汽车的示例中，如果给定由摄像头拍摄的道路图像（输入 x），那么方向盘转向哪个角度（输出 y），才能使汽车沿着道路上的白线行驶？此时的 x 由数千个数字（来自拍摄图像的像素）组成，而该模型可能有数千万个可调整的参数。但不管有多少参数，其原理是不变的。

7

模型的选择

关于选择模型，有一部分是由工程师决定的，比如系统的结构及其参数化，即函数 $f(x, w)$ 的形式。它可以是单层感知器，也可以是两层神经网络，还可以是 3、5、6 甚至 50 层的卷积神经网络。

这个过程需要依据经验决定，但总的来说，它依赖于瓦普尼克的统计学习理论。

我非常了解弗拉基米尔·瓦普尼克，他是一位十分出色的数学家。在我加入新泽西的贝尔实验室一年后，他也加入了该实验室；我于 1996 年升职时，也就成了他的"老板"。在基础研究中，老板的主要工作是确保实验室成员拥有时间和资源进行研究，而不是直接指导他们的工作，这是一个对个人研究几乎没有助益且分散研究精力的角色。

瓦普尼克出生于乌兹别克斯坦附近的撒马尔罕，曾在位于莫斯科的控制问题研究所工作，在此期间，他为机器学习的统计理论奠定了理论基础，同时也自然而然地对感知器产生了兴趣。不过，由于犹太人的身份，他在苏联的职业生涯受阻，所以他在苏联开放时决定移民，并在我到贝尔实验室之后的一年来到美国，那是 1989 年 10 月，正好是柏林墙倒塌的前夕。在美国，他完成了一项理论研究，即研究训练数据的数量、使用这些数据训练的模型的复杂性以及该模型在非训练数据中的性能之间的关系。该理论对理解模型的选择过程有极大帮助。

我们知道，任意两个点之间一定存在一条可以将它们连接起来的直线。当选择连接它们的函数时，我们首先会考虑一条带有 2 个参数的、类型为 w[0]*x+w[1] 的直线，这是一个一次多项式。

如果要找到一个经过三个点的函数，我们可以选择一条抛物线，类型为 $f(x, w) = w[0]*x**2 + w[1]*x + w[2]$，它带有 3 个参数，这是一个二次多项式。如果我们有一个 3 次幂的项，那么对应的函数是一个有 4 个参数的三次多项式；如果我们有一个 4 次幂的项，则对应的是一个具有 5 个参数的四次多项式。依次类推。

如图 4-7 所示，我们在多项式中添加的项数越多，绘制出的曲线越灵活，穿过所有点的可能性也就越大。

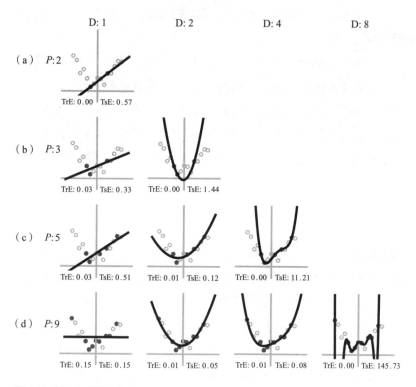

图 4-7　基于多项式的学习

我们有 15 个数据点。黑点是学习示例，白点是测试示例。每列代表一个不同的模型，各行对应的分别为 D= 2、4 和 8 的多项式。在每一行中，模型的训练使用了不同数量的示例，即 P = 2、3、5 和 9。

在每个图中，曲线代表最接近学习示例点的多项式，TrE 是学习误差，TsE 是测试误差。当模型是"刚性"（直线或抛物线）时，如果学习示例点太多，则无法经过所有点。当模型是"灵活"（高阶多项式）时，它则可以通过许多点。但是，如果这些点未在一条简单的曲线上对齐时（换句话说，它们被噪声破坏了），则曲线必会呈现出大的"波浪"状（右下图）。此时尽管学习误差等于 0，测试误差却变得非常大。这是"过拟合"（overfitting）现象。具有 9 个学习点（d）的二次多项式给出了最佳的测试误差。

资料来源：阿尔弗雷多·坎齐亚尼（Alfredo Canziani）

二次多项式是一个向上或向下弯曲的抛物线。给定 3 个点，我们一定可以找到通过这 3 点的多项式。三次多项式可以有一个波峰和一个波谷。而如果给定 4 个点，我们同样可以找到通过这 4 个点的多项式。四次多项式更加灵活，它可能是 W 形、M 形或者顶部扁平的形状，它能够经过 5 个点。从五次多项式开始，情况变得会十分复杂，它会经过 6 个点，依次类推。

据此我们可以得知，如果有 P 个点（或学习示例），那么一定会存在至少一条曲线，换句话说，存在（$P-1$）次多项式通过这 P 个点。在实践中，对于使用的多项式幂次有一个限制，即不会使计算存在数值精度的问题。当得到一个数据集后，我们便可以从其模型组中选择最适合示例数量的模型。

如果我们有 1000 个点（学习示例），并希望曲线通过所有点，那么理论上我们应该用 999 次多项式。但实际上，它非常不稳定，所以不予采用。

综上所述，对于一个特定数量的数据集，我们必须调整其对应模型的复杂度。接下来，我们一起来了解一下为什么要这样做。

8

奶牛和三名科学家

在一辆火车上有一名工程师、一名物理学家和一名数学家。火车经过一片田地时，他们看到一位农民身后有 5 头黑牛正在一个跟着一个地往前走。于是工程师说："看，这个国家的牛是黑的！"物理学家说:"不! 这个国家至少有 5 头黑牛是黑的! "数学家说:"你们错了,这个国家至少有 5 头牛的身体右侧是黑色的。"

从给定的信息来看,他们所说的都是正确的。但是,数学家只是描述了观察到的结果,没有对该国其他的牛做出任何预测,也就是他没有做任何推断。工程师则有点急于泛化,仅仅基于一个观察的简单规则就推断其他牛的颜色。至于物理学家,他根据自己的经验做出了一个假设:"牛身体两侧的颜色通常是相同的。"但他没有推断其他牛的颜色。

这则故事说明了几个问题。首先,就像这位物理学家一样,使用先验知识做出预测是必要的。其次,一定存在几个可以解释数据的基础模型。好模型与差模型之间的差距并不在于解释所观察事物的能力,而在于预测的能力。在这则故事中,数学家更依赖对观察得到的数据进行泛化,而不是依赖先验知识,但是很可能存在某些牛无法满足他的模型。

9

奥卡姆剃刀原理

奥卡姆剃刀原理阐明了精简的原则:"Pluralitas non est ponenda sine necessitate"。这句话可以翻译为:"若无必要,勿增实体。"对一系列观察的解释应尽可能简单,而不应该使用不必要的概念。这一原理是以 14 世纪圣方济各会修士奥卡姆(William of Ockham)的名字命名的。物理学家对此非常熟悉。一个理论应由尽可能少的方程式、假设和自由参数（诸如光速或电子质量之类的无法从其他量中计算得到的参数）组成。爱因斯坦（Albert Einstein）同样做过类似的阐述："任何事情都应该做到最简单，而不是相对简单。"

在物理学中，简单的理论都具有一定的美感，但美感并不是它们唯一的优点。比起那些为了尽可能接近实验数据而受困于概念、规则、例外、参数、公式等的理论，简单的理论通常更可能做出正确的预测。英国—奥地利籍的认识论学家卡尔·波普尔（Karl Popper）以预测的能力而非解释现有观察的能力来定义理论的质量。他将科学方法定义为一个程序，其中，只有"可证伪的"理论才是"科学的"。就像一个有很多次幂的多项式，你可以通过调整使其经过一个新的点一样，一个复杂的理论也可以随时经过调整以解释新的观察结果——但它不能被证伪。而简单的理论一般不易于被调整，新的数据可能对其进行确认，也可能使之失效——它是可被证伪的。

阴谋论提供了一个不可证伪理论的例子。一切都可以用阴谋来解释，但它们通常将很多不太可能的事情联系在一起，而将它们稳定地结合起来则更加不可能。英国进化生物学家理查德·道金斯将阴谋论与宗教教义联系起来，就能很容易地为类似"上帝创造宇宙"这样的观点提供一种解释。但是关于上帝的假设产生了一个复杂的（因为上帝是万能的，是无限复杂的）、至少是不可证伪的理论。学习理论同样是一个理性思维的理论。

我们可以由此联想到数学家皮埃尔-西蒙·拉普拉斯（Pierre-Simon de Laplace），他在出版了《天体力学》后，遭到了拿破仑的反对。拿破仑说："您列出了所有造物的法则，但您一次也没有提到上帝的存在！""陛下，我不需要那个假设。"拉普拉斯回答。

10

机器训练方案

在一套标准的方案中，机器训练分为三个阶段，目的是为给定任务确定一个最有效的模型。想要选择一个模型，即一类尽可能最小化的函数，需要事先衡量其预测能力，也就是使用它在训练过程中没有出现的示例评估它的成本函数。这些示例构成了验证集。

假设有 1 万个学习对 (x, y)。我们用其中一半 $[$ 5000 个学习对 $(x, y)]$ 的示例训练模型：在训练过程中，函数必须调整其参数以使得到的输出近似于期望的输出，并同时使成本函数最小化。在该集合中出现的误差叫作学习误差（也称为训练误差）。

为了评估经过训练的系统的性能，同时为了验证机器不仅记住了示例，还能够处理未曾见过的示例，我们利用另外 2500 个学习对 (x, y) 测量训练后的误差，即验证误差。

我们用不同的模型（不同的函数族，例如，先是一次多项式，然后为二次多项式，之后为三次多项式，或者是越来越大的神经网络）重复这些操作，然后保留产生最小验证误差的模型。

最后，我们用剩下的 2500 个示例在被保留的模型上测试，得出的误差就是测试误差。为什么要计算测试误差呢？仅仅使用验证误差不足以说明问题吗？这是因为验证误差偏向乐观：我们选择该模型是因为它的验证误差最低，跟在验证集中训练一样。为了在开展应用之前正确地评估系统的质量，最好的办法就是将其置于真实的情况下，用完全没有见过的示例测试其性能。

11

最佳折中方案

瓦普尼克公式

过于简单的模型是无法对大量学习数据进行建模的（比如我们之前的例子：一条直线无法穿过大量的点，除非它们完全对齐）。相反，如果模型足够复杂（例如 1000 次幂的多项式或大型神经网络），它便能"学习"整个学习集，只不过如此一来，其泛化能力必然不够良好。这样的函数非常灵活，换句话说，它在各点之间的振荡幅度很大，我们需要更多的学习示例使其停止精确通过所有的点，从而减少震荡，并能够对新的数据点做出良好的预测。也就是说，让它停止记录学习数据，开始学习发现数据蕴含的基本规律。

因此，我们需要在数据数量和模型复杂性之间找到一个平衡点。

接下来我们对此进行可视化说明。我们有 10 个学习数据点，如图 4-7（d）所示。如果我们使用抛物线（具有 3 个参数的二次多项式）表示函数，那么在学习过程中，该函数会尝试尽可能地通过所有这些点，而其插值也会相对正确。此时，我们输入一个不在学习集中的点 x，它会用两者间的抛物线进行插值，输出结果可能也会令人满意。

我们可以用一个八次多项式完成同样的任务，即连接 9 个学习点，来进行测试。模型将十分灵活，曲线也能精确地穿过所有点，如图 4-8 所示。但是，由于这些点并未完全对齐，因此曲线必须经过振荡才能穿过所有点。如果它是一个八次多项式，就意味着它将振荡 8 次并呈现一些波浪才能精确地穿过所有点。

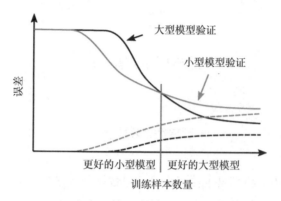

图 4-8　大型模型和小型模型的学习误差和测试误差曲线的收敛性

对于一个给定的模型，随着学习示例数量的增加，学习误差（虚线）缓慢上升，而验证误差（实线）缓慢下降。对于较小的模型（灰色线），曲线在较少的示例数量上开始变得越来越近，并且越来越快，但是最终误差是相当大的。对于较大的模型（具有更多参数），两条曲线开始逼近之前需要更多的示例。它们彼此靠近的速度较慢，但最终的误差较小。验证误差的两条曲线相交。交点之前，优选小型模型；交点之后，大型模型更佳。

　　该模型不太适合插值。事实上，如果我们让它处理训练期间未见过的一个新点 x，这个点可能位于一个波浪的顶部，那么模型对应产生的 y 值就可能是错误的。这就是所谓的过拟合：当一个过于复杂的模型没有足够的学习数据时，就会出现这个问题。该系统有足够的能力"用心记住"所有的学习数据，却无法发现数据中包含的基本规律。

　　学习误差会随着示例数量的增加而逐渐增加，这是一个常识：点越多，抛物线（或工程师选择的其他任何一个多项式）穿过所有点的可能性就越小。但在验证集中（由机器在训练过程中未看到的示例组成），误差会随着示例数量的增加而缓慢减少。

　　对任何一个系统而言，学习误差（专家称为经验误差）都小于验证误差：与未看到的示例相比，模型能够更好地处理已经见过的示例。如果在相同的模型复杂度下增加学习示例的数量，将会获得两条沿相反方向演化的曲线：学习误差缓慢增加，验证误差缓慢减少。如果示例无穷尽地增加，两条曲线也会靠近彼此。

为什么会这样呢？首先假设我们有 7 个数据点。如果函数是一条直线，即一次多项式，则它无法通过所有的点：超过 2 个点的话，除非这些点精确对齐，否则学习误差将开始增加。

相比较而言，四次多项式能够更靠近所有的点，此时，它的学习误差小于直线。但是，该多项式必须"起波浪"才能尽可能地接近所有点，然而波浪也可能导致其远离新的数据点。

现在，我们增加新的数据点。直线，也就是一次多项式，几乎不会改变位置，此时的学习误差几乎与 7 个点时的误差相同。同时，四次多项式不再能够接近所有点，所以它的学习误差开始增大。但是，随着波浪逐渐平缓，它能够在新的测试点上表现得更好。

我们能从中吸取什么经验教训，才能更好地根据学习示例的数量选择最有效的系统呢？

让我们再看一看图 4-8。在（交点处的）线的左侧，小型模型的验证误差较小，这就意味着效率更高。因此，如果我们没有大量数据，最好的选择就是使用小型模型。在线的右侧，大型模型表现得更好。如果数据数量足够，大型模型就是最好的选择。当示例的数量超过一个阈值时，曲线无法再通过所有点，并且开始泛化。也就是说，对于给定数量的示例，我们必须寻求最佳的折中方案，并以此来选择合适的模型。换句话说，为了让系统发现数据背后的规律，我们必须输入足够数量的示例使其开始犯错，这样系统就能突破"死记硬背"但不"理解"的束缚。

对于给定数量的学习示例，模型的能力越强大，学习误差就会越小。同时，模型能力的强大也会导致验证误差和学习误差之间的差异增大。在这种情况下，必定存在一个最佳的模型能力值，即这两种状态之间的最佳折中方案，从而使验证误差最小（见图 4-9）。

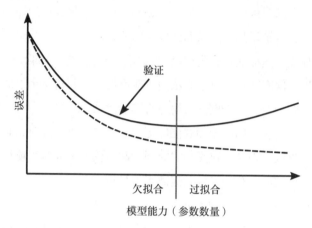

图 4-9　欠拟合和过拟合

对于相同数量的训练数据，随着使用更复杂的模型，学习误差逐步减少。但是，验证集中的误差会经过一个最小值后开始上升。上升就是所谓的过拟合：机器从学习示例中学习了太多细节，并且忽视了我们要其完成的任务的一般性。它开始死记硬背地学习，而不是试图从中提取规律。该曲线的最低点给出了我们应该选择的模型的能力。

　　让我们想象一下：这是一种思维方式，一个无穷次幂的多项式，具有强大的学习能力，学习误差始终为 0，无论给出多少数据点，多项式都能轻而易举地经过所有点。但是相对应地，它将永远无法泛化，只能通过死记硬背的方式学习所有东西，就像一个不聪明的学生死读书一样。老师不断地教他乘法表，而他没有学会乘法原理，只是记住了所有结果。

　　我们可以用"没有免费午餐"的定理来概括这个情形：一个能够学习一切的学习机实际上什么也学不了。因为它需要无穷尽的学习示例才能停止经过所有的点，而后开始寻找其中的规律，即开始泛化。这样的情形在现实中也经常上演：比起一个记忆力超群的人，一个普通人更能够发现某些基本规则。

我们在用数据集训练机器时，需要在以下条件中找到平衡：

1. 该模型必须足够强大：有足够多的按钮（参数）来调整，以便可以学习整个训练集，即尽量接近所有数据点。

2. 但是这个模型也不能太过强大，以免"聪明反被聪明误"。也就是说，如果想要经过多次"波动"来精确地穿过所有点，这个模型反而无法正确地进行插值。

瓦普尼克的公式使用了三个概念：

1. 学习误差或经验误差。它体现了系统在训练数据集中的性能。

2. 测试误差，即系统在训练期间没有见过的其他数据点上的性能。如果有无穷多个点，我们便可以精准地估计系统在实际应用时产生的误差。

3. 模型容量。当所有可调整参数均发生变化时，模型容量度量的是模型可以实现的函数数量。该容量又被称为瓦普尼克维度。

瓦普尼克的公式为：

$$Etest < Etrain + k*h/(p**alpha)$$

其中，Etest：测试误差；

Etrain：学习误差；

k：一个常数；

h：瓦普尼克维度（模型容量）；

p：学习示例数；

alpha：介于 1/2 和 1 之间的常数，具体值取决于问题的性质。

该公式解释了图 4-8 和图 4-9。

布尔函数的眩晕

可以肯定的是，有很多函数能够处理输入示例，即便是非常简单的输入。但正如我们在上文中论述过的一样，学习能力越强大的函数，越无法正确地泛化，除非我们能够提供足够多的训练示例。因此，当我们只有适当数量的示例时，该机器就需要有一定的约束条件，能够专用于学习输入输出关系（我们称之为"概念"）。此外，约束条件主要来自模型的体系结构。

因此，该机器必须具有先验结构，让它仅需少量示例便可以学习一个有效的函数，但也由于这种结构，机器只能代表所有可能函数中的很小一部分（见图4-10）。

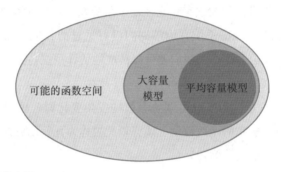

图 4-10 函数空间
由一个模型可表示的函数集合（可计算的或可近似的）是所有可能的函数组成的空间里的一个小子集。该子集主要由模型的体系结构决定。大容量模型可表示的函数集合要比小容量模型可表示的函数集合更大。

为了证明这一点，我们以一个二进制函数，即所谓的"布尔函数"为例，当输入 0 和 1 的序列时，输出要么是 0 要么是 1（见图 4-11）。布尔函数的优势在于输入数量有限，我们可以有效地计数。布尔逻辑是一种用于二进制变量之间的运算的逻辑。每个值都有特定的作用。由于 0 和 1 不可互换，所以（0，1）与（1，0）[①] 代表不同的含义。

---

① 乔治·布尔（George Boole）是杰弗里·辛顿的前辈，但这并没有阻止杰弗里·辛顿成为人工智能逻辑学的倡导者之一。

输入	0	1	2	3	4	5	6	7	8	9	10	11	12	13	14	15
0	0	0	1	0	1	0	1	0	1	0	1	0	1	0	1	1
0	1	0	0	1	1	0	0	1	1	0	0	1	1	0	0	1
1	0	0	0	0	0	1	1	1	1	0	0	0	0	1	1	1
1	1	0	0	0	0	0	0	0	0	1	1	1	1	1	1	1

图 4-11　布尔函数表

布尔函数有 n 比特的输入并产生 1 比特的输出。一个 2 比特的布尔函数可以由一个 4 行表来明确表示，对 4 种可能输入（0，0），（0，1），（1，0）（1，1）的每一种给出输出值（0 或 1）。因此，对于这 4 种输入可能，有 16 种可能的输出（2**4），即 16 种可能的 2 比特函数，每个函数由 4 比特的序列表示。每附加 1 比特输入，表中的行数就会加倍。通常，对于 n 比特函数，有 2 **n 个输入配置和 2 **（2 **n）个可能的布尔函数。

一些可能函数的例子

让我们来看一看图 4-11 中的第 8 列。我们告诉机器："如果两个输入均为 1，则输出为 1，否则输出为 0。"这是"与"函数，其真值表为（00，0）（01，0）（10，0）（11，1）。真值表是一个对应函数的所有可能输入的输出列表。

再来看一看第 6 列。我们告诉机器："如果两个输入中只有一个为 1，则输出为 1，否则输出为 0。"因此，该真值表为：（00，0）（01，1）（10，1）（11，0）。

这是感知器无法计算的"异或"函数（参见图 3-6）。要知道感知器之所以有这种局限性，是因为它只能"计算"线性可分离的函数。

此处的目的是探究一个 n 位的 0 和 1 序列（n 比特位）有多少个可分离的输入组合。

如果 n =1，则有 2 **1=2 个。

如果 $n=2$，则有 2 乘 2 ** 1，即 2 ** 2 = 4 个。

如果 $n=3$，则有 2 乘 2 ** 2，即 2 ** 3 = 8 个。

依次类推，数目为 16、32、64、128、256、512、1024、2048、4096 等。

每次添加 1 比特位，可能的组合数量就将翻倍。如果我们有 n 个输入位，则有 2 ** n 种可能的输入配置。它们以 00000……开头，然后是 00001、00010、00011 等。当需要计数时，只需计算 2 的 n 次幂，即 2 ** n 便可。

一个特定的布尔函数就是一个 2 的 n 次幂的列表。

n 个输入位的每种组合都对应着两个可能的输出：0 或 1。那么，对于 2 的 n 次幂种组合，有多少种可能的输出呢？答案很明显，有 2 的 2 的 n 次幂（2 ** 2 ** n）种可能，即包含了 n 个输入位的所有可能的布尔函数。这是一个天文数字，即便在 n 很小的情况下也是如此。

如果我们有一个 25 位输入的函数，例如第二章中提到的感知器，那么可能的函数数量就是 2 的 33554432 次幂，这是一个 10100890 位数字，远远超过可见宇宙中存在的所有原子（大约 80 位数字）的数量！而这个结果只是由简单的二进制函数实现的！

在提到的感知器的例子中，我们使用了一个有 2 位输入的布尔函数，对应着 16 个可能的函数。在这 16 个函数中，有两个无法通过感知器或其他线性分类器（"异或"及其逆函数）实现，因此有 14 个可以通过线性分类器实现，这个比重已经很大了。

但是随着输入位数的增加，感知器可执行函数的比例就会急剧减少。换句话说，一旦 n 超过某个阈值，感知器就不太可能实现这个 n 位布尔函数。

举一个例子：假设我们在平面中随机放置了一定数量的符号 + 和 −。那么用一条直线把它们一分为二的概率有多大？如果示例只有

3 个，那么几乎肯定能做到（除非这些点是对齐的）。但是，如果示例有数百万个，那么能成功的概率便几近于无了。所以，感知器无法有效学习示例过多的学习集。

由此我们可以得出一个结论，像感知器这样的线性分类器（单层的神经元结构）缺乏灵活性。一旦学习集合的示例数超过线性分类器的输入数，分类器就很难将 A 类点与 B 类点分开。这是斯坦福大学的一位美国统计学家托马斯·科弗（Thomas Cover）于 1996 年证明的定理。[①]

反之，一个学习系统可实现的函数如果具有太大的灵活性，那也未见得是件好事。

例证

让我们再回到第三章，看一看在 5 × 5 像素的网格上绘制了 C 和 D 的二进制图像的例子。通过上文的计算，我们知道，一共存在 2 的 33554432 次幂个可能的函数。如果训练集中有 100 个示例，也就意味着布尔函数表中 100 行的值确定了，其他 33554332（33554432 – 100）行的函数值未指定。因此，有 2 的 33554332 次幂个函数与同样的数据是兼容的，即在这 100 个训练示例上给出正确答案。机器如何在这个海量的选项中选择一个有效的函数呢？如何从中选择一个能够将这 100 个学习示例之外的带有 C 和 D 的图片进行正确分类的函数呢？

[①] T. M. Cover, Geometrical and statistical properties of systems of linear inequalities with applications in pattern recognition, *IEEE Transactions on Electronic Computers*, 1965 , EC- 14（3）, pp. 326 – 334 .

正则化：调节模型的容量

由此引发了一个形而上学的问题：如果学习机能够计算所有可能的函数，那么它该用何种策略从众多与示例兼容的函数中选择一个最合适的函数，即如何在所有函数中确定能够作为选项的函数？用来比较的函数的数量无比庞大，为此，需要借助归纳法，也就是规定选择函数的标准。这种归纳法就是我们已经讲过的奥卡姆剃刀原理：学习算法选择最简单的函数。现在我们需要定义"简单性"的概念，以便我们可以界定（或计算）任何函数是否具有简单性。事实上，简单性（或复杂性）的概念是比较好界定的，我们需要做的是构建一个正则化器，即用来计算函数复杂度的程序（或者数学函数）。例如，在多项式家族中，多项式的幂次就可以用来度量一个模型的复杂性。对神经网络来说，复杂性则可以用神经元数或连接数来度量。

为了保证学习的有效性，我们必须在学习误差和用于获取该误差的函数的复杂性（或其函数族的容量）之间找到一个最佳的折中方案。函数的复杂度越高，学习误差越低，但是相应地，系统推广泛化的可能性也会变小。

我们不仅要最小化学习误差 $L(w)$，还应该给最小化设定一个新标准：

$L'(w) = L(w) + a*R(w)$

其中 $L(w)$ 是学习误差，$R(w)$ 是我们的正则化器（用来度量参数为 w 的函数的复杂度），a 是一个常数，它控制着数据建模与最小化模型复杂性之间的折中方案。

不只是数学家在使用这种看起来有些迂回的方法，每当我们构造一个基于学习体系的人工智能系统时，都会使用正则化器，而且这种方法应用广泛。在现实中，我们会优先选用易于计算并且易于通过梯度下降最小化的正则化。至于线性分类器和神经网络，我们经常使用权重的平方和。

> 对于线性分类器，如果将权重的平方和作为正则化器，会使系统将两种类别的边界置于两种类别之间的无人区域的中间（SVM 的支持者称之为"间隔最大化"）。

另一种正则化器是权重的绝对值之和。

> 如果使用绝对值之和作为正则化器，则系统可以找到一个将不必要（或不是非常有用）的权重设置为 0 的解决方案。如果我们使用这种方式对一个多项式系数的学习过程正则化，那么高阶项中不起作用的系数就会被忽略。

12

人类的教训

第一，像布尔函数一样，人类智能的复杂性源于非常简单元素的组合。这是一个新的特性。

第二，预设是必要的。我们必须有预先设置的专业的大脑结构，才能学习、处理信息，只需少量的试错就可以阐明规律。如果我们只是一块白板，那么借助大脑强大的功能，我们可以学习任何东西（就像非常复杂的模型可以学习大量的数据一样），但这个过程需要大量的时间，因为我们只是在死记硬背地学习。

第三，我们这里所描述的所有机器学习的方法都能使成本函数最小化，它们通过尝试、失败、重新调整以接近预期的结果。人类和动物的学习方法也可以被解释为成本函数的最小化吗？我们真希望有朝一日能够回答这个问题。

第五章

完成更复杂的任务

为了解决感知器及其同类机器的局限性，科学界选择了最有效的解决方案，即堆叠多层神经元层，以使系统可以执行更复杂的任务。

　　此外，我们还要找到一种从头到尾训练这些系统的方法。其实解决方案很简单，只不过没有人注意它，因为这项研究在 20 世纪 60 年代末被科学界放弃了。而一切都在 20 世纪 80 年代中期发生了变化，当时不同领域的研究人员在互无交集的情况下发现了梯度反向传播。这个方法能够有效地计算多层网络中成本函数的梯度。它能调整网络各层的参数，以使输入成本达到最小值。最终，第一层网络识别出待检测图像的正确图案后，任务完成。

　　神经网络也可以用来学习复杂的任务，并且可以在数百万的数据上进行训练。我们把这样的训练称为深度学习，因为此时使用了（网络）层的堆叠。

1

贡献度分配

多层网络的原理和首批应用可以追溯到 20 世纪 80 年代，但是直到 21 世纪 10 年代，随着可编程 GPU 和大型数据集的普及，才开始了深度学习的革命。

如今，反向传播已成为深度学习的基础，几乎所有的人工智能系统都在使用这种方法。

多层神经网络是多种类型的层的堆栈。每一层的输入可以被看作一个向量（一个数字的列表），它代表前一层输出的集合。而该层的输出也是一个向量，但是其大小不一定与输入向量相同。

我们将这种每层都从前一层或前几层获取输入的网络称为前馈多层网络（feed-forward）。如果从高层（在出口附近）向低层（在入口附近）的方向也存在连接性，则称为循环网络。现在，我们先来看一看什么是前馈网络。

传统的多层神经网络存在两种类型的层，它们相互交替（见图 5-1 和图 5-2）：

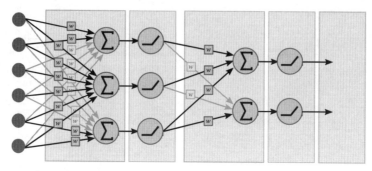

图 5-1　多层前馈神经网络

每个单元计算其输入的加权和，将结果传递给激活函数，并将其计算的输出发送到下一层作为其他单元的输入。网络就是这样由两种类型的层交替形成的，即执行加权和的线性层和应用激活函数的非线性层。与感知器一样，学习过程旨在更改连接各单元的权重，最大限度地减少错误度量（成本函数），该度量用于测量网络输出与所期待的输出之间的差异。本章的主题反向传播，是计算这个成本函数针对网络中所有权重的梯度。

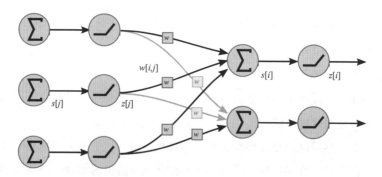

图 5-2　网络中的神经元已编号

神经元 i 从其上游神经元的输出计算其加权和 $s[i]$。神经元 i 上游的神经元的集合表示为 UP$[i]$，权重 $w[i, j]$ 将神经元 j 连接到神经元 i。以下公式可以计算出总和：

$$s[i]=\sum_{j\in UP[i]} w[i,j]*z[j]$$

算出和之后是一个非线性激活函数 h，它产生神经元的输出：

$$z[i]=h\left(s[i]\right)$$

1. 线性层：每个输出都是输入的加权和，且输入和输出的数量可能并不相同。之所以称它们为线性的，是当我们把两个信号的总和作为输入时，该层输出的结果等于分别处理这两个信号而产生的输出之和。

2. 非线性层：通过将非线性函数应用于相应的输入来获得相应的输出。此非线性函数可以是平方函数、绝对值函数、S 形函数或其他函数。非线性层的输入与输出的数量是相同的。这些非线性操作是多层网络强大功能的关键所在。稍后我们会讲解这一点（见图 5-3）。

线性层存在一个特定的输出，即加权和 $s[i]$。通过权重 $w[i, j]$ 与上一层的输出 $z[j]$ 连接起来：

$$s[i] = \sum_{j \in UP[i]} w[i, j] * z[j]$$

参数 $UP[i]$ 代表单元为 i 的所有输入单元的集合。$z[i]$ 是线性层之后非线性层里的一个特定输出，是将非线性函数（称为"激活函数"）h 应用到加权和之上得到的结果：

$$z[i] = h(s[i])$$

这两个连续的操作构成了一个单元，即一个神经元，也就是说，一层线性函数接连着一层激活函数即可构成一层神经元。

激活函数将其输出发送到下一层单元（或下一层神经元）。下一层单元接收当下层的输出，并执行相同的计算。其后是线性层、非线性层，依次类推，直到输出层为止。

为什么要交替进行线性和非线性运算呢？因为如果所有的层级都进行线性操作，那么整个过程都是由线性操作组成，换句话说，它等效于一个线性操作。这将使神经元层的堆叠变得毫无意义，因为线性网络只能计算线性函数。

而我们想要使用神经网络来计算的函数并不是线性的，比如用来区分猫、狗或鸟的图像的函数就是极度非线性的，十分复杂。只有使用非线性的多层网络才能计算（或估算）这种类型的函数。许多定理表明，由"线性、非线性、线性"堆栈组成的网络是一个"通用逼近器"：如果中间层具有足够多的单元，它就能无限地逼近我们预期的函数。为了获得一个复杂函数的准确近似值，这种类型的网络可能需要大量的中间单元……然而一般来讲，要表示一个复杂的函数，更有效的方法是使用多层网络。

要注意：在所谓的"完全连接"网络中，它的一个层级中的任意单元都从上一层的全部单元获取输入。但是，大多数的神经网络都有其特殊的连接架构，一层中的单元仅从上一层的一小部分单元中获取输入。在下一章的卷积网络中，我们会再次看到这样的网络。

在训练期间，系统所需的输出会与最后一层单元的期望结果相对应。这些单元是"可见的"，因为它们的输出就是系统的整体输出。相反，在此之前的各层单元都是被隐藏的，因为无论是工程师还是算法本身，都不知道给它们怎样的期待输出。

那么如何设置隐藏单元的期待输出呢？这就是深度学习最主要的目标：解决"贡献度分配"问题。

2

连续神经元

在继续往下谈之前，我们需要回顾一下过往。在 20 世纪 80 年代初以前，机器的体系结构都是建立在二进制神经元基础上的，当输入的加权和超过设定的阈值时，二进制神经元就会发出信号；当加权和小于阈值时，发出 -1。实际上，一共存在两个可能的输出，即 $+1$

或 −1（有些人更喜欢把它们叫作输出为 1 或 0 的神经元）。

阈值的缺点在于会使成本函数出现跳跃阶梯：当权重发生少量变化时，可能不会影响其所作用的神经元输出；但是，如果权重的变化足够大，那么神经元输出会发生从 −1 到 +1 或从 +1 到 −1 的剧烈翻转。如果该变化传播到网络的输出层，就会对成本函数造成重大影响。

换句话说，参数的微小变化可能不会导致成本函数发生任何变化，但是如果参数的变化足够大，则会导致成本函数突变。成本函数中的梯度图会转变成由一系列台阶分隔的平台，人们无法像以前一样通过观察梯度找到前往谷底的方向，因此梯度下降法也就起不了任何作用。简而言之，二进制神经元与基于梯度下降的学习方法是不兼容的。

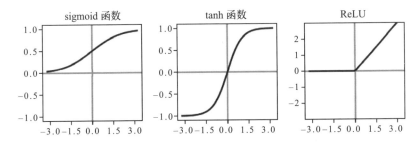

图 5-3　多层神经网络中使用的非线性激活函数
左图：从 0 到 1 连续变化的 S 形函数，公式为 $y=1/(1+\exp(-x))$。中图：双曲线切线，与 S 形相同，但值域是从 −1 到 +1。右图：ReLU（线性整流函数），其中，如果 x 为正，则 $y=x$；否则为 0。后者在最近的神经网络中应用得最广泛。

如果计算机具有足够强大的计算能力，人们就会采用"更好"的神经元。神经元的输出不会发生从 −1 变到 +1 的突变，应用于加权和函数的输出也不会呈阶梯状，而会呈现出连续的 S 曲线形状。

我们在第四章中已经了解到，所有的学习方法都基于成本函数的最小化，因此，我们必须能够实现系统参数梯度的计算。也就是说，要事先知道为降低成本函数所需的全部参数的修改方向和修改量。需要记住的是，训练一个系统的过程就是减少机器在学习阶段所犯错误的过程。

对于我们所讲的"更好的"神经元，即便是其中某一个输入的某个参数的最细微变化（例如加权和的变化），都会使神经元的输出发生变化。当我们逐步增大或减小此参数时，无论变化多么小，系统的最终输出都会自动发生变化，从而导致成本函数的变化。这种变化的连续性使得我们可以使用梯度下降方法来训练多层网络。

3

我的分层学习机

再次回顾一下过往：在 20 世纪 80 年代初期，学习算法的问题依然存在，只不过很少有人关注。神经元是二进制的，它们无法解析计算梯度（没有人考虑过）。至于干扰——改变一个权重的值，然后观察它对输出的影响——对拥有很多权重的大型网络而言，效率太低了……这真是一个令人头痛的问题！

当输出不正确时，算法应将问题归咎于网络中的哪些神经元呢？应该改变多少权重？又该如何准确计算它们的修改量呢？

我阅读了一些资料：20 世纪 60 年代，人们进行过大量尝试，但没有什么实质性的进展，所以在之后的 70 年代，几乎没有人再继续进行探索。福岛邦彦是为数不多的坚守该领域的科学家之一。他的认知机的的确确是一个多层网络，只不过是一种特殊的网络，其神经元并不是二进制的，而是试图向生物学神经元"靠拢"。除了最后一层，所有其他层都是通过无监督的学习进行训练的，目前我们还没有谈及这一点。它旨在训练每组神经元，使其自主地发现模式类别。但这些模式并不是由最终的任务决定的，而是由它们的频率决定的：如果某组神经元的输入字段中经常出现垂直轮廓的模式，那么该组神经元将会分配一个神经元专门用于检测这种模式。以上所有的操作构成了它的学习过程。

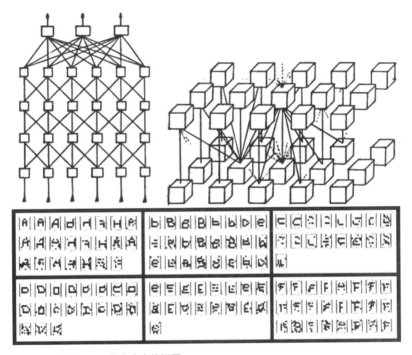

图 5-4　我关于 HLM 的文章中的插图
在 1985 年的认知大会上，我介绍了一个具有局部连接的分层网络结构。它是在虚拟的数据中进行训练，这些数据是非常小的图像，模拟了带有大噪声、失真或难以阅读的字符。

就像感知器一样，认知机仅仅在最后一层进行监督训练，最大限度地减少错误。可惜，这样的做法并不是很有效，因为内层没有专门针对某个任务进行训练，所以机器最终学到的可能是对任务无用的模式检测方式。例如，对于一个识别字符的任务，检测粗线和细线之间的差异对于完成任务没有任何帮助。

1981 年或 1982 年，我还在巴黎高等电子与电子技术工程师学院的时候，就产生了一个关于多层网络学习算法的想法，但是我记不起来这个想法是怎么产生的了。我称之为 HLM（参见第二章相关内容），它是由许多彼此堆叠的相同单元组成的。我有一种从数学的角度看起来或多或少合理的直觉，据此就有点盲目地开始在计算机上编程测试。但由于当时没有足够的时间，直到 1983 年，我在开始攻读法国高等深入研究文凭（DEA）时才又重新投入这个项目。我当时完完全全沉迷于此，忙了整整一年！

我们现在已经不再使用 HLM 的方法了，但我会通过下面几页内容，简单地介绍一下 HLM 的短暂历史。

HLM 有优点，但这个优点也是不足之处：它使用的是二进制神经元，输出值只有 +1 或 – 1。这种神经元计算加权和不需要乘法，只需要加法和减法即可，没有乘法就可以加快当时计算机的运算速度。

为了训练这个特殊的网络，我找到了一个窍门。在输出层中，神经元具有明确的目标，即给出外部预期的输出。上一个层级尝试为每个神经元找到一个二进制目标 +1 或 – 1，以使其满足下一层的需求。依次类推，直到第一层。

因此，HLM 算法以出口为起点，反向传播这些目标（见图 5-5）。输出层跟上一层的神经元"说"："这是我想要提供的输出，到目前为止，你还没有向我传输能够使我给出正确答案的输出，所以我希望你生成这样的输出。"上一层中的每个单元都会与它下一层的许多神经元进行同样的"对话"，后者必须找出最佳的折中方案以给出期望输出。依次类推，就如同引发一次多米诺骨牌效应一样。

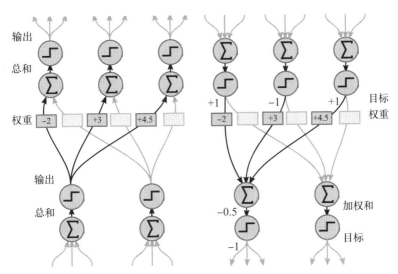

图 5-5　使用二进制神经元从 HLM 程序逆向传播目标

在学习过程中，每个神经元通过其下游神经元"投票"的方式来计算一个目标（该神经元的期望输出，取值为 +1 或 -1）。每个下游神经元投票的目的都是实现它自己的目标，而且投票权均与其相关神经元的权重成比例。神经元的目标计算为下游神经元目标的加权和，其权重是下游神经元与其所相关联的神经元的连接权重。如果该和为正，则目标为 +1；如果为负，则目标为 -1。在该图中，左侧的下游神经元以 -2 的权重投票 +1（等价于以 +2 的权重投票 -1），中央的神经元以 -1 的权重投票 +3，右边的以 +1 的权重投票 +4.5。因此，加权和为 -2-3+4.5=-0.5，故计算出的目标为 -1。神经元的权重是被训练的，以使神经元的输出更接近于目标，就像感知器一样。

　　现在让我们来总结一下：每个神经元都有一个目标（虚拟的期望输出），这个目标是根据下一层神经元的目标值计算而来的，这样依次向上传达，直到第一层神经元。

　　如果某个神经元与下一层中的几个神经元相连接，则这个神经元可能与其中一个神经元的连接权重很大，而与其他神经元的连接权重较小。因此，在计算所考虑的神经元的目标数值时，应优先考虑那些连接权重更大的下游神经元。

　　为此，我们取其中一层网络的目标值，计算这些值的加权和。如果加权和为正，则目标为 + 1；如果加权和为负，则目标为 – 1。这些权重不管是在正向还是逆向计算中都是相同的。我们可以将这种计算视为一种投票，下游神经元"投票"给目标神经元，投票与两者之间的权重成比例。由于神经元是二进制的，所以它的目标也必须是二进制的，即 +1 或 – 1。

在使用 HLM 算法时，神经元 j 的目标值 $t[j]$ 必须是下一层神经元目标值的加权和。也就是取其下游神经元的目标值，计算这些目标的加权和，其加权系数是神经元 j 与下游神经元的连接权重。当一个阈值超过了该加权和，那么这个加权和就是该神经元的目标值。

$$t[j]=\text{sign}\left(\sum_{L \in 'I > M@} w[i, j]*t[i]\right)$$

变量 DN[j] 表示为神经元 j 提供输出的所有下游神经元。因此，权重 $w[i, j]$ 在这里被"颠倒"了过来。

据此，我们逐步计算所有的目标值，直到最后每个神经元都有一个对应的目标值和有效输出值，并使用与感知器十分相似的方法更新权重，以使输出更接近正确答案。这样看来，就好像有许多相互连接的小感知器，并且最终的期望输出值被更新分配到每个神经元上。

我为此做过一些模式识别的实验，得出的结论是，该算法虽然有效，但有些不稳定。我于 1984 年在斯特拉斯堡举行的一次名为"神经科学与工程科学"的小型会议上首次提出了这个想法，该会议是法国一个对神经网络感兴趣的小团体的年度聚会。有关 HLM 的一篇文章收录于 1985 年 6 月在巴黎举办的认知大会的论文集中。

后来，我的发现被证实是梯度反向传播算法的某种奇怪版本。如今，梯度反向传播算法已经成为训练多层网络（或深层网络）中所有层级（而不仅仅是最后一层）的标准。从数学的角度来看，我后来证明了这种将目标反向传播的算法，属于一类可被称为目标传播的算法，它等效于在小误差范围内的梯度反向传播，只不过它传播的不是梯度，而是神经元的虚拟目标。

4

赛跑

在与一个那时正攻读机器人轨迹规划方向博士学位的朋友迪迪埃·乔治（Didier Georges）（现为格勒诺布尔理工学院教授）进行讨论时，我意识到我正在研究的方法和最优控制理论中所谓的伴随状态法之间存在惊人的相似性，通过使用连续的（非二进制）激活函数和传播错误（而不是目标），数学公式会变得简洁紧凑。事实上，这种伴随状态法应用于多层网络就是梯度反向传播。我的直觉不再需要被证明：这个新算法很轻易地就可以借助 18 世纪末由法国—意大利籍数学家约瑟夫-路易斯·拉格朗日发明的一个数学形式来完成形式化，当时拉格朗日发现这个数学形式是为了形式化牛顿力学。我因此发现了梯度反向传播。

不过那时是 1984 年年底，我正忙于 HLM 的相关工作，没有时间去测试和发布这个新想法。

同时期，有一些人正在其他地方研究相同的课题，比如当时任职于卡内基·梅隆大学的年轻教授杰弗里·辛顿正在研究玻尔兹曼机，这是另一种训练带有隐藏单元网络的方法。玻尔兹曼机的网络是一种对称连接的网络，其神经元之间的连接是双向的。辛顿与特伦斯·谢诺夫斯基一起在 1983 年提出了这个想法。但是他们在文章中的表达极为谨慎，并没有提及玻尔兹曼机的单元类似于神经元，其间的连接类似突触，一次也没有！而且文章的标题《最优感知推断》同样模糊了文章的主题。他们之所以这么做，是因为当时神经网络不被业界接受，讨论它就如同谈论魔鬼一般！

随后不久，辛顿在玻尔兹曼机上的研究遇到了困难。由此，他将目光投向了戴夫·鲁梅尔哈特于 1982 年提出的想法：反向传播，并设法使之成功运行。那是 1985 年的春天，就在莱苏什会议之后。我很快找到了与辛顿在巴黎会面的机会，他给我讲解了他的工作。当时，我已经在修改我的 HLM 程序了，希望使其适用于反向传播，只不过我在辛顿完成他的研究之前一直都没有时间测试我的程序。他于 1985 年 9 月与鲁梅尔哈特和威廉一起发表了一份技术报告，这份报告也是 1986 年出版的划时代巨作《分布式并行处理》中的一章。[①]他在报告中引用了我关于 HLM 的研究论文。当时辛顿已经是声名远播的大人物了，而我只是个无名小卒。虽然失去了先机，但我还是很高兴。

---

① D. E. Rumelhart, G. E. Hinton, R. J. Williams, Learning internal representation by error propagation , in D. E. Rumelhart, J. McClelland (dir.), *Parallel Distributed Processing*, The MIT Press, 1986 .

5

数学的美妙之处

我们接下来要讲述的梯度反向传播是一种有效计算成本函数梯度——由多层神经组成的网络中的最大斜率——的方法。其原理是在网络中颠倒信号传播的方向，但不像 HLM 那样传播目标，而是传播梯度，即偏导数。

为了解释这一点，我们必须分别理解线性函数和非线性函数。

反向传播基于的数学概念是复合函数的链式法则。我们在高中学

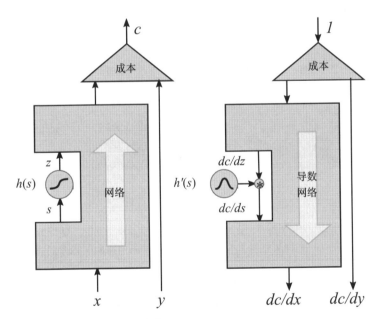

图 5-6　通过激活函数反向传播梯度
成本相对于激活函数的输入的导数等于成本相对于激活函数的输出的导数乘以激活函数的导数：$dc\_ds = dc\_dz * h'(s)$。

习时应该就已经了解到，复合函数就是将一个函数应用于另一个函数的输出。首先，我们将函数 f 应用于 x，然后将函数 h 应用于其结果。为什么这很重要？因为一个线性的和一个非线性的两个连续的层可以被看作两个函数的应用，例如刚刚讲到的第一个函数为 f，第二个函数为 h。如果存在多个层，也可以视为多个函数的嵌套。这样一来，公式就被极大地简化。这就是数学的美妙之处！

设想一个由几个层级组成的复杂网络，如图 5-6 所示，我们不知道其性质。在此网络的输出处，用一个成本函数来度量实际输出与期待输出之间的差值。以网络中的某一个特定单元为例，它计算输入的加权和，并将该和 s 发送到激活函数 h，得出结果 $z=h(s)$。假设我们已知成本函数相对于激活函数输出的导数 dc_dz（由 z 的扰动量 dz 导致的成本 c 的变化量 dc 而得到的比率 dc/dz），便可得知，对 z 施加极小的扰动 dz，则成本 c 将受到极小的扰动 $dc=dz*dc\_dz$。那么 c 关于 s 的导数（我们用 dc_ds 表示）是什么呢？如果我们对 s 施加极小的扰动 ds，那么激活函数的输出也会随之产生极小的扰动 $dz=ds*h'(s)$，其中 $h'(s)$ 是 h 在 s 点的导数。因此，成本将增加 $dc=ds*h'(s)*dc\_dz$ 的干扰量。由此我们可以得出：

$$dc\_ds=h'(s)*dc\_dz$$

所以，如果我们知道 c 相对于 z 的导数，那么便可以通过乘以 h 在 s 点的导数来计算 c 相对于 s 的导数。上述过程就是通过激活函数进行的反向传播梯度的方式。

现在，我们通过加权和来处理反向传播。

以单元 z 的输出为例，将其发送到下游几个单元中用以计算加权和。如图 5-7 所示，输出 z 被发送到下游单元，并通过权重 $w[0]$，$w[1]$，$w[2]$ 计算加权和 $s[0]$，$s[1]$，$s[2]$。

首先假设我们已知 c 相对于下游单元 $dc\_ds[0]$，$dc\_ds[1]$，$dc\_ds[2]$ 的导数，再以极小的量 dz 干扰 z，则加权和 $s[0]$ 会被 $w[0]*dz$ 干扰，最终成本也会受到 $dz*w[0]*dc\_ds[0]$ 的干扰。

扰动 dz 会引起两条扰动链。第一条扰动链是 $s[1]$ 受 $w[1]*dz$ 的干扰量

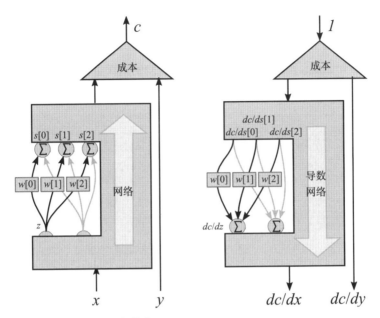

图 5-7　通过加权和反向传播梯度

成本相对于单元输出 z 的导数是成本相对于下游单元的导数的加权和，权重是当下的单元连接到这些下游单元的权重：

$$dc\_dz = w[0]*dc\_ds[0] + w[1]*dc\_ds[1] + w[2]*dc\_ds[2]$$

的影响，导致成本值受到 $dz*w[1]*dc\_ds[1]$ 的扰动；第二条扰动链是 $s[2]$ 受 $w[2]*dz$ 的干扰量的影响，最终导致成本值变动 $dz*w[2]*dc\_ds[2]$ 的扰动。总而言之，所有干扰的总和会对成本施加如下扰动：

$$dc = dz*w[0]*dc\_ds[0] + dz*w[1]$$
$$*dc\_ds[1] + dz*w[2]*dc\_ds[2]$$

也就是说导数 dc/dz 为：

$$dc\_dz = w[0]*dc\_ds[0] + w[1]*dc\_ds[1]$$
$$+ w[2]*dc\_ds[2]$$

这是通过线性层进行梯度反向传播（执行加权和）的公式。

为了计算某一层中成本相对于输入的导数，我们需要做的是取成本相对于输出的导数，并按照将输入连接到这些输出的权重计算加权和。换句话说，就像 HLM 一样，我们逆向使用权重计算加权和。

总之，要通过激活函数层和执行加权和层反向传播导数，就需要用到两个公式：

1. 激活函数层
   a. 向前传播：$z[i]=h\left(s[i]\right)$
   b. 向后传播：$dc\_ds[i]=h'\left(s[i]\right)*dc\_dz[i]$
2. 执行加权和层

   a. 向前传播：$s[i]=\sum_{M\in 83>L@} w[i,\,j]*z[j]$

   b. 向后传播：$dc\_dz[j]=\sum_{L\in'I>M@} w[i,\,j]*dc\_dz[j]$

接下来计算成本函数相对于权重的导数。

当我们以极小的量 $dw[i,\,j]$ 干扰权重 $w[i,\,j]$ 时，加权和将受到 $dw[i,\,j]*z[j]$ 的干扰，而成本则会产生如下扰动：$dc=dw[i,\,j]*z[j]*dc\_ds[i]$。因此，成本相对于权重 $w[i,\,j]$ 的梯度为：

$$dc\_dw[i,\,j]=z[j]*dc\_ds[i]$$

到此为止，我们就有了传统多层神经网络中梯度反向传播的三个公式！有了成本相对于权重的导数，就可以进行梯度下降。网络中的每个权重都使用一般的梯度下降方式进行更新：

$$w[i,\,j]=w[i,\,j]-e*dc\_dw[ij]$$

总而言之，以上练习的主要目的是在给定成本函数相对于某一层输出梯度的情况下，计算成本函数相对于该层输入的梯度。推而广之，我们就可以通过在所有层中运用反向传播梯度的方式计算出所有的梯度。最后一步的作用是使用这些成本函数对层的输出（或输入）的梯度来计算对参数（对线性层的权重）的梯度。

6

多层结构的益处

学习的原理并没有改变：调整网络的参数，使系统尽可能地少犯错误。多层网络端到端的训练构成了深度学习。这一类系统不仅学习分类，而且连续的各层也会设法将获得的输入转换为有意义的表达，类似于特征提取器在增强型感知器中的行为。实际上我们可以说，连续的各层就是某种经过训练的特征提取器。这是多层网络的决定性优势：它们会自动学习如何适当地表示信号。

关于导数的说明[1]

上述的推导大多是凭借直觉，使用的数学概念很少。另有一种推导方式对一些人来说可能更容易接受，它使用了导数、偏导数、向量和矩阵等数学概念。

复合函数链式法则认为，$c(f(z))$ 相对于 x 的导数（用 $(c(f(z))'$ 表示）等于 $c'(f(z))*f'(z)$。这个复合函数的推导法则就是反向传播的基础。

示例讲解：

如果我们对 z 施加较小的扰动 dz，则 $f(z)$ 的输出的量将改变 $f'(z)*dz$。根据导数的定义——导数是当 dz 接近 0 时，比率 $f'(z)=[f(z+dz)-f(z)]/dz$ 的极限值。我们将等式的双方乘以 dz，得到：

$$f(z+dz)-f(z)=f'(z)*dz$$

也就是说，当函数 f 的输出受到 $f'(z)*dz$ 的干扰时，c 的输出将受到 $c'(f(z))*f'(z)*dz$ 的干扰。因此，$c(f(z))$ 的输出干扰与输入的干扰（dz）比为 $c'(f(z))*f'(z)$。它是 $c(f(z))$ 的导数：

$$c(f(z))'=c'(f(z))*f'(z)$$

---

[1] 为了能够像我们现在所做的这样在 Python 中操作多维数字数组，最好使用为实现此目的而提供的库之一，例如 Numpy 或 PyTorch。特别是 PyTorch，它包含许多执行本书中描述的操作的高效函数，并在必要时利用 GPU。http://PyTorch.org。

一个导数是两个无穷小的量的比：输出的扰动量除以输入的扰动量。如果函数依赖多个变量，则输出扰动量与某个特定变量的扰动量之比被称为偏导数。我们已经在上一章中见过这样的案例。

当函数不仅取决于多个变量，而且产生多个输出时，情况就变得更加复杂。

例如，一个线性层是具有多个输入变量和多个输出的函数。每个输出 $s[i]$ 是一个输入 $z[j]$ 以如下公式计算的加权和：$s[i] = \sum_{M \in 83 > L@} w[i, j] * z[j]$。我们可以通过一个程序来计算：

```
def lineaire ( z, w, s, UP ) :
    for i in range ( len ( s ) ) :
        s[i] = 0
        for j in UP[i] :
            s[i] = s[i] + w[i, j] * z[j]
    return s
```

层的权重可以被看作带有两个索引的数字数组：行索引 i 和列索引 j。数组本身可以被看作一个向量，其中每个元素本身也是一个向量：

$$[[w[0, 0], w[0, 1], w[0, 2], \cdots],$$
$$[w[1, 0], w[1, 1], w[1, 2], \cdots]$$
$$\cdots\cdots\cdots\cdots\cdots]$$

这个数字数组是一个矩阵。程序里的函数 lineaire（）计算的是矩阵 w 与向量 z 的乘积，得到一个向量 s，其维数为 w 的行数，向量中的元素为 w 的对应行与 z 的向量积。

我们能够在 PyTorch 中找到一个十分有效的函数做到这一点。

如果想要对一个有多个输入和多个输出的层（例如线性层）的网络进行梯度反向传播，那它必须符合某种形式的复合函数的求导法则，即应考虑到每个输出相对于每个输入的偏导数。

现在，让我们来解读一下如何在多层体系结构中使用复合函数的求导法则计算多层结构中的梯度。

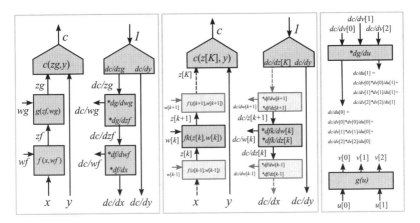

图 5-8　由互连的功能模块图表示的多层网络

在现代深度学习系统的阐述中，多层网络是一个互连的模块图，以损失模块为首。模块是可以有多个输入、多个输出和多个参数的任何函数。线性神经元的完整一层是一个"模块"。左图：该网络由两个模块组成，输出为 zf 的模块 $f\,(\,x,\,wf\,)$，其后接连输出为 zg 的另一个模块 $g\,(\,zf,\,wg\,)$。输出 zg 的成本模块 $C\,(\,zg,\,y\,)$ 与所需输出 y 的行比较。中图：更一般的网络示例，网络由一堆编号的模块组成。通过将函数 fk 应用于前一个模块的输出向量 $z[k]$ 及其参数向量 $w[k]$，可以得到模块号为 k 的输出（记为向量 $z[k+1]$）：

$$z[k+1]{=}fk\,(\,z[k],\ w[k]\,)$$

将给定成本函数相对于向量 $z[k+1]$ 的梯度，记为 $g[k+1]$，我们可以使用下面的公式计算成本相对于向量 $z[k]$ 的梯度，记为 $g[k]$（按照惯例，$g[k]$ 被视为行向量，而不是列向量）：

$$g[k]{=}g[k+1]*dfk\_dzk$$

其中 dfk_dzk 是函数 $fk\,(\,z[k],\,w[k]\,)$ 相对于 $z[k]$ 的雅可比矩阵，也就是说，该数组的每一项表示当对特定的输入施加干扰时 fk 的每个特定的输出被施加的干扰量。该矩阵包含对应每一对输出和输入的项。雅可比矩阵如右图所示。

想象一个如图 5-8 左侧所示的双层网络，每层都是带有参数的函数，其中第一层函数 $f(x, wf)$ 接受输入 x 和参数 wf 并产生输出 zf。第二层 $g(zf, wg)$ 获取第一层的输出和参数 wg，进而生成整个网络的输出 zg。成本函数 $C(zg, y)$ 度量网络的输出 zg 与所需输出 y 之间的差值。

假设我们已知 $C(zg, y)$ 相对于 zg 的梯度，记作 $dC(zg, y)/dzg$[①]。因为 $C(zg, y) = C(g(zf, wg), y)$，根据复合函数的导数法则，我们可以将其变形为：

$$dC(zg, y)/dzf = dC(zg, y)/dzg * dgz/dzf$$

又因为 zg 是 $g(fz, wg)$ 的输出，所以可以进一步将其变形为：

$$dC(zg, y)/dzf = dC(zg, y)/dzg * dg(zf, wg)/dzf$$

等号左边的项是一个向量，右边是两个导数的乘积，其中第一项也是一个向量，第二项是一个矩阵，即一个数字数组，跟我们上面讨论的权重矩阵一样，这个矩阵被称为雅可比矩阵。我们用索引 i 对雅可比矩阵的每一行进行编号，用索引 j 编号每一列。项 i、j 表示当模块 g 的 j 号输出相对该模块的 i 号输入施以扰动时产生的干扰量。在矩阵中，每对输入和输出都对应一个这样的项。该公式展示了如何通过模块反向传播梯度，只要我们知道如何通过向量计算其雅可比乘积即可，与模块 g 的内部结构无关。通过上述计算，我们得到了成本相对于模块 g 输入的梯度。模块 g 有两个参数（两组输入）：zf（f 的输出）和 wg（参数）。使用 g 相对于 wg 的雅可比矩阵，并通过与上述过程相似的操作，我们就可以获得 C 相对于参数的梯度：

$$dC(zg, y)/dwg = dC(zg, y)/dzg * dg(zf, wg)/dwg$$

如此，我们便获得了 wg 的梯度，并可以再次更新向量 wg。再通过以下计算，可以获得成本相对于模块 f 的参数 wf 的梯度：

$$dC(zg, y)/dwf = dC(zg, y)/dzf * df(x, wf)/dwf$$

等号右边的最后一项是模块 f 关于其参数向量 wf 的雅可比矩阵。

现在我们来思考更一般化的具有多个堆叠模块的网络示例，例如图 5-8 中的中图所示。网络由一连串使用索引 k 编号的模块组成。编号为 k 的模块是函数 $fk(z[k], w[k])$，其输出为 $z[k+1]$。假设我们知道成本函数相对于 $z[k+1]$ 的梯度 $g[k+1]$，可表示为：

$$g[k+1] = dC/dz[k+1]$$

再根据我们已知的复合向量函数的推导规则，可以将上边的等式写作：

$$g[k] = dC/dz[k] = dC/dz[k+1] * dz[k+1]/dz[k]$$

---

① 对专家来说，按照惯例，像 dC/dz 这样的梯度向量被视为线向量，即相对于常规向量的转置向量。这使得我们可以在右侧乘以一个雅可比矩阵。

其中最后一项是模块 k 的雅可比矩阵：
$$dz[k+1]/dz[k]=df\,k\,(\,z[k]\,,\ w[k]\,)\,/dz[k]$$
也就是说，矩阵的 i, j 项（第 i 行和第 j 列的位置）表示当输入 i 施加干扰时模块的输出 j 产生的变化量。

该公式是递归的：它适用于任何模块，可以根据给定的模块相对于其输出的梯度来计算模块相对于其输入的梯度。

通过逐步地将此规则应用于所有模块，从网络的输出开始，一直到输入，我们就可以计算出成本相对于所有 $z[k]$ 的梯度。同样，我们现在可以使用类似的公式来计算相对于参数的梯度：
$$g[k]=dC/dw[k]=dC/dz[k+1]*dz[k+1]/dw[k]$$
最后一项是模块 k 的雅可比矩阵：
$$dz[k+1]/dw[k]=df\,k\,(\,z[k]\,,\ w[k]\,)\,/dw[k]$$

从反向传播公式中我们可以得知：

1. 成本函数 C 相对于 k 层的输入（$k-1$ 层的输出）的梯度等于成本相对于 k 层的输出（$k+1$ 层的输入）的梯度乘以 k 层函数相对于其输入向量的雅可比矩阵。将该过程递归地应用于从网络的输出到输入，就可以计算出成本相对于所有层的输出（和输入）的梯度。

2. 成本函数 C 相对于第 k 层参数向量的梯度等于成本相对于第 k 层输出的梯度乘以第 k 层函数相对于其参数向量的雅可比矩阵。

这些公式代表了相互堆叠的模块结构中梯度反向传播的一般形式。当模块以更复杂的方式彼此连接时，只要确认模块之间的连接图没有循环，即没有回溯连接，那么就依然可以使用此方法。对于一个无回路的模块连接图，正序计算所有模块的输出，逆序反向传播梯度。

尽管有这样的小限制（在后续内容中我们会了解到，这些限制可以被去除），但需要承认的是，使用各种模块的可能性以及根据意愿随意布置模块的可能性为工程师提供了灵活的操作空间，使他们可以为特定的问题配置特定的网络体系结构。例如，为图像识别、语音识别、翻译、图像合成和文本生成而设计的网络体系结构都不尽相同。

7

打破异议

为了突出反向传播的新颖性，有必要打破其理论上的异议。有些人曾提出这样的想法：如果我们构建具有连续神经元的多层神经网络，并尝试通过梯度下降对其进行训练（正如我们在第四章中所述的内容），那么它就有可能陷入局部极小值。以山地景观为例来解释，我们的确可能身处小盆地，且无法下到山谷中。然而事实证明，在实践中，系统永远不会被困在半空（参见第四章图 4-5）。现在我们就来粗略了解一下原因。

为什么多层网络可以有多个最小值？当我们训练一个多层网络来完成一项任务时，几乎总是有几种权重的配置方法可以使网络在训练示例中给出完全相同的结果。想象一下，一个已经受到训练的具有两个线性层的网络（就实际应用而言，该网络不是很有效，但算得上一个很好的学习案例），其权重的配置使得成本函数取到了最小值。此时我们可以将第一层中神经元的所有权重乘以 2，同时将其输出并连接到下一层的所有权重乘以 1/ 2，该网络的输出依然保持不变。修改后的权重配置是解决该问题的另一种方法。如果原始配置使得成本函数达到了最小值，那么第二种方法也是如此。

我们可以用另一种方式改造网络。从第一层取出两个神经元并交换它们的位置，用它们拉动，并将它们连接到前一层和下一层的"线"（以及权重）。那么同样，尽管进行了转换，但网络的输入和输出函数仍然保持不变。如果原始配置使成本函数达到了最小值，那么第二种也是如此。由此可知，该函数具有多个最小值。

8

多层网络的魅力

在多层网络中，我们可以将前面各层视为特征提取器。但与常规方法不同，这种特征提取器不是"手动"设计的，而是通过学习自动生成的。这就是使用反向传播训练的多层网络的魅力所在。

现在，我们用具有两层结构的网络再次验证字母 C 和 D 的例子，看一看第一层中的各个单元是如何检测 C 和 D 的特征模式的。

我们已经知道，感知器的局限性之一是如果 C 和 D 的形状、位置或大小发生太大的变化，感知器将无法区分它们，这是因为对应于 C 和 D 的点不能再用超平面分离。

如果我们添加额外的一层，便不再有类似的困扰，第一层中的神经元就可以检测 C 和 D 的特征模式。

由于网络是通过反向传播训练的，所以这些检测器是自动创建的。它们会根据任务答案的需求自动定位有用的模式。例如，"一个连续的线段终止于两个端点"，此模式仅对 C 存在；而拐角的存在预示着图案为 D 而非 C。

案例中网络第一层的行为类似于特征提取器，第二层的行为类似于分类器，但所有层的训练是同步进行的，即学习是统一的。

在最简单的多层网络中，一个层级的所有神经元都连接到下一层的所有神经元上，当输入很多时，就会很不方便。设想一个 100×100 像素的图像（对图像来说并不是很大），即它具有 10000 像素。当我们将所有的像素都对应连接到具有 10000 个神经元的第一层时，那么输入和第一层之间的连接数就高达 1 亿个。这对单个层来说简直是天文数字！因此我们需要找到一种构建网络结构的方法，使其可以接受较大的输入（例如 1000 × 1000 像素的图像），而不会发生无法应对的情况。

根据所考虑的问题调整神经网络的架构是人工智能工程师的日常任务。总而言之，深度学习包括：

1. 通过配置和连接模块来构建多层网络的体系结构；

2. 利用反向传播计算梯度之后再通过梯度下降法训练该结构。

形容词"深度"仅仅是为了表达网络结构是多层的这个事实，别无他意。

如何设计一个网络结构使其适用于图像识别的任务呢？我们将在下一章讨论这个问题。

第六章

人工智能的支柱

在贝尔实验室，我开发了一种全新的多层网络体系结构，灵感来自科学家对哺乳动物视觉系统的研究成果。我们的实验室经理拉里·杰克尔将其命名为 LeNet，就如我的姓 LeCun 一样 [①]。这是卷积网络的第一个名字。

20 世纪 80 年代末 90 年代初是多层神经网络的繁荣时期：会议和科学出版物成倍增加，大学创造了很多相关的就业机会，政府对相关计划进行了投资……

但是在这 10 年的中期，相关研究被各界质疑，这是因为这种网络计算需要消耗大量的时间和成千上万的训练数据，并且操作起来极为复杂。

这一切直到 2012 年才发生转变。在一项国际竞赛中，卷积网络（特定类型的多层网络）出色地证明了其有效性。它们成为研究人员的宠儿和许多人工智能应用的基石，此后，它们在研究领域的重要性稳步增长。

---

① 我的姓应写为"Le Cun"，但在美国，"Le Cun"的"Le"经常被理解为中间名的缩写，以至我在科学文献引用中被写成了"Cun Y. L."。所以不在法国时，我会用一个词写我的姓"LeCun"。

1

2012 年的重磅炸弹

ImageNet 是计算机视觉研究领域中用于识别图像中的物体的一个数据库，是由斯坦福大学、普林斯顿大学和其他一些美国机构的学者联合开发的。

ImageNet 最广为使用的数据库 ImageNet-1 k 中包含 130 多万张图像，所有图像都经手工进行了标注，指明了图像所包含的主要物体的类别，一共大约有 1000 个类别。自 2010 年以来，ImageNet 每年都会组织一次 "ImageNet 大规模视觉识别挑战赛"（ILSVRC），不过所有人都习惯将其简单地称为 ImageNet。这是一个供研究人员就他们的图像识别方法一较高下的赛事。

比赛规则如下：对于每个图像，参赛系统必须在 1000 个类别中选出 5 个。如果这 5 个类别中存在正确答案，则判定系统回答正确。要知道，在这 1000 个类别中单单狗类的品种就有 200 种，而且这些品种中有一些还非常相近。由此可见，能够找出正确答案绝对是一项壮举。

在 2011 年以前，即便是最好的系统也会有 25% 的识别错误率。但在 2012 年，一支来自多伦多大学的由杰弗里·辛顿和他的学生组成的团队打破了这一纪录，将错误率降至 16%！他们是怎么做到的？后来得知，他们在系统中设计使用的大型卷积网络的灵感正是来自我的设计，而且是在 GPU 上编程运行的。GPU 是一种用于图形处理的卡，在运行卷积网络方面非常有效。

2013 年，所有人都闻风而动，比赛场中已经看不到其他方法了。革命仍在发展中。因为功能更强大的图形处理器和有助于研究的开源代码的出现，卷积网络开始彻底改变计算机视觉领域的研究。在很短的时间内，大量全新的应用成为可能：信息的分类和检索、自动驾驶汽车、医学图像分析、图像索引和检索、人脸和语音识别等。

回过头看，还真是很漫长的一段旅程！现在，让我们顺着记忆再走一遍。1982 年，当我还在巴黎高等电子与电工技术工程师学院时，大多数研究人员就已经放弃了对多层神经网络端到端的训练。他们接受了这样一个事实：仅有最后一层是"学习"的，其他操作皆由工程师手动完成。

1993 年，我在工作一开始时就将实验的重点放在了局部连接的网络上，该网络的结构是受到视觉皮层领域休伯尔和威泽尔的发现启发而设计的（参见第二章"狂热的疯子"相关内容）。反向传播、福岛邦彦的认知神经元、两位神经生物学家的理论，所有这些都在我去杰弗里·辛顿在多伦多的实验室做博士后时深深地刻在了我的脑海里。

2

视觉系统的信息处理

简单细胞

让我们花点时间，把视线转向休伯尔和威泽尔所阐述的视觉系统中的信息处理。他们发现，识别物体的过程是从视网膜到颞下皮层分阶段进行的，且遵循"腹侧通路"。例如，当我们看到一把椅子时，视觉信号经过初级视皮层 V1 中的连续过滤器，随后通过区域 V2，再通过 V4，最后在颞下皮层中激活一组代表椅子的概念的神经元。在常规的视觉任务中，信号在不到 100 毫秒的时间内不间断地传播，它的速度是如此之快，以至无法使用连接中许多可用的循环。

在 V1 中，成束的大锥体神经元（50~100 个）连接到一块很小的视野区域，我们称之为"感受野"。神经元的感受野是其接受输入的视野区域，相当于有 50~100 个神经元"看着"相同的一个感受野。我们假设有 60 个神经元，每一个神经元都会对一个简单的模式做出响应。1 号神经元对垂直轮廓做响应，2 号神经元对与垂直方向呈 6 度角的直线做响应，3 号神经元对与垂直方向呈 12 度角的直线做响应……第 60 号绕表盘一周。总之，该"束"中的每一个神经元都对连接到该"束"感受野中的呈现不同轮廓的线和方向做出反应。这些神经元对于元素的大小也可以做出反应。这不得不让我们想起特征提取器的原理。

休伯尔和威泽尔也曾解释说，初级视觉皮层的区域起着特征提取器的作用（我们在第三章和第五章都讨论过）。

如果我们取相邻的神经元束，它的感受野相比前一个神经束略有偏移，不过同样有一个1号神经元和一个60号神经元（见图6-1）。需要注意的是：休伯尔和威泽尔所说的简单细胞和复杂细胞就是我在本书中所描述的神经元。该束中的1号神经元与相邻束中的1号神经元起着相同的作用。一束束大锥体神经元连接到视野区域内的所有感受野，数百万的1号神经元都能检测到相同的模式，只不过针对的是图像的不同部分。

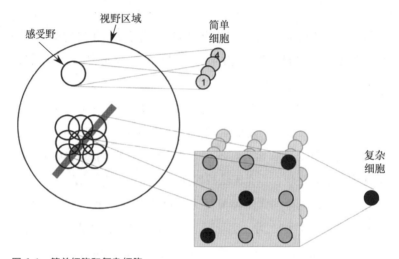

图6-1　简单细胞和复杂细胞

哺乳动物的初级视觉皮层V1的区域包含简单细胞和复杂细胞。每个简单细胞都会在被称为"感受野"的输入中的一个小窗口中检测到模式。这些细胞排列在被称为"特征图"的平面上。相同特征图的所有细胞在输入图像的不同位置检测同样的模式。每个特征图检测的模式与其他特征图检测的模式不同。具有相同感受野的所有特征图的细胞检测不同的模式，例如第一个检测45度的一个边缘，第二个检测水平边缘，第三个检测到另一个角度，等等。复杂细胞会聚集来自一个小窗口的简单细胞的响应。当模式在输入端稍微移动时，复杂单元的响应几乎没有变化或根本没有变化。

　　如此一来，整个视野都被大锥体神经元覆盖，它们的感受野部分重叠，如同屋顶上的瓦片一样，并且全部执行相同的操作：在所有的感受野中检测非常小的、非常简单的模式。这数百万个神经元就是所谓的简单细胞。

视野的中心部分是对象识别区域，这就解释了为什么我们必须将视线聚焦在特定的对象上才能识别它。例如，我画一个圆，然后请一个人看着圆心而不要移动视线，那么这个人在左右两侧看到的是垂直的轮廓，在底部和顶部看到的是水平的轮廓，在两者之间看到的是所有方向的轮廓。

如果在 V1 中放置电极 —— 休伯尔和威泽尔是用猫做的实验——我们将会观察到什么？在观测圆圈左侧感受野的神经元束中，1 号和 30 号的垂直边缘检测器的神经元会被激活；同样，在观测圆圈右侧感受野的神经元束中，1 号和 30 号的神经元亦会被激活，因为它们也在检测垂直轮廓；而在观察圆圈顶部的神经元束中，检测水平轮廓的 15 号和 45 号神经元会被激活。

复杂细胞和池化

在 V1 中，复杂细胞（另一类神经元）会整合来自相同类型的相邻简单细胞的响应：一个复杂细胞整合一个小邻近区域的所有 1 号神经元，另一个整合所有的 2 号神经元，依次类推。这个聚合操作可以计算简单细胞输出的平均值，或者简单地计算出它们中的最大值。

如果垂直轮廓线稍微移动会发生什么呢？与不同感受野相关联的那些 1 号简单细胞会在垂直轮廓线移动时被逐步激活。由于一个复杂细胞在一个小邻近区域内整合了所有的 1 号简单细胞，因此它们会被连续激活，直到垂直轮廓线移出与该复杂细胞相关联的感受野。当然，观察 1 号简单细胞的复杂单元也会获得垂直轮廓的信息，不管后者出现在小区域内的哪个位置。这就意味着，复杂单元可以在一定的位置偏差内检测出模式。这种关键的聚集机制（又称为池化）解释了不变性。由此可以得知，一个 V1 复杂细胞的感受野大于一个 V1 简单细胞的感受野。

但是，如果模式移动幅度过大，以至离开了复杂细胞的感受野（该复杂细胞整合的简单细胞的感受野），复杂细胞就会关闭。休伯尔和威泽尔认为此连接模式在 V2 和 V4 中会重复出现，只是没有证明这一点。

总而言之，计算数百万个检测垂直线的 1 号神经元的操作便是一个"卷积"。

总结

在 V1 中，每束中的每个神经元（或简单细胞）对特定方向的一条线做出响应。

• 数百万个由 50 ~ 100 个神经元组成的束覆盖整个视野，并连接到全体感受野。

• 数百万个神经元在视野的不同位置检测到相同的模式。

• 在 V1 中，复杂细胞也会从相同类型的简单细胞（例如，检测不同但位置邻近的垂直轮廓的神经元）处获得一束响应，并计算这些响应的平均值。

• 复杂细胞对图像模式的微小变化产生响应，池化通过响应来实现不变性。这些微小的变化可能源自物体在视野中的平移、轻微的旋转或变形。

休伯尔和威泽尔在视觉皮层上的发现为人工智能领域的研究提供了两个思路。

1. 局部连接。视觉系统第一层中的神经元仅连接到图像中的一个小区域，即一小块像素——感受野。

2. 在视野上（也就是在整个图像上）进行重复操作。具有不同感受野的几个神经元在不同的位置检测相同的模式。

定向选择性（神经元对定向的敏感性）和复杂细胞的存在是休伯尔和威泽尔获得诺贝尔生理学或医学奖的最主要的两个发现。

3

有远见的东京科学家

日本研究员福岛邦彦发明的机器使用了休伯尔和威泽尔的模型架构，即信号在连续的简单和复杂神经元层之间无环推进。详细来说，就是福岛邦彦采纳了将简单细胞连接到一小部分视野的理念和复杂细胞的理念，后一理念认为复杂细胞整合上一层被激活的简单细胞，从而可以构造一个（相对小的变形而言）不变性表征。这位来自东京的科学家制造了两个版本的机器：20世纪70年代的认知机和80年代初的神经认知机。

神经认知机是用于识别简单形状的多层网络，它由简单细胞层和复杂细胞层交替堆栈组成。神经认知机的简单细胞精密地堆砌在一起，符合生物学机制，因此能使网络正常工作。它们计算输入的加权和，并通过一系列复杂的操作计算结果。对于这些操作，我们在这里暂不赘述。神经认知机还使用了复杂细胞层的亚采样，对于这个概念，等到介绍卷积网络的部分时我们再进行详细解释。

福岛邦彦使用了与感知器非常相似的算法来训练系统的最后一层，只不过他的机器并没有进行端到端的训练。他之所以不用反向传播，理由也很充分，即当时反向传播还没有被发明。中间层通过无监督的"竞争"方法被训练。我们在此也不进行具体描述。为了使系统正常工作，福岛邦彦必须手动对该模型的大量参数进行调整。也许福岛邦彦想严格模拟生物学状态？无论如何，机器的运转结果总是令人不甚满意。

2006—2012年，即卷积网络革命之前，科学界并没有高度重视福岛邦彦的研究成果。但是，计算机视觉领域的研究人员从另一个角度验证了他的方法！同福岛邦彦一样，他们的灵感也是源于休伯尔和威泽尔有关简单细胞和复杂细胞领域的发现。计算机视觉研究人员发明的特征提取器被赋予了诸如 SIFT（尺度不变特征变换）或 HOG（方向梯度直方图，发明于法国）之类好听的名字，它们执行的操作与简单细胞和复杂细胞非常相似。只不过这些操作都是人工编写的，而不是系统习得的。

4

科学界方法之争

1986 年，正在攻读博士学位的我放下了 HLM 的研究工作，开始专注研究反向传播。出于从休伯尔、威泽尔和福岛邦彦工作中得到的收获，以及对哺乳动物视觉皮层研究的迷恋，我设想了一个多层网络架构，能够将简单细胞和复杂细胞的交替以及反向传播训练结合在一起。在我看来，这种类型的网络非常适合用于图像识别。后来，我将其命名为卷积网络，即卷积神经网络（convolutional neural network），有些人将其缩写为 CNN，但我更喜欢把它叫作 ConvNet。

我在 1987 年产生了这个想法，可惜当时没有实现它的软件，因为它们还没有被发明出来！当时我正忙于写博士论文，有位来自巴黎综合理工学院的学生莱昂·博图与我联系，他想做关于反向传播的毕业实习论文，我提出让他帮我编写一个用于构建和训练新型神经网络的软件。这个软件要能实现局部连接和参数共享，这是卷积网络和另一种被称为循环网络的软件得以实现的基本要素。卷积网络和循环网络，是两个全新的概念！

莱昂负责编写一个 LISP 解释器，对系统来说，它是一个不可或缺的模块。有了它，机器便可以更灵活地与计算软件交互。莱昂在编写软件方面有着超凡的天赋，仅用几周的时间就完成了解释器的编写工作，这才使我能在 7 月飞往多伦多时，把它一同带了过去。

1987 年 7 月，我带着这个简易版的模拟器和脑海中的想法，来到了由大名鼎鼎的杰弗里·辛顿领导的位于多伦多的实验室。辛顿主要进行心理学、人工智能、认知科学和神经科学的交叉研究。

在接下来几个月的时间里，我继续开发手中的软件，用来构建卷积网络并对网络进行训练，观察它们如何工作，等等。这些工作为实现神经模拟器和其他一些想法打下了基础。当时，莱昂刚刚完成了在巴黎综合理工学院的学业，去了奥赛①，开始攻读语音识别神经网络方向的博士学位。

1988 年春天，我建立了第一批卷积网络，并在少量数据上对其进行测试（见图 6-2）。同时，身在法国的莱昂将卷积网络应用到了语音识别。1988 年夏天，他来到了多伦多跟着我实习。我们对于自己所做的工作很有信心，坚信它有光明的未来。我们将新软件命名为神经模拟器。

当时，在没有公开数据的情况下，我利用自己制作的一个少量的手写数字数据集，成功运行了卷积网络（我编写了一个小程序，它可以用计算机鼠标绘制数字）。数据集一共有 12 个版本的 0 到 9 这 10 个数字，我把每个数字置于图像中 4 个不同的位置上：顶部、底部……因此我总共有 480 个示例（见图 6-3）。我承认这个数据集的示例数很少，是玩具级的数据，但同时需要说明的是，当时收集或获

---

① 即巴黎第十一大学（也称巴黎南大学）奥赛（Orsay）校区。在法国，人们习惯用地点指代该大学。巴黎第十一大学于 2020 年更名合并成为巴黎萨克雷大学。——译者注

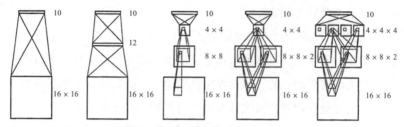

图 6-2　卷积网络的第一批实验中使用的网络体系结构

从左到右：单层网络，两层网络，具有局部连接的三层网络，但没有权重分配。三层网络中的第一层是卷积的（具有权值共享的局部连接），第二层是具有无权值共享的局部连接，三层网络中前两层有权值共享。

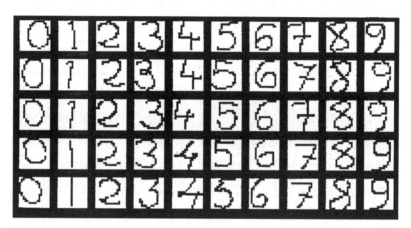

图 6-3　为训练第一批卷积网络使用的小型数据集

这是我用鼠标写的小型数字数据集中的一些示例，我利用这些数据训练了第一个卷积网络。它包含 10 个数字（从 0 到 9），每个数字有 12 个版本。每个数字都在 4 个不同的水平位置平移了几个像素。总共为 480 个示例，其中 320 个用于模型训练，120 个用于模型测试。

取数据是一件非常困难的事，图像扫描设备更是稀有且昂贵。

　　事实证明，我构建的新架构非常适合识别这种类型的图像。它证实我的设想是可行的，甚至明显比其他类型的完全连接的网络（一层的所有神经元全部连接到下一层的所有神经元的神经网络）还要好：

ConvNet 在测试集上的成功率高达 98.4 %，而全连接网络的成功率为 87 %。

我在 1988 年秋天发布了相关工作的技术报告。那时候我已经加入贝尔实验室，并立即开始着手研究 ConvNet 的一个实际应用：邮政编码的识别。当时我只用了不到两个月的时间便取得了第一阶段的成功。

此后不久，我和同事发现了一个很关键的细节：卷积网络可以在包含多个字符（例如完整的邮政编码）的图像上进行训练，而且无须预先将这些字符分开。对普通人来说，这似乎微不足道；但对我们而言，这是本质的差别！在此之前，所有的识别方法都有一个硬性要求，那就是要把待识别的字符切分开来，进行单个识别。现在，我可以使用卷积网络识别整个单词，不用告诉它单个字母的位置，它便可以输出一系列的字符。

我们很快与贝尔实验室的一组工程师合作，开发了一种支票读取系统，并由当时 AT&T 的子公司 NCR 推向市场。几年下来，它就读取了美国境内 10 %~20 % 的手写支票。

当我们获得了这些成功时，机器学习领域的研究已经不再使用神经网络了。不过这是科学界方法之间的竞争问题：我们实验室发明的 SVM，另一个贝尔实验室小组发现的提升算法、概率算法……这些方法在 1995—2010 年成为业内做研究的主流。

5

卷积网络全貌

什么是卷积网络

经过以上的铺垫，现在是介绍卷积网络的时候了！这是一种特殊类型的神经网络，它使用了特定的连接架构，即模仿了由休伯尔和威泽尔发现的视觉皮层的简单细胞和复杂细胞的层次结构，以及结合了我们在上一章讲过的端到端的梯度反向传播训练。

与其他网络一样，它的学习过程依然是将目标函数降至最小值。与众不同的是网络的体系结构，即其内部结构。卷积是此体系结构的一个组成部分，是一种数学运算，它被广泛应用于信号处理，与视觉皮层简单细胞执行的计算相似。

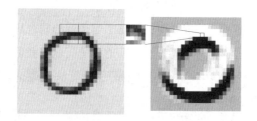

图 6-4 卷积

图像中一个窗口的像素（此处为 25 个像素，5 × 5 像素）的加权和是通过被称为卷积核的一组 25 个权重（如中间所显示的样子）来计算的。在输入的所有可能窗口上重复该操作，并将结果写入相应位置的输出图像。

卷积网络的训练方式是反向传播。经过训练的网络权重最终能够学会检测特定的模式，比如垂直线、水平线、颜色等。

假设我们的输入表是一个图像。想象有一个 5 × 5 像素的小窗口，我们将其定义为"感受野"。神经元 N1 计算其加权和得到一个数字，并将该数字写入输出数组中。

现在，我们将 5×5 像素的窗口向右移一个像素，第二个 N1 神经元使用与前一个神经元相同的权重计算新窗口像素的加权和，将新的结果写在输出数组中与前一个数字相邻的位置。接下来，我们对整个输入图像的所有 5×5 像素窗口重复上述的操作。因为我们只移动了一个像素，所以相邻的窗口之间会出现部分重叠。这样，我们就得到了一个输出图像。

由于 N1 神经元的权重相同，所以它们会在图像的所有位置检测到某个特定的模式。为什么要强制它们具有相同的权重呢？因为某类独特的模式可能出现在图像的任何位置。相同的权重可以确保在图像中的任何位置都能检测到该模式。这里要注意一点：正是权重的配置才使神经元得以识别出模式。比如，根据猫的姿势和猫头在图像中的位置，能够判断猫的眼睛或耳朵会出现在图像中的不同位置上。

为了检测另一种模式，我们需要另外一组神经元 N2，它们以与 N1 不同的权重执行相同的操作。

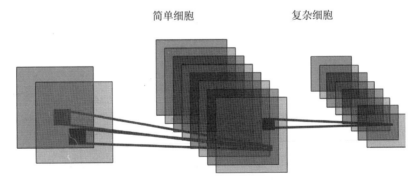

简单细胞　　　　　　　复杂细胞

图 6-5　ConvNet 的卷积层和池化层

一个卷积层取一个或多个特征图作为输入（此处为 2），并输出多个特征图（此处为 8）。每个特征图都是将不同的权重应用于输入特征图的卷积和，这使它可以检测输入中的模式组合。每个特征图使用不同的权重集。

同一系列神经元的加权和比较特殊，因为它们的权重相同。所有的 N1 神经元具有相同的 25 个权重；所有的 N2 神经元拥有相同的 25 个权重，但与 N1 的权重不同。依次类推。

如果是 1000 × 1000 像素的图像，也就是 100 万个输入像素，100 万个 5 × 5 像素的窗口以及 100 万个 N1 神经元，每个神经元在不同位置检测到相同的模式。N2、N3 也是如此，依次类推。

由此可知，输入表和输出表的大小显然是相同的。

说明：如果权重足以检测到垂直线（见图 6-1），那么有 100 万个神经元将在图像上的 100 万个 5 × 5 像素的窗口中检测到垂直线。这个过程给出了一类图像，我们称为特征图。

特征图会指明在这 100 万个位置中是否存在垂直线，而这 100 万个神经元的计算结果形成了输出表和下一层的输入。为了能够检测多种特定的模式类型，我们需要多个不同权重组合的特征图。

60 个特征图相当于休伯尔和威泽尔理论中的 60 个简单细胞。每个窗口由 60 个神经元"查看"，这些神经元会将它们的输出投射到 60 个特征图中。每个窗口内都有 60 个神经元用于检测。如果有 100 万个窗口，每个窗口有 60 个神经元，那么总共有 6000 万个神经元。

在我们的示例中，一个卷积被定义为一个含有 25 个权重（5 × 5 像素）的列表。我们将此列表称为卷积核。

对于有兴趣的读者，我们提供了一个卷积小程序：

```
# 将数组 x 用内核 w 卷积。
# 结果累加在数组 y 中。
# 这三个数组都是二维的。
def conv ( x, w, y ):
    for i in range ( len ( y )): # 行循环
        for j in range ( len ( y[0] )): # 列循环
```

```
            s= 0
            for k in range（len（w））:
                for l in range（len（w[0]））:
                    s=s+w[k，l]*x[i+k，j+l]
            y[i，j]=y[i，j]+s
        return y
```

卷积层将一个或多个特征图作为输入，并生成多个特征图作为输出。每个输出特征图都是对输入特征图施以不同的内核而得到的卷积和。下面的小程序计算了一个完整的卷积层：

```
    def convlayer（X，W，Y）:
        for u in range（len（Y））:  # 对 Y 的特征图循环
            for v in range（len（X））:
                conv（X[v]，W[u，v]，Y[u]）
```

为了教学，我们在此给出了程序。实际上，这些功能都已经在深度学习软件（例如 PyTorch 和 TensorFlow[①]）中被预设好了。

在卷积网络中，卷积操作之后便是激活函数层。在现代版本中，此激活函数为"ReLU"（参见图 5-3）。因为权重可能为正值，也可能为负值，所以通过卷积生成的特征图具有正值和负值之分。当它通过 ReLU 层时，ReLU 会将负值设置为零，正值保持不变。ReLU 层的输出也叫作特征图。这种非线性操作使系统可以检测出图像中的模式。

设想一个画面：一个人正在使用计算机工作，他所在房间的墙纸是米色的，带有灰色条纹。这个画面上具有许多清晰的轮廓，例如相对墙壁来说，计算机屏幕边缘的轮廓会很清晰。但是有些轮廓则不那么清晰，例如墙纸的条纹，它们之间的对比度就不是很清晰。如果一个卷积检测到垂直轮廓，那么对应计算机屏幕边缘的输出较大（对比

---

① 参见 PyTorch.org 和 TensorFlow.org。

度高），而对应墙纸的纹路较小（对比度低）。当我们通过 ReLU 传递这些特征图时，清晰的轮廓将得以显示，其他轮廓会被设置为 0。经过这样的处理，系统就可以检测到重要的信息。但是，由于有 60 个神经元都在看相同的点，所以我们可以调度其中的一个，使这个神经元相对其他 59 个而言，能够用以检测比较模糊的边缘。

一般来说，ReLU 层之后是池化层，该层的操作类似于休伯尔和威泽尔理论中的复杂细胞的操作。ReLU 层输出的特征图被划分为多个窗口，或者说是图块，例如大小为 4×4 的图块，它们互不重叠。如果特征图的大小为 1000×1000，则会有 250×250 个大小为 4×4 的图块。池化层中的每个神经元都会计算一个对应窗口的最大值，也就是说，如果一个窗口有 16 个数字，神经元会把这 16 个数字中的最大值作为输出。这就是最大池化。每一个特征图中的每个窗口都有一个这样的神经元，因此，该层的输出将有 60×250×250 个神经元。

这个过程的目的是什么呢？池化可以产生输入图像模式的一个不变性表征（相对于小的位移而言）。最大池化的作用是在输入中找到最大值，即感受场中最强的模式。如果此模式移动一个或两个像素，但仍旧停留在池化神经元的同一窗口中，则该神经元的输出保持不变。

一个卷积网络是由卷积层、ReLU 层和池化层堆栈组成，典型的架构为：卷积→ ReLU →池化→卷积→ ReLU →池化→卷积→ ReLU →卷积。

如今，一个卷积网络可以包含 100 个这样的层。例如，图 6-8 中显示了 ResNet-50 网络的简略版 ResNet-34，ResNet-50 就是一个标准的卷积网络。这种类型的网络包括各层相互连接中的"快捷连接"。它是由微软亚洲研究院的研究员何恺明于 2015 年提出的。之后，何恺明加入了位于加利福尼亚州门洛帕克的 FAIR 团队。

在相关领域的研究团队中，人们一直致力于寻找一种可以在

ImageNet 上提高识别效率的卷积网络体系结构，使识别最简洁，计算的时间成本最低。

总结

神经网络的连接体系结构，即各层神经元的组织以及神经元之间的连接是确定的。但是权重，即加权和的参数是不确定的，它们可以通过学习来确定。

在卷积网络中，梯度反向传播会调整权重，使不同层中的神经元能够检测出对识别输入图像至关重要的内容。当我们训练卷积网络用来识别自然图像中的物体时，第一层的一些神经元学会了检测定向轮廓，这与神经科学领域的研究人员在视觉皮层中观察到的结果非常相似。

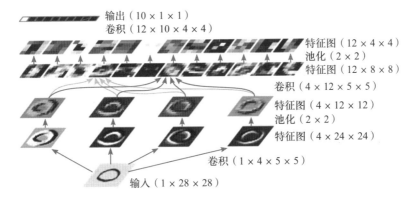

图 6-6 卷积网络

卷积网络由三种类型的层堆栈组成：卷积、非线性激活函数以及结合亚采样的池化。在这里，第一层由 4 个特征图组成，每个特征图使用一组权重（在此示例中为 5 × 5）对输入图像进行卷积。该结果通过一个激活函数。类似于复杂细胞，下一层的每个特征图都会汇总来自上一层中相应特征图的小窗口中神经元的响应。池化层输出的分辨率低于其输入的分辨率，这使得输入图像的特征模式在发生微小变化的情况下具有鲁棒性。在下一层中，每个特征图都会对上一层的所有特征图进行卷积，并将结果相加。紧随其后的也是一个池化层。这样各层堆叠直到输出。

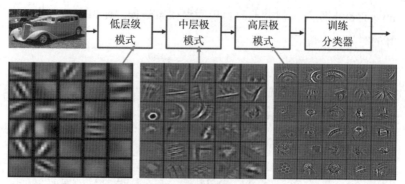

图 6-7　可视化卷积网络不同层级上的单元检测到的模式

第一层的模式与神经生物学家在哺乳动物的视觉皮层中发现的模式非常相似。

资料来源：蔡乐（Zeiley）和弗格斯（Fergus），美国纽约大学。

图 6-8　何恺明的 ResNet-34 卷积网络

顾名思义，它有 34 层（不包括激活函数）。其独特之处在于它具有称为残差连接的"跨越"连接，它使成对的层快捷连接。它的同族网络 ResNet-50 已成为图像识别的标准。

资料来源：何恺明

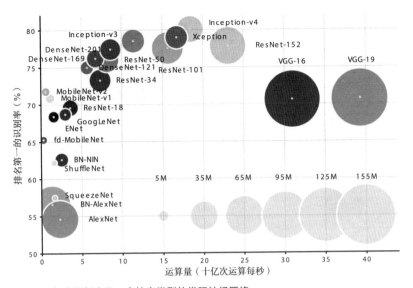

图 6-9　每个圆都表示一个特定类型的卷积神经网络

x 轴上表示的是计算图像输出所需的运算量（单位：十亿）。y 轴上表示的是 ImageNet 上排名第一的识别率。圆圈的大小代表参数的数量（单位：百万），即对内存的占用。

资料来源：阿尔弗雷多·坎齐亚尼，美国纽约大学

目标检测、定位、分割和识别

从 20 世纪 90 年代初起，我们就意识到，卷积网络可以轻松地在完整的图像上同时进行检测和识别工作，具体做法是将网络应用在图像的滑动窗口上。由于卷积网络的特性，该方法十分快速且有效。

这个想法的第一个应用是识别手写单词：单词或邮政编码的字符之间经常挨得很近，很难将它们分开单独识别。现在，我们需要做的就是在整个单词上从左向右滑动卷积网络的输入窗口（见图 6-10）。

对于输入窗口的每个位置，网络会对应生成位于窗口中心位置的字符的类别。只需调整网络层的大小以适合输入窗口的大小并计算整个图像上的卷积（图见 6-10 和图 6-11），一个卷积网络便可以轻松

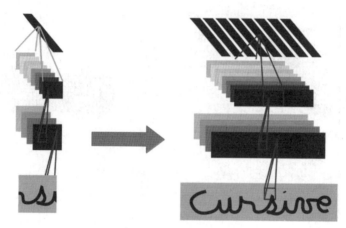

图 6-10　卷积网络在带有滑动窗口的大图像上进行目标检测

一个小型网络（左）被训练识别单个目标。通过在图像上滑动输入窗口，可以轻松地将网络应用于较大的图像。但这个操作可以通过扩大网络层的方式非常有效地进行调整，以适合输入的大小。两个相邻的输出向量能"看到"两个像素偏移的输入窗口。

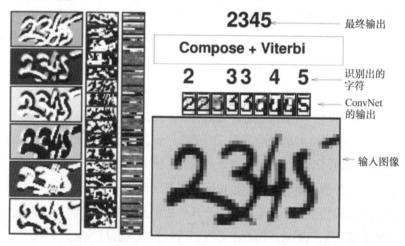

图 6-11　用于检测、定位和识别图像中多个目标（此处为手写数字）的一个卷积网络

左图各列表示网络三层中各单元被激活。对于输入窗口的每个位置，输出的序列指示了对该窗口中数字所属的类别的识别结果，后部处理模块从中提取到得分最高的字符序列。该原理将在这之后广泛地应用于自然图像中物体的检测。

地计算所有可能的输入窗口。网络的输出是一系列向量，其中每一个都受输入中不同的窗口影响。

产生滑动窗口的想法后，我就开始使用卷积网络来检测图像中的对象。原理如下：假设检测的目标是判断图像中是否存在面部图像，我们事先收集一些照片，其中有些图片中包含面部图像，有些则不包含。接着对每张照片进行检查，并手动地将每个面部图像用一个正方形框起来。计算机记录下正方形的位置，提取正方形所圈出的面部缩略图，并将其标准化，例如 32×32 像素。另外，它还会在不包含面孔的图像中以随机位置和大小收集大量的正方形缩略图。收集完成后，我们就有了一些包含面部图像的缩略图和一些不包含面部图像的缩略图。这些缩略图作为我们训练一个卷积网络的示例，对有面部图像的缩略图生成 +1，对其他缩略图生成 0。

训练完成后，我们可以通过调整网络层的大小以适应大图像的输入，例如 1024×1024 像素。现在，系统的输出是一个介于 0 和 1 之间的数字数组，它们表示输入中的 32×32 像素的窗口中相应位置有存在面部图像的可能性。这样，我们就可以在图像中发现很小的面孔。但是如何检测大于 32×32 像素的面部图像呢？很简单，只需把相同的网络应用于缩小后的图像（例如，减少一半到 512×512 像素）即可。缩小后，64×64 像素的面部图像变成了 32×32 像素，这样就适用于我们的网络了。接下来，我们进一步缩小图像并应用于网络：256×256 像素、128×128 像素、64×64 像素，最后是 32×32 像素。在最后一个尺寸下，填充整个初始图像的面部就可以被检测出来了。

这种方法非常有效。稍后，我们会用它来定位行人和其他物体。如今，这类技术被用在自动驾驶汽车的感知系统中，用以检测、定位和识别车辆、行人、骑自行车的人、道路标志、交通信号灯和各种障碍物。

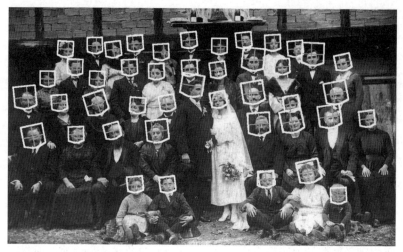

图 6-12 多尺度滑动窗口卷积网络的面部检测结果

该系统是我 2003 年在普林斯顿的 NEC 研究所担任研究员时开发的,它不仅可以检测面部,还可以估计面部朝向。这个示例是我外公外婆在 20 世纪 20 年代初的婚礼照片。我外婆是在 20 世纪 20 年代末德国占领期间的阿尔萨斯长大的,她在第一次世界大战结束时来到巴黎,那时她一句法语也不会讲。

资料来源:作者的个人收藏

基于卷积网络的语义分割

语义分割旨在对图像中每个像素所属的对象类别进行标记。它与目标检测不同,后者是在输入窗口中心检测到相关目标时,网络输出就会被激活。如果不想检测到外部目标,而仅仅想检测图像中的某个区域(例如草、树叶或道路上的沥青),那么就适合使用语义分割。比如,一辆自动驾驶汽车需要标记出道路图像的所有像素,以便分辨出从哪里走不会遇到障碍物。而对一个乳腺 X 光造影分析系统来说,最有用的功能就是标记出所有可疑肿瘤的像素。在这样的情形下,滑动窗口原理就有了用武之地。下面是一个示例。

2005—2009 年,我和我的学生跟一家位于新泽西的小型公司

Net-Scale Technologies 合作了一个移动机器人项目，该公司的创始人是我在贝尔实验室的一位前同事，名叫乌尔斯·米勒（Urs Muller），他是瑞士人。这个名为 LAGR（应用于地面机器人的机器学习）的项目由 DARPA 资助。我们设计的机器人的视觉系统使它可以在户外移动，它使用的就是滑动窗口的卷积网络进行的语义分割。[①]

图 6-13　LAGR 移动机器人（左上方）具有自主性并通过 4 个摄像头感知世界

该机器人有两对立体摄像机，可以用它们捕获一对图像（左下角是一个图像）。第一个视觉系统使用所捕获的两个图像之间的差异来估计每个像素与摄像机的距离。这使它可以知道图像的一个特定像素是否是地面的突起，从而知道它是否属于一个障碍物或一个可通行区域（底部中间图像：可通行区域清晰，障碍区黑暗）。此方法在大约 10 米的范围内效果很好（中间图像的明暗区域停止在 10 米左右）。一个训练好的卷积网络（右上）根据图像的像素属于可通行区域还是障碍物来标记图像的像素，但是它也可以用于没有距离限制的单张图像（右下角）中的场景标记。

①　Raia Hadsell, Pierre Sermanet, Jan Ben, Ayse Erkan, Marco Scoffier, Koray Kavukcuoglu, Urs Muller, Yann LeCun, Learning long - range vision for autonomous off - road driving, *Journal of Field Robotics*, 2009，26（2），pp. 120 – 144．Pierre Sermanet, Raia Hadsell, Marco Scoffier, Matt Grimes, Jan Ben, Ayse Erkan, Chris Crudele, Urs Miller, Yann LeCun, A multirange architecture for collision - free off - road robot navigation, *Journal of Field Robotics*, 2009，26（1），pp. 52 – 87．

该网络将图像的每个像素分为三种可能的类别：可通行区域、无法逾越的障碍物和障碍物边角（可通行区域与障碍物之间的边界）。具体确定类别的做法是：在图像上放置一个窗口，并为窗口的中心像素生成一个类别，以此作为上下文来辅助决策。当我们在所有的窗口上使用了该网络后，整个图像就被完全标记了。在这种情况下，机器人就可以据此规划出一条到达目标的路径，同时避开所有障碍物。

该系统的优势在于：所有标签都不是人为提供的，而是由立体视觉系统自动计算得出的。得益于配备的两对摄像机，机器人可以像人眼一样，从两个略有不同的角度捕获每个场景的两个图像。我们利用了一种传统的立体视觉方法，从两张图像中计算出每个像素的差异，即场景中特定位置在两个像素中的位置差异。差异越大，相关位置离摄像机越近。

此项技术同样可以应用于构建场景的 3D 图，以此得知在地面上的物体（可通行的）以及地面突起的物体（障碍），只不过它仅适用于 10 米之内的近距离的地方。再远一些，那么两张图片之间的差异太小（小于一个像素），对于距离的评估不再有效。通过以上过程，我们可以得到"可通行区域"或者"障碍物"的标签，并以此来训练卷积网络。网络通过一个像素的周围环境来确定它是否是障碍物：是一条土路、灌木丛还是树干？像素的周围区域使我们能够识别其所属目标物的性质。一旦经过训练，该网络就可以应用于整个图像，并能检测任何距离之外的障碍物或路径。

2009 年，使用滑动窗口的卷积网络进行语义分割的想法催生了一个视觉系统的诞生，该系统中图像的每个像素都被标记为一个种类，一共有 33 个种类，例如道路、建筑物或汽车等。[1] 如今，这种

---

[1] C. Farabet, C. Couprie, L. Najman, Y. LeCun,Learning hierarchical features for scene labeling, *IEEE Transactions on Pattern Analysis and Machine Intelligence*, 2013 , 8 (35), pp. 1915–1929 .

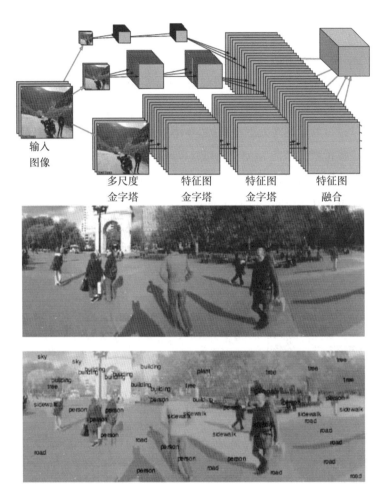

输入
图像

多尺度
金字塔

特征图
金字塔

特征图
金字塔

特征图
融合

图 6-14　a. 用于语义分割的卷积网络体系结构（上）

　　　　　b. 在街景上的应用结果（下）

语义分割旨在将图像中的每个像素标记为其所属对象或区域的类别。像素的类别取决于其背景，例如道路上或天空中的灰色像素只能通过其背景来识别。ConvNet 具有三个通道，可以在三个不同的比例上观察图像。每一个通道都在其输入中的 46 × 46 像素的窗口上提取一种表示。网络输出是中心像素的类别。在很大程度上，窗口覆盖了几乎整个图像，为中心像素的类别判定提供了广阔的上下文信息。

资料来源：法拉伯特（Farabet）等，2013 年，美国纽约大学

方法已经广泛应用于自动驾驶汽车的视觉系统中（参见第七章相关内容）。

此外，这些方法同样可以用于分割生物学或医学图像。2015年，当时在麻省理工学院的塞巴斯蒂安·承（Sebastian Seung）重建了一块兔子视网膜的神经元回路，而视网膜的三维图像是通过电子显微镜获取并经过卷积网络处理得到的。[①] 我在纽约大学的同事则将卷积网络用于标记髋关节的MRI（核磁共振成像）。如今，卷积网络存在于大多数的图像识别系统中。

在短短几年时间内，视觉研究界在目标检测和定位方面就取得了长足的进步。其中最先进的当数FAIR的Mask R-CNN（一个通用对象实例分割框架）和RetinaNet，它们的代码都是开源的（见图6-15和图6-16）。[②]

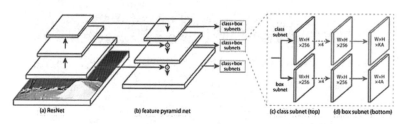

图6-15　RetinaNet：一种用于目标检测、定位和识别的卷积网络体系结构
RetinaNet是一种ConvNet架构，可以同时检测、定位、分割和识别目标和区域。它由一个经典的ConvNet组成，接着是一个"反卷积网络"，后者的分辨率逐层提高，最终生成的输出图像的分辨率与输入图像的分辨率相同。
资料来源：林宗义等，2018年，FAIR[③]

---

① V. Jain, H. S. Seung, S. C. Turaga, Machines that learn to segment images: A crucial technology for connectomics , *Current Opinion in Neurobiology*, 2010 , 20 (5), pp. 653–666.

② https://github.com/facebookresearch/maskrcnn-benchmark.

③ T.-Y. Lin et al., The focal loss for dense object detection , https://arxiv. org/abs/ 1708 . 02002 .

图 6-16　由 Mask R-CNN 系统产生的结果，2017 年由脸书发布

该分割和实例识别的卷积网络系统可以命名图像中每个目标的类别，并生成覆盖该对象的掩码。网络应用于整个图像。对于图像的每个位置，它会生成一个类别（例如"人"）和一个覆盖已知对象的掩码图像。

资料来源：何恺明等，2017 年，FAIR[①]

---

①　Kaiming He, Georgia Gkioxari, Piotr Dollar, Ross Girshick ; The IEEE International Conference on Computer Vision (ICCV), 2017, pp. 2961–2969.

第七章

深度学习的应用

人工智能具有分析、识别和自动分类的功能，可以帮助人们完成以前只能由人类自己执行的各种任务。简而言之，它无处不在！

　　深度学习并没有完全掩盖传统人工智能的光芒：树搜索、寻找最短路径、逻辑推理……得益于科技的进步，许多自 20 世纪 60 年代以来已知的方法在如今仍有非凡的效率。

1

图像辨识

在搜索引擎中输入单词是一个非常简单的动作，然而这个动作却能启动一个十分强大的基础设备。为了生成最符合你需求的答案，某个卷积网络已经事先学习了数百万甚至数十亿张图像，以便能够识别它们。

在谷歌，类似的系统日夜运行，它会查看你的照片集以及互联网上的图像，并通过卷积网络对它们进行识别和处理。同样，在脸书，大量卷积网络每天都会分析上传到脸书上的数十亿张图像，判断图像上是一艘船、一只狗还是一朵花，由此识别出数以万计的标签。

为了能够完成这项识别工作，谷歌和脸书收集了数百万张由用户或者雇员手工标记的图像。当谷歌询问你"哪个图像中有汽车"时，你的回答就是在为这个标签工作做贡献。借助这些数据，工程师训练了卷积网络，使得它们可以标记数十亿个未经人工标记的图像。

为了标记图像，谷歌和脸书在其数据中心的服务器上储存了完备的标签列表。当用户在搜索引擎中输入"埃菲尔铁塔"时，带有"埃菲尔铁塔"标签的图像列表就会被找出来。数百万个单词或句子的搜索过程也是如此。

同样，脸书也将婚礼、生日、室内装饰、飞机、猫、包（按品牌）或汽车（按型号）等照片进行分类，甚至还包含一个收集了那些鲜为人知的建筑物和纪念碑的类别……

元数据使照片的视觉识别变得更为容易。一位行走在埃菲尔铁塔附近的游客（如其手机定位所显示的）更可能拍摄到埃菲尔铁塔，而不是自由女神像。

视觉识别还被用于过滤和删除粗俗、暴力、仇恨、恋童癖和色情的视觉内容。这项任务同样由事先使用了成千上万张可怕的照片进行训练的卷积网络执行，毕竟对研究人员来说，这是一项难以忍受的任务（参见第八章相关内容）。

这同样是一项艰巨的任务，各种各样的恶棍都知道被禁止的内容将会受到严格的审查，但他们有办法越过障碍，比如将被禁内容放置在卷积网络未训练过的不能识别的图像内。为此，我们必须使用更复杂的技术才能查获它们：在检测到图像中的字符后，另一个卷积网络通过OCR（光符字符识别）技术将它们转为文本。

图像识别更多被用于执行平和的任务，比如识别植物、昆虫、鸟类、葡萄酒标签等；它也允许你为一处场所或建筑物命名；它还可以分析视频，对视频中发生的行为进行分类，这种标记和分类对于精准推送十分有用；它甚至可以将视频中的内容描述给盲人：通过智能手机朗读文本内容。

2

内容嵌入和相似度测量

无论是图像、视频还是文本，许多应用都会测量两个事物之间的相似性。

假设有两张图像，我们可能不必去鉴别其内容，只需要判断它们是否相似，这同样是很有用处的。这种比较能力对于搜索信息、过滤内容和识别特定目标（如纪念性建筑、面部、书籍封面、音乐作品等）的图像至关重要。

有一个十分关键的应用：一旦某个视频被确认用于宣传恐怖主义，就必须立即删除相关人员或支持者在社交网络上已经发布的它的数千份副本。为了能够完成这项工作，我们需要快速侦测出类似的视频。针对这部分内容，我们将在后文进行详细探讨（参见第八章相关内容）。

另一种更为简单的情形是，如果有人给一瓶葡萄酒的标签拍了照，他就可以利用系统检索相同的标签并访问有关该款葡萄酒的信息。系统能够确认两张图片上是否为同一个人，也能够将一幅著名的画作或一栋著名的建筑物与一系列其他画作或古迹进行比较……在文字对比方面也是如此：维基百科的文章是否含有某个问题的答案？某两篇文章是否在谈论同一主题？

在执行比较功能时，我们通常会用到"嵌入"（embedding）和"度量学习"。嵌入使用的是由神经网络计算得到的向量表示图像、视频或文本。如果两者内容相似，经过训练的神经网络会输出两个彼此靠近的向量，否则输出两个相互远离的向量。早在 20 世纪 90 年代，我就使用这种被美其名曰"孪生神经网络"的方法来验证签名。[①]21世纪初，我还用它进行过人脸认证。[②]这种方法由两个具有相同神经网络的副本组成。网络获得人像作为输入，然后输出 1000 维的向量，这个 1000 维向量组成的空间就是嵌入空间。我们向网络的两个副本输入同一个人的两张不同的照片，如果希望输出向量接近，便可以将第一个网络的输出用作第二个网络的期望输出，反之亦然。我们的成本函数就是两个网络输出之间的距离。通过反向传播进行的学习能够改变权重以使两个向量彼此更接近。同理，当我们将两个不同人物的肖像呈现给网络时，我们希望两个输出向量彼此相差得很远。我们需要定义一个成本函数，使之随着向量之间距离的增加而减小，并通过梯度下降对其进行优化——这个技巧再次被使用了。

现在，我们有了一个可以为一张人像照片生成 1000 维向量的网络。它会为同一个人的两张照片输出接近的向量，为不同人物的两张照片输出相差很远的向量。因此，我们可以通过将人物肖像向量与内存中的同一人物肖像向量集合进行比对来验证一个人的身份。脸书的人脸识别系统就使用了此类技术。[③]

我在位于纽约的初创公司 Element 里担任联合创始人兼科学顾问时，公司开发了一套通过智能手机拍摄的手掌照片进行身份验证

① J. Bromley, I. Guyon, Y. LeCun, E. Säckinger, R. Shah, Signature verification using a "siamese" time delay neural network, *NIPS'93 Proceedings of the 6th International Conference on Neural Information Processing Systems*, Morgan Kaufmann Publishers, 1993, pp. 737–744.

② S. Chopra, R. Hadsell, Y. LeCun, Learning a similarity metric discriminatively, with application to face verification, *Conference on Computer Vision and Pattern Recognition (CVPR)*, 2005, 1, pp. 539–546.

③ Y. Taigman, M. Yang, M. A. Ranzato, L. Wolf, DeepFace: Closing the gap to human-level performance in face verification, *Conference on Computer Vision and Pattern Recognition (CVPR)*, 2014, 8.

的系统。每个人手掌的纹路都是唯一的，脚掌也是如此。与人脸识别不同，这个系统无法在一个人不知情的情况下识别此人。此功能为在发展中国家使用医疗服务或银行账户提供了极大的帮助。例如，Element 参加了一个慈善基金会提出的计划，该计划旨在在孟加拉国和其他国家组织对新生儿进行疫苗接种和医学跟踪。我们利用这项技术获得了新生儿的脚掌纹路（他们常常握紧拳头，因此我们没有收集手掌纹路），这使得我们可以识别他们，使他们避免两次接种疫苗，同时还可以保留他们的治疗记录。

嵌入也适用于信息搜索领域。通过训练，网络可以对一次查询或一个问题生成一个嵌入向量，使得请求（或问题）的向量接近于所搜索内容的向量（问题的答案）。

除此之外，还有其他用途吗？由学者和志愿者共同发起的组织Wildbook（脸书双关语）运用此技术开发了一个海洋哺乳动物和其他生物物种的识别功能。仅从一头鲸鱼、一头鲸鲨或一头逆戟鲸的表面照片上，抑或是陆地上的一匹斑马、一只豹的照片上，由卷积网络和度量学习组成的系统只通过识别它们皮肤的纹理质地、鱼鳍、尾巴或斑点的不规则性即可辨认该个体。这个系统是使用手动标注的快照图片进行训练的。由此，Wildbook 可以计算出濒危动物的数量，并能够定位它们以及追踪它们的迁徙过程。[1]

---

[1] https://www.wildbook.org/.

3

语音识别

在进行语音识别之前，声音信号须像其他输入信号一样，先被数字化，从而形成所谓的样本。每个样本都代表对应时刻麦克风上的气压。通常来说，语音信号中每秒必须要有 10000 个这样的样本，才便于识别。大多数语音识别系统都会像人耳一样首先处理这样的序列。这一处理转换过程生成信号表征，就像人们提供给神经网络的图像一样。

假设在某个声音信号中有一个 256 个样本的窗口，每个样本代表 25.6 毫秒的信号，可以说这真是转瞬即逝。在此窗口上，预处理程序将计算包括低音、中音和高音在内的大约 40 个频段中的声音强度。然后，该窗口在时间上移动 10 毫秒（两个相邻窗口之间存在重叠），程序会重复相同的计算，并将新窗口转换为 40 个数字。

因此，语音信号可由一个频谱图来表示，即 40 维数的一系列向量，每 10 毫秒一个向量，也就是每秒 100 个向量。40 个向量（代表着其输入"图像"为 40 × 40"像素"）表示 0.4 秒的语音，卷积网络将此长度作为窗口，并对出现在窗口中间的基本声音进行分类（见图 7-1）。

每种人类语言都可以被视为一系列音素。例如在法语中，音素系列是"a""ou""oi""on""ta""ti"等声音。每个音素由被称为"音标"（phon，声音响度单位）的几种基本声音组成。比如音素"oi"实际是由三个音标组成的，开头为"o"，结尾为"a"，还有一个介于两者之间的声音。通过音标的组合，一种语言可以呈现 3000 种基本声音。举个例子：在"apparaître"（出现）中出现的声音"p"与在"opposé"

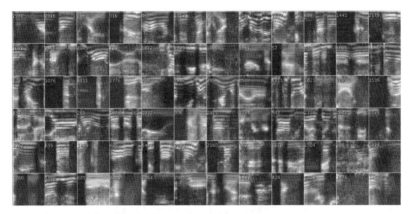

图 7-1 语音"图像"的几个例子

每个正方形都是代表 0.4 秒语音的 40 × 40 像素的图像。每个像素代表 10 毫秒窗口中 40 个频段之一中语音信号的强度。

资料来源：美国纽约大学，IBM 公司[1]

（相反）中出现的"p"的声音是不同的！每种声音的发音都取决于其语音环境。

在这种情况下被称为"声学模型"的卷积网络，将输入的声音归为这 3000 种类别中的一种。在输出时，它会生成一个标有 3000 个分数的列表，以此来表明输入的声音是 3000 种音标中每一种的概率。也就是说，网络输出的是一个每 10 毫秒具有 3000 个分量的向量（见图 7-2）。

因此，一个句子可以被看作一种根据长度变换大小的图像，每时每刻都有一个频率内容。在网络的输出端，我们获得的是一个不同长度的向量序列，每个向量有 3000 个分量。

到这里并没有结束，我们仍需要根据一些单词和语言模型从该序列中提取一系列单词。对于语言中的每个单词，模型都会指出构成其

---

[1] Tom Sercu, Christian Puhrsch, Brian Kingsbury, Yann LeCun, Very deep multilingual convolutional networks for LVCSR, IEEE International Conference on Acoustics, Speech and Signal Processing (ICASSP), 2016, pp. 4955-4959.

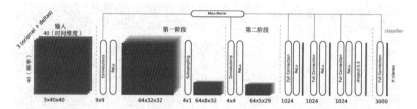

图 7-2　用于语音识别的卷积网络示例

它取一个代表 0.4 秒语音的"图像",并为语言的每种可能的声音生成一个分数向量。

资料来源: 美国纽约大学, IBM 公司 [1]

发音的所有基本声音的序列。对模型的训练是从口语句子开始的,它会指出哪些单词序列在相应的语言中是可能(或最可能)的。我们利用解码器在最高数值对应的最可能的单词序列中进行搜索,以此将所得数值转换成单词序列。最近被研发出的一些系统就是使用卷积神经网络或者循环神经网络来实现所有这些模型的。

卷积网络几乎存在于所有涉及语音的应用中,例如,像 Alexa 这样的虚拟助手,它们会将查询内容转录为文本以供系统分析。

至于语音操作移动电话拨号或视频的自动字幕,也是同样的道理,都是在应用语音识别。最近诞生的语音到语音的直接翻译,对于希望与北京的出租车司机进行交流的马德里人来说,是非常有用的工具。手机就是两个人之间的翻译,它将客户所说的西班牙语翻译成汉语普通话并播放出来;反过来,驾驶员的汉语普通话同样会被手机翻译成西班牙语播放出来或是直接传入客户的耳机中,以此帮助两者进行交流。

① Tom Sercu, Christian Puhrsch, Brian Kingsbury, Yann LeCun, Very deep multilingual convolutional networks for LVCSR, IEEE International Conference on Acoustics, Speech and Signal Processing (ICASSP), 2016, pp. 4955-4959.

4

语音克隆

近年来，人们一直在利用一种被称为"反卷积"的特殊类型的卷积网络进行声音和语音的合成。之所以叫"反卷积"，是因为它看起来是卷积网络，不过反转了输入和输出。该网络的输入是单词或音素的序列，输出的则是带有转调、韵律的合成语音信号。反卷积网络的结构非常类似于语音识别的结构，只是其中所有的箭头都被反转了：它生成一种频谱图，这种频谱图与用于识别的频谱图十分类似。为了使频谱图"反向"并产生语音信号，还需使用单独训练的反卷积网络。

在某些系统中，输入数据中带有一个说话者的嵌入向量。使用经过训练的卷积网络，只需一个人几秒钟的语音即可计算出他的语音嵌入向量，把这个向量作为输入提供给语音合成器，机器就可以使用这个人的声音读取任何一个文本。我们把这项技术称为语音克隆。

现代语音合成器是如此真实，以至有时候很难将它们与人类说话者区分开来。但是，能够说话是一回事，知道该说些什么就是另一回事了。在这方面，机器离能够自由对话还差得很远。

5

语言的理解和翻译

仅仅解码声音是远远不够的，虚拟助手还需要对请求进行正确的分类，即确定其意图。比如，当记录如下的内容时："明天天气怎么样？""明天下雨吗？""明天会很热吗？"虚拟助手必须"理解"所有这些语音真正的意思是："给出明天的天气预报"。为此，亚马逊的工程师在 Alexa 内设置了约 80 种不同的意图，比如打电话给某人、播放音乐、给出交通路况、选择一个广播电台……一旦识别出语音的意图，亚马逊的服务器即可执行所请求的任务（有关虚拟助手如何工作的精确描述，请见本章后续内容）。

确定意图对于处理信息搜索是必不可少的一个环节，越来越多的特殊神经网络（被称为"转换器"）正被用于处理此问题。当你输入"亚美尼亚的人口"时，谷歌会为你搜索。你的请求会由一个用数字列表表示含义的神经网络处理，也就是一个向量。在另一端，事先便已存在的内容向量会从数十亿个互联网页面上被提取出来，网络将第一个向量与第二个向量进行比较，如果它们具有相似性，则与这些向量相对应的内容将通过网络检索，并由搜索引擎显示给你。

对于文字的处理方式也是如此，比如脸书上的某个帖子说了些什么？与政治有关吗？内容是激进还是保守？是新纳粹主义或是种族主义的评论吗？是赞美还是批评？

长期以来，研究人员采用的文本分类方法可以概括如下：构建一个大向量，其分量数等同于一部字典的大小，每个分量表示某个特定单词在文本中出现的次数。这样我们就拥有了一个"词包"。除非单词是杂乱无章的，否则一切都会很简单。如果要判断两个文本"词包"

是否相似，是否在说同一个主题，我们只需比较这些向量即可。当然，这些输入向量同样可以由神经网络进行分类，这是行得通的，只是效果不太好，因为使用神经网络很难判断文本是在说同一件事还是在说毫不相干的事（因为在两种情况下，它使用的都是相同的"词包"）。

更先进的方法是使用嵌入向量序列的文本表示，字典中的每个单词都与一个 100~1000 维的向量相关联。这些向量已经经过学习，可以用相近的向量表示类似的单词（根据欧几里得距离）。

学习单词嵌入向量的想法可以追溯到21世纪初。当时约书亚·本吉奥发表了一篇远超他所在时代的充满真知灼见的文章，[①] 他在文章中提出了一种用于构建语言模型的神经网络架构，使得一个训练过的系统可以根据所给的一段文本预测紧随其后的一个单词。那么如何表示神经网络输入端的单词？我们有一个词典中按顺序排列的所有单词的列表，在此列表中，每个单词都由一个数字标识。而后，将所有单词替换成列表中的数字，也就是将单词序列转换成了数字序列，由此我们便得到了一个向量列表，即一个 LUT（查询表），这个列表为每个单词索引提供了一个嵌入向量（见图 7-3）。

这个 LUT 的向量跟线性神经元层的权重一样，是经过训练的。网络具有几个隐藏层，之后是一个输出层，输出层生成一个大向量，用以标明词典中的每个单词出现在输入的单词序列中的概率。softmax 模块将最后一个线性模块的输出加权并转换为概率分布，此模块计算每个输入值的指数函数值，然后除以指数函数值的总和。至此，我们便获得了介于 0 和 1 之间的一系列数字，它们的总和为 1：这是一个概率分布。softmax 模块几乎应用于所有的分类应用程序。

训练之后，我们将 LUT 的向量用于表示单词，它们包含的信息使系统可以预测下一个单词，以及单词的含义和句法作用。研究人员已

---

① Y. Bengio, R. Ducharme, P. Vincent, C. Jauvin, A neural probabilistic language model, *Journal of Machine Learning Research*, 2003 , 3 (6), pp. 1137–1155 .

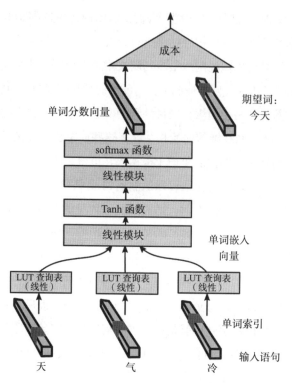

图 7-3 约书亚·本吉奥和他的团队在 2003 年提出的语言模型

一个语言模型在输入时取一系列单词，在输出时生成一个数值向量，对于词典中的每个单词，该输出数值向量都产生该单词尾随输入序列出现的概率。语言模型用于生成文本，以提高语音识别系统和翻译系统的准确性。此图表示的语言模型是最早一批将神经网络用于此目标的模型之一。每个单词在词典中都对应一个索引，网络的第一层会通过一个称为 LUT 的特殊类型的线性层，将每个索引表示的单词转换成嵌入向量。在训练了数百万个文本之后，这些向量代表了有关这些输入单词的所有有用信息，诸如"狗"和"猫"之类的相似的词将由相似的向量表示。自深度学习出现以来，最好的语言模型都使用了深度神经网络。

经对此系统进行过许多语句的训练，例如"牛奶在桌子上"，但从不出现"汽车在桌子上"这样的句子。在训练"他在花园里看到狗"和"猫在花园里"时，"狗"字和"猫"字在类似的上下文中出现，系统会自发地将相似的嵌入向量分配给"猫"和"狗",而将不同的向量分配给"牛奶"和"汽车"。地名、月份名等也如此。一般情况是,当单词在句子中扮演类似的角色时,它们的嵌入向量会很接近。

2008—2011 年,在 NEC 位于普林斯顿的实验室工作的布雷顿人罗南·科洛伯尔(Ronan Collobert)和英国人贾森·韦斯顿(Jason Weston)改进了这种嵌入的想法。他们证明,利用卷积网络体系结构,系统不仅可以预测下一个单词,还可以执行文本理解和文本分析的任务。不过,这项工作受到自然语言处理研究界的强烈反对,两个人的文章甚至成了嘲讽的对象。这简直是荒谬!他们的工作其实指明了一条发展道路。2018 年,他们获得了 ICML 的时间检验奖。该奖项表彰的是近十年来在 ICML 上发表的最杰出的文章。[①] 贾森和罗南如今都是脸书的研发人员。

2013 年,在谷歌工作的年轻的捷克研究员托马斯·米科洛夫(Tomas Mikolov)重新采用了训练语言模型的想法,他提出了一个非常简单的架构,并将其命名为 Word 2 vec。这个模型通过单词的嵌入表示文本,效果非常理想,因此这个架构以极快的速度传播开来。[②] 所有人都用它来表示文本,以便更好地理解其含义或语气。随即,脸书将托马斯招致麾下。入职不久,他便与脸书的法国研究员彼得·博亚诺夫斯基(Piotr Bojanovski)、爱德华·格雷夫(Édouard Grave)和阿曼德·约林(Armand Joulin)合作完成了 FastText 项目(脸书开发的一款快速文本分类器),极大地改善了 Word 2 vec 的性能,扩展

① Ronan Collobert, Jason Weston,A unified architecture for natural lan guage processing: Deep neural networks with multitask learning , *Proceedings of the 25 th International Conference on Machine Learning* (*ICML '08*), ACM, New York, 2008 , pp. 160–167 .

② T. Mikolov, I. Sutskever, K. Chen, G. S. Corrado, J. Dean, Distributed representations of words and phrases and their compositionality , *Advances in Neural Information Processing Systems*, 2013 .

了其应用范围，使其可以应用于157种语言。FastText作为开源项目，至今全球有成千上万的工程师在使用。[1]

相关研究达到了令人兴奋的顶点。2014年年底，杰弗里·辛顿以前的学生、研究员伊利亚·萨茨克威尔（Ilya Sutskever）在NeurIPS大会上发表了一篇轰动性的文章。[2]他建立了一个大型的神经网络，能够将一种语言翻译为另一种语言，其结果比此前所使用过的所有技术都略胜一筹。

"传统"翻译方法使用的是根据平行文本计算的统计数据，比如英文词组"see you later"（回见）有多少次被翻译成法语的"à plus tard"（回见）？英文单词"bank"（银行；河岸）有多少次被翻译成法语的"banque"（银行）或者"rive"（河岸）？通过计算这些统计数据，并在遵守相关语法规则的前提下重新排列目标语言中的单词，我们就获得了较为近似的翻译。但是这些传统系统不适用于差别很大的语言（例如法语和汉语普通话）或单词顺序发生变化的语言（例如英语和德语，在德语中，动词通常是在句末）。伊利亚的系统使用的是循环网络，更确切地说，是一种被称为LSTM（long short-term memory，长短期记忆）的特殊循环神经网络体系结构，该体系结构是由德国研究人员泽普·霍赫赖特（Sepp Hochreiter）和于尔根·施米德胡贝（Jürgen Schmidhuberb）于1997年在瑞士提出的。[3]伊利亚提出使用一个多层的LSTM将一个句子的含义编码为一个向量，然后使用另一个LSTM网络将源语言逐字地翻译成目标语言。我们将这种类型的任务称为"seq 2 seq"，即序列到序列（sequence to sequence）：将

① https://fasttext.cc/.

② Ilya Sutskever, Oriol Vinyals, Quoc V. Le, Sequence to sequence learning with neural networks, *Advances in Neural Information Processing Systems*, 2016 , pp. 3104 – 3112 .

③ Sepp Hochreiter, Jürgen Schmidhuber: Long short term memory, *Neural Computation*, 1997 , 9 (8), pp. 1735 – 1780 .

一个符号序列转换为另一个符号序列。他的系统仅适用于相对较短的句子，因为 LSTM 到达句尾时会忘记句子的开头！而且，由于该系统的计算量很大，所以无法得到大规模的应用。

第二年，即 2015 年，蒙特利尔约书亚·本吉奥实验室的年轻韩国博士后研究员赵京勋（Kyunghyun Cho）和来自德国的年轻实习生德米特里·巴赫达瑙（Dzmitry Bahdanau）产生了一个绝妙的主意：与其将整个句子编码成一个固定大小的向量，倒不如让网络将注意力集中在它正在翻译的源语言的句子部分上。举个例子，如果系统需要翻译英文文本 "In this house，there are two bathrooms. The wife has her own and the husband his own"（"这所房子有两个浴室，妻子有她自己的，而丈夫也有他自己的"）。用法语可翻译成：Dans cette maison, il y a deux salles de bains. La femme a la sienne et le mari la sienne。英语中代词与主语一致，而在法语中代词是与宾语一致的。为了保证句子结尾的正确性（"而丈夫……"），系统必须决定是将 "his own" 翻译成"le sien"还是"la sienne"[1]。网络利用注意力回路的思想，生成了"而丈夫……"，并将注意力集中在与"浴室"有关的部分。最初的结果非常鼓舞人心：该系统比伊利亚的系统更高效，并且在计算量和内存方面成本更低。[2] 几个月后，斯坦福大学的克里斯·曼宁（Chris Manning）实验室在参加国际机器翻译大赛（WMT）时使用了蒙特利尔小组的想法，并且赢得了比赛！这引发了一场全新的风暴：所有从事翻译的研发小组都采纳了这个想法，其中就包括来自加州 FAIR 的德国研究员迈克尔·奥利（Michael Auli）的团队，他做出了一个出色的翻译系统，其体系机构的基础是一个增强了的注意力机制的卷

---

[1] 法语中表示"他的／她的"的主有代词具有阴阳性之分，阳性形式为 le sien, 阴性形式为 la sienne。使用阳性还是阴性形式取决于所代替的名词的阴阳性。——译者注

[2] D. Bahdanau, K. Cho, Y. Bengio, Neural machine translation by jointly learning to align andtranslate, ICLR 2015 , http://arXiv.org/abs/ 1409 . 0473 .

积网络。这个系统在 2019 年的 WMT 比赛中获胜。[①]

2017 年年底，又是谷歌的一个研究小组将大型注意力回路应用到了翻译系统，并将这个结构命名为"变压器"（Transformer）。他们发表的相关文章标题为《注意力就是您所需的全部》（Attention is all you need）。几个月后，另一篇谷歌的文章震惊了整个学界，这篇文章是关于一个名为 BERT（来自 Transformers 的双向编码表示）的系统的。系统的名称沿用了使用首字母缩写的传统，该传统是由西雅图艾伦人工智能研究所的研究人员开创的，他们将自己的系统命名为 ELMo（出自语言模型的嵌入）。人工智能研究人员都在尽量找乐子：Elmo 和 Bert 都是儿童电视节目《芝麻街》第一季里的角色。

ELMo、BERT 和其他一些诸如 Bengio、Word2vec 和 FastText 系统的思路皆来自自监督学习（见图 7-4）。让我们把思路调整到自监督学习。在当前的翻译案例下，它旨在给一个大型"变压器"网络的输入端展示从文本中提取的单词序列，隐藏其中 10%~20% 的单词，并训练系统预测那些被掩盖的单词的能力。为此，系统必须学习单词的含义和句子的结构。通过数十亿个句子的训练，网络学习到的单词及句子的内部表征是非常好的，此时的网络足以用于翻译或理解系统的输入。有关 BERT 的文章[②] 于 2018 年 10 月在 arXiv 网站[③] 上发布，然后投稿给了 ICLR（国际学习表征大会）。数周之后，来自脸

① Nathan Ng, Kyra Yee, Alexei Baevski, Myle Ott, Michael Auli, Sergey Edunov, Facebook FAIR'S WMT 19 News Translation Task Submission, 2012, artXiv : 1907. 06616.

② J. Devlin, M.-W. Chang, K. Lee, K. Toutanova, BERT : Pre-training of deep bidirectional transformers for language understanding, https://arxiv.org/abs/1810.04805.

③ arXiv 是由康奈尔大学运营维护的一个非营利性数据库，由于免费，学术研究人员可以在其他会议或期刊没有录用之前，将自己最新的研究成果发布到该平台上，一方面是为了扩大宣传提升自己的影响力，另一方面是为了保护自己的科研成果。因为无论会议和期刊从投出到最终可以检索，都需要长时间的等待，很难保证期间自己的成果不被别人剽窃，arXiv 可以证明论文的原创性。——编者注

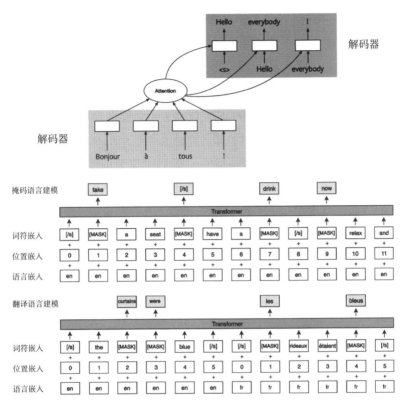

图 7-4 "seq 2 seq" 结构用于自动翻译，BERT、Transformer 和多语言 BERT

编码器模块设定句子含义的表示。在编码器的输入处，每个单词都由一个向量表示，与每个单词相关的向量都会被学习。编码器在一个叫作"Transformer"的网络中将这些向量与一个复杂系统结构相结合，该复杂结构以向量序列的形式表示意义。解码器一个一个地生成要翻译的单词。为了生成这些单词中的每个单词，它将先前生成的单词以及注意力模块的输出作为输入，该注意力模块使其可以关注输入句子中与其正在生成的单词相对应的部分。

资料来源：迈克尔·奥利（Michael Auli）

中间的 BERT 结构通过预测先前已被隐藏的输入句子中的单词来学习表示文本。下方的多语言版本学会同时表示一个句子及其翻译，并建立一个独立于语言的内部表示形式。

资料来源：纪尧姆·朗普勒（Guillaume Lample）和亚历克西斯·科诺（Alexis Conneau）[1]

---

① Alexis Conneau, Guillaume Lample,Cross lingual Language Model Pretraining, 2019 , arXiv : 1901 . 07291 .

书、HuggingFace（法国的一个聊天机器人初创企业）和其他机构的团队相继引用了这个结果，并发布开源了自己的代码。这篇文章真正发表于 ICLR 的时间是 2019 年 5 月，但此前的一段时间里，它已获得了 600 多次的引用！这个案例说明了这些思路的传播速度之迅速。

脸书的一个团队受 BERT 启发建立了一个被称为 RoBERTa 的模型（robustly optimized BERT，即"稳健地优化了的 BERT"之义，这种双关语的命名传统被继续使用了）。2019 年 7 月，该团队在一个庞大的数据库上训练了 RoBERTa 模型，使其在 GLUE（通用语言理解评估）的优胜名单中处于领先地位。[①]GLUE 竞赛包括一整套语言理解的任务。

相关的竞争异常激烈。在不到一年的时间里，原始的 BERT 的排名就跌到了第十二位。前三名（截至 2019 年 7 月）是 RoBERTa（脸书）、XLNet（谷歌）和 MT-DNN（微软）。而第四名，才是我们——人类。但对此还是要辩证地看待：GLUE 的任务之一是迎接"威诺格拉德模式（Winograd Schema）挑战赛"[②]，需要面对的是一个代词指代含糊不清的句子，类似"la sculpture ne rentre pas dans la boîte parce qu'elle est trop grande"（无法把雕塑放入盒子中是因为它太大了），或者是"la sculpture ne rentre pas dans la boîte parce qu'elle est trop petite"（无法把雕塑放入盒子中是因为它太小了）。在第一种情况下，代词"它"是指雕塑，而在第二种情况下是指盒子。我们必须具备一些有关世界运作方式的知识，才能使代词与正确的单词相关联。人工智能研究人员经常使用该示例来说明机器需要更多的常识。不久之前，最

---

① https://gluebenchmark.com/leaderboard.
② "威诺格拉德模式挑战赛"是图灵测试的一个变种，由加拿大多伦多大学的计算机科学家赫克托·莱韦斯克（Hector Levesque）发起，挑战赛的名字是为了向特里·威诺格拉德（Terry Winograd）教授致敬，威诺格拉德是斯坦福大学的一位教授，人工智能领域的开拓者。

先进的人工智能系统的正确匹配率一直没有超过60%；今天，最好的系统的正确匹配率接近90％，离人类95%的成绩还相差甚远。

然而，通过将句子填补完整进行学习的思路取得了进展。在2019年年初，来自巴黎FAIR的两名年轻研究人员提出了BERT的修改版本并用于翻译，他们将其命名为XLM（跨语言模型）。他们的想法是在系统中输入两个句子，其中一个是法语，另一个是英语，用以训练系统预测缺失单词的能力。它可以使用英语句子中的单词，例如单词"blue"，来推断法语句子中被隐藏的单词是否含有"bleu"。通过这样的训练，系统找到了一个与语言无关的通用表示形式，而且这些系统还可以提高翻译人员的工作效率。[①]

6

智能预测

人们喜欢预测经济，例如预测库存，预测产品的需求，预测一只股票或财务价值的演变曲线……在最后一种情况下，信号是很难捕捉的。若非如此，那么所有人都可以预测股市价格，财经新闻的趣味也就大大降低了。

预测能量消耗使得法国电力公司（EDF）或任何一家电力公司可以更好地管理发电厂的发电量，并尽可能有效地分配资源，最大限度

---

① G. Lample, A. Conneau, Cross-lingual language model pretraining , https://arxiv.org/ abs/ 1901 . 07291（代码：https://github.com/facebookresearch/ XLM）.

地减少损失。具体是如何做到的呢?

电力公司要连续测量一个地区或一个城市的用电量,并用一系列数字呈现测量结果。位置不同,测得的数字也不同。在一个居民区中,平时一般在夜里的用电量很低,而在早上 7 点至 9 点居民醒来的时间里,用电量开始增加;当他们上班或上学时用电量再次减少,但并没有回到夜里的水平,因为有些人仍然待在家里;它会在一天快结束时回到并保持高位,直到晚上 10 点至午夜人们上床睡觉之后,又再次降下来。周末的曲线有些不同,此外曲线的变化与天气也有关。工业区域的曲线与居民区的曲线几乎是相反的:白天位于高点,但由于人们晚上和周末几乎都不工作,所以曲线就是平的。

就这样,电力公司找到了自己的时间序列:住宅 1、住宅 2 等,以及其他指标,例如外部温度、日照水平、一天的时间、一天的指标(工作日为 1,周末和节假日为 0)、每小时形成一个数字列表,这些数字就是我们刚刚所讲的指标。

这是一个一维的数字列表,非常类似于图像。卷积网络是根据过去多年收集的数据进行训练的。

线性回归是一种较为传统的方法,它不使用卷积网络来读取"图像",输出是输入的简单加权和。我们也将它用于财务预测。这种"自回归"模型可以通过分析过去的价值来预测未来的价值,它只需要计算这些模型的系数即可。但如果输入信号很复杂,例如电能消耗,其中存在多种相互作用的因素,那么该方法就不再适用。

另一个广泛应用预测的领域是广告业,点击率预测(CTR)对将内容在线发布的企业来说非常有用。谷歌、脸书和科镝(Criteo,一家效果营销科技公司)等一系列公司都想要知道用户会点击观看哪些广告,因为用户的点击量决定了它们的收益。如果这些公司想要广告发挥最大的作用,就应该以最少的广告数量获取最多的收益,因此仅向用户展示它们可能会点击的内容即可,否则用户会心生厌恶,进而

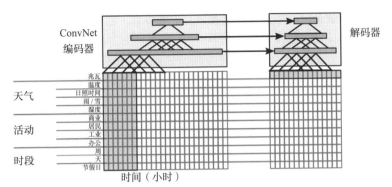

ConvNet
编码器

解码器

天气

兆瓦
温度
日照时间
雨/雪
湿度

活动

商业
居民
工业
办公

时段

周
天
节假日

时间（小时）

图 7-5 对一座城市电力消耗的预测

卷积网络将一天或更长的时间窗口视为输入，并被要求预测在一小时、一天、一周或一个月内的耗电量。

训练的示例是给定某一特定时间、某一天的值，而期望的输出是下一个小时观察到的耗电量。这次不是训练它识别一个图像中的对象，而是训练它预测一些街区中每一个街区的耗电量。

在卷积网络中，若干单元通过非线性函数计算加权和。堆叠层使我们能够计算比线性预测更复杂的输入—输出关系。

产生排斥心理（参见第八章相关内容）。

为了预测用户点击推送广告的概率，我们搭建了一个有大量输入的神经网络，并对其进行训练，以预测人们对该广告是否感兴趣。在输入端，用一个向量代表此内容和用户对其的喜好程度，度量标准是从用户过去与其他内容的互动中获得的。每一天，这个模型都会在脸书或谷歌数十亿的点击量上进行训练。

神经网络会通过输出一个分数值来预测某个用户是否会点击推送的广告。其后，如果这个用户实际点击了广告，神经网络便会向上调整，否则向下调整。下次选择推送给该用户的广告时将考虑这一调整。由此可见，网络在不断地接受训练。

脸书用同样的方法在新闻源（Newsfeed）的新闻提要上投放广告。谷歌也使用这个方法来确定显示的搜索结果的顺序。如果用户在谷歌中输入"禽流感"，并且忽略了前 4 个结果，点击了第 5 个结果，那么谷歌就会提升第 5 个结果在列表中的位置。如今，所有的广告商都在使用这些方法。

7

人工智能与科学

深度学习在科学领域中发挥着举足轻重的作用，这些科学领域包括天体物理学（星系的分类和系外行星的发现）、粒子物理学［分析日内瓦 CERN（欧洲核子研究组织）粒子加速器上碰撞产生的粒子射流］、材料科学（具有新特性的超材料的设计）、社会科学（对社会互动的大规模分析）、神经科学（了解大脑中的感知机制）……

深度学习应用最广泛的科学领域应该是生物医学，例如研究蛋白质折叠——这些由氨基酸组成的大分子是构成所有生物细胞的基础，它们是由基因合成的，DNA（脱氧核糖核酸）中的字母序列被转化为形成蛋白质的氨基酸序列。而蛋白质会折叠成特定的结构，这样就能够与其他蛋白质相互作用并执行功能，例如使肌肉收缩……它们折叠的形状决定了它们的功能。

为了找到新的药物或新的治疗方法来阻止两种蛋白质黏附在一起，或者相反的要促进它们结合在一起，我们必须能够预测那些支配蛋白质折叠的生化机制。[①] 神经网络就是这个研究领域的一个有效方

---

① Alexander Rives, Siddarth Goyal, Joshua Meier, Demi Guo, Myle Ott, Clawrence Zitnick, Jerry Ma, Rob Fergus,Biological structure and function emerge from scaling unsupervised learning to 250 million protein sequences, bioRxiv, 2019 , p. 622803 .

法，例如 DeepMind 公司的 AlphaFold 系统。[①]

8

自动驾驶汽车

自动驾驶系统的三个阶段

虽然自动驾驶汽车已经取得了不俗的成绩，但我们还是要注意：尽管汽车的辅助驾驶系统在 2019 年得到了极大的发展，但全自动模型仍在实验当中，大多数时候仍需要有人坐在副驾驶座进行监视。

一场神学辩论分裂了科学界：一派是"全部学习"的支持者，他们相信端到端训练的深度学习系统。为了对系统进行训练，可以将系统的输入端插到汽车的摄像头上，将输出端插在踏板和方向盘上，然后让系统在长达几千个小时的时间里观看并学习人类驾驶员驾驶汽车。

另一派是"混合"方法的支持者，他们坚定地认为应该将问题分开来看：将感知环境的深度学习系统与其他事先安装且基本由手工编程的详细地图的线路规划模块相关联。

---

① R. Evans, J. Jumper, J. Kirkpatrick, L. Sifre, T. F. G. Green, C. Qin, A. Zidek, A. Nelson, A. Bridgland, H. Penedones, S. Petersen, K. Simonyan, S. Crossan, D. T. Jones, D. Silver, K. Kavukcuoglu, D. Hassabis, A. W. Senior, De novo structure prediction with deep-learning based scorin, *13 th Critical Assessment of Techniques for Protein Structure Prediction 1 - 4 December 2018* , https://deepmind.com/blog/article/alphafold.

就我个人而言，我认为自动驾驶系统将经历三个阶段：在第一个阶段，系统的很大一部分功能由人工编程，深度学习仅被用于感知；第二个阶段，深度学习的重要性逐步提升，并占据重要地位；第三个阶段，机器具备足够的常识，驾驶技术比人类更可靠。

自主性与混合系统

一家名叫 MobilEye 的以色列公司推出的系统是第一批市场化的辅助驾驶功能系统之一，后来该公司被英特尔收购。2015 年，MobilEye 为埃隆·马斯克（Elon Musk）的电动汽车公司特斯拉提供了基于卷积网络的、几乎全自动的高速公路驾驶视觉系统，并将这个系统配备在了特斯拉 Model S 2015 年的车型上。

说到这里，我想起了一则趣闻。2013 年 6 月，我受邀在普林斯顿举行的 COLT（计算学习理论大会）上介绍我的研究。在台下的听众中，专门研究学习理论的耶路撒冷希伯来大学的教授沙伊·沙莱夫–施瓦茨（Shai Shalev-Schwartz）对卷积网络的实际应用表现出了极大的兴趣，当时他正准备去 MobilEye 度过为期一年的学术假期。那年夏天，在加入该公司后，他强调了卷积网络的优势。战斗打响了！MobilEye 的工程师立即采用了他关于车载系统的建议。在不到18 个月的时间里，基于卷积网络的新系统交付给了特斯拉，并用在了 2015 年的车型上。一年之后，特斯拉决定设计建造自己的驾驶系统，两家公司"离婚"。佳话就是这样传播开的！

为了提高自动驾驶系统的可靠性，多家支持"混合"方法的公司利用"作弊"的方式简化了感知和决策问题。他们使用非常详细的路线图，列出所有标志、地面标记和其他预先记录的标志，再结合 GPS（全球定位系统）和高精度的汽车定位评估系统，使得车载系统不仅能识别车辆和移动物体，还可以识别不可预见的障碍物，例如道路工程。除了摄像头，大多数自动驾驶汽车还使用雷达来检测附近的车辆以及其他"激光雷达"，我们将在后面讨论这一点。

这些系统都利用卷积网络进行感知，定位可穿越区域，检测车道、其他汽车、行人、骑自行车的人、施工和各种障碍物。通过向它们展示成千上万的自行车、行人、车辆、路上标记、道路标志、人行道、交通信号灯等数据，使它们接受各种道路条件的训练，并学会辨识这些物体，即使物体的某一部分被其他物体掩盖，系统也能够将其辨认出来。

自2014年以来，字母表公司（Alphabet，谷歌的母公司）的子公司Waymo一直在旧金山进行自动驾驶汽车实验。公司的董事会成员皆是谷歌员工。2018年，亚利桑那州开始向所有人开放自动驾驶出租车。这个地方确实很适合开展此项目：道路宽阔、人流量少、气候宜人。那里的天气一直很好。Waymo采用了混合系统，配备了一系列复杂的传感器（雷达、激光雷达和照相机），以及基于卷积网络的视觉识别和规划的传统方法，人工编程的驾驶规则，精确显示限速标志、人行横道、交通信号灯的详细地图……这些技术的结合使汽车能够精准定位自己、识别移动的物体并发现不可预见的事件，例如道路施工。当汽车驶入十字路口并且有优先通过权时，它可以做出正确的反应。但它仍需要有人坐在副驾驶座（这个座位不再被称为"死亡之座"）上进行监督，确保这一切的安全进行。

激光雷达可以绘制详细的关于汽车周围环境的三维地图。它的工作原理跟雷达很像，可以测量设备发射的光束从障碍物反弹回来所花费的时间。但是，与使用微波束的雷达不同，激光雷达使用的是很精细的红外激光光束，因此，它会生成一个距离图，即一个360度的图像，在每个方向上都给出了在该精确轴线上与最接近物体的距离。这样，障碍物检测系统的工作就容易多了。但是，高性能的激光雷达设备十分昂贵、脆弱、难以维护并且对天气条件敏感。它们可以被用来装备一个出租车队，却无法被安装到所有人的汽车上。

当条件良好时，自动驾驶汽车是比较可靠的，我们可以通过一组数据说明这一点：2014 —2018 年，加利福尼亚州仅发生了 59 起自动驾驶汽车撞车事故。当地要求自动驾驶汽车制造商报告道路上发生的所有事故，包括轻微事故。[①]

然而，也有一个影响恶劣的事故记录：2018 年 3 月 18 日夜晚，在亚利桑那州凤凰城郊区的坦佩市，一辆经过优步测试的自动驾驶汽车撞死了一名女性。该女性大概吸食了冰毒，神志受到影响，被撞时正推着一辆自行车穿过距离人行横道 120 米的没有灯光的马路。后来在拉斯维加斯举行的新闻发布会上，Waymo 的首席执行官约翰·克拉夫奇克（John Krafcik）含蓄地质疑优步："在 Waymo，我们相信我们的技术能够应对这种情况（指行人推着自行车从未受保护的通道穿过）。"我们尚不清楚造成此次悲剧的功能障碍出在哪里。约翰·克拉夫奇克还回顾说，自 2009 年以来，谷歌的自动驾驶汽车在行人经常光顾的道路上行驶了超过 800 万公里，从未发生任何致命事故。尽管得出结论还为时过早，但是我们仍然可以通过下面的数据对比来看一下：在美国，人类驾驶员发生致命撞车的频率约为每 1.6 亿公里一个。

完全自主驾驶还有多远

研究人员仍旧在利用端到端的训练方式，使系统通过模仿人类驾驶员来学习。2019 年，虽然系统还没有达到人类驾驶员的水平，但汽车已经可以轻松地在乡村道路上行驶近半个小时。可问题是，它迟早会出现问题，到时就必须由人类驾驶员重新掌控局面。

[①] 来自法新社 2018 年 3 月 19 日的报道。

因此，更需要设置层层保障，也就是说，需要设置其他监视系统，来监测那些专门用来检测行人、障碍物和地面标记的系统。如果这个系统察觉到汽车的行驶路径出现误差，它就会进行校正。而建造一台类似的机器会涉及许多工程。

如果我们有可以预测汽车周围即将发生的情况以及动作后果的模型，那么汽车就可以进行更快、更好的训练。但是目前的技术还没有达到这个水平。

简而言之，辅助驾驶系统已经存在并且已经发挥了巨大的作用，但是自动驾驶汽车技术仍在发展之中，远远没有成熟。当然，我们需要区分半自动驾驶和自动驾驶。在半自动驾驶的过程中，驾驶员虽然不做任何事情，但他实际上在持续地监督系统；而自动驾驶是指系统可以在没有驾驶员监督的情况下驾驶汽车。无须人工操作的自动驾驶纪元将会始于行驶在安静郊区的、挂满传感器的车队。而私家车在巴黎、罗马或孟买的街头实现自动驾驶之前，相关技术仍需慢慢地进步。

9

大型应用程序的架构：虚拟助手

每个虚拟助手的内部都结合了多个应用程序。听到"Alexa"，亚马逊的圆形智能音箱就会亮起。一个节能小程序使与之连接的扬声器始终保持待机状态，并且仅会检测唤醒它的单词。只有这样，我们才能与虚拟助手交流。在它的麦克风后面，接收到的声音信号被数字化。

Alexa 具有远程语音识别系统。像手机一样，Alexa 配备了多个麦克风，这样就可根据波束形成的原理，使它专注于说话者的同时消除环境噪声。一些麦克风是多向的，其他则是定向的，专注于主要的声音来源。该系统从定向麦克风获取声音信号，并消除环境噪声的信号，仅留下人的声音。当在嘈杂的餐厅中专注于聆听对方说话时，我们人类也是这样做的。

语音识别系统应该能够处理不同的音调和音色，但自 20 世纪 80 年代问世以来，一直到使用了卷积网络，语音识别系统才能真正正确地识别儿童语音、口音和异常声音等。例如，儿童经常有读音错误，而且他们的音调通常会很高。以前，网络必须首先确认声音信号来自孩子、男人还是女人，然后针对不同的信号源使用不同的识别系统；今天，通常只用单个卷积网络就足够了。

转换成数字信号的语音将被传输到亚马逊的服务器，服务器将识别单词，将单词转化为文本。要想识别不同种类的语言，需要使用不同的、经过相应语言环境训练的神经网络。神经网络包含两层连续的网络级别，在配置系统时被激活，其中第二层神经网络确定语音意图。

在第一个网络级别上仍然可能出现错误。比如"Can you recognize speech？"这句话可能被受过训练的网络识别并翻译成两个不同的句子："Can you recognize speech？"（你能辨识语音吗？）或者："Can you wreck a nice beach？"（你能破坏漂亮的海滩吗？）我们发音不准或是语速过快，都可能"欺骗"语音识别系统。

系统还可能使一个单词被另一个与它很像的单词替换，进而产生完全相反的意思。目前所有的语音识别系统都带有一些用来预测哪些词可能更匹配一段文本的语言模型，它们在语音识别神经网络之后发挥作用：如果存在有歧义的词，它们就会尝试寻找最佳翻译；如果从语法或语义的角度来看，识别系统获取的单词序列没有意义，那么语言模型会给它打一个低分；如果想要查找得分更高的翻译，我们可以使用与路径搜索相同的算法对机器进行编程——句子的最佳翻译是在一系列可能的单词序列网格中获得最高分数的路径。其中网格是一种图形，图中的每个弧都是一个单词，而一条路径就是一个单词序列。

完成这些操作后，系统可以要求对问题进行进一步解释，或是通过合成与回复文本相对应的语音直接给出答案。传统的语音合成系统使用的是事先录制的语音片段，根据需要将片段拼接在一起，并修改音调以生成一个句子。现代系统神经网络则是一种"颠倒"的卷积网络。

需要澄清的一点是：与虚拟助手连接的扬声器是否会监视房屋内的生活？是，也不是！说"是"，是因为虚拟助手处于"连续收听"模式，以便检测到唤醒它的单词"Alexa""OK Google"（谷歌的语音助手）或"Hey Portal"（脸书的语音助手）等，只有这些单词才能使它将某些内容传输到中央服务器。而一旦记录了一个句子，它就会将其发送到服务器，进而会识别并产生答复。如果虚拟助手在被"唤醒"后记录了家庭暴力现场的尖叫声，那么服务器将不执行任何操作。针对这一点，从技术的角度上看，服务器其实是可以有所行动的，但从伦理的角度上看，它不可能采取任何行动。对于极其重视声誉的公司，例如亚马逊、谷歌或脸书，我们是可以放心的。但是，如果这是一个由隐蔽在乌克兰的身份不明的少年编写的黑客程序，那就必须要当心了。

10

医学影像与医学

卷积网络通常用于 X 光片、MRI、CT（电子计算机断层扫描）检查，也用于肿瘤、风湿病或关节置换的检测。

对于传统的 X 光片，例如有两个图像的乳房 X 光片，由于我们在两个轴上都进行 X 光照射，因此经过训练的卷积网络会观察图像中每一个细小的区域，当它观察到可疑的像素点时就会做出反应。这是使用卷积网络进行语义分割的直接应用。

为了对此类系统进行训练，需要收集大量由放射科医生绘制出肿瘤轮廓的大量乳房 X 光片。这些照片会被分成一定大小的窗口，从而产生数百个小图像。将图像逐一输入一个卷积网络中，并告知网络窗口中心是否存在肿瘤。由此，它便学会了根据肿瘤的存在与否对窗口进行分类。

当投入实际应用时，卷积网络会遍历整个 X 光片，并将每个窗口的中心像素标记为"有肿瘤"或"没有肿瘤"。它在该过程结束时会生成一种图像，将肿瘤染色并给出检测的置信度。

如果没有检测到任何东西，那么答案很简单："没问题"。大多数乳房 X 光片就是这种情况。如有任何可疑之处，X 光片就会被发送给放射科医生，以进行更加细致的研究。卷积网络过滤器过滤了那些可以被轻易判断的案例，从而降低了诊断成本，提升了诊断的效率。专业人员也因此有了更多的时间，可以专注应对那些较难判断的案例，这样就减少了因工作量过大而导致的劳累和注意力不集中的风险。要知道，放射科医生要在暗室里的屏幕前工作很长时间，而他们所检查的大多数都是正常图片（见图 7-6、图 7-7 和图 7-8 ）。

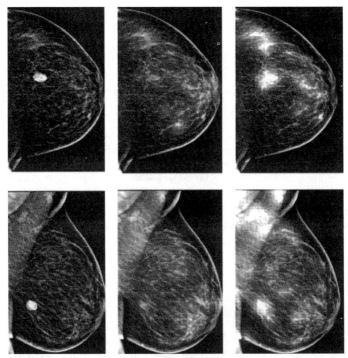

图 7-6 使用卷积网络检测乳房 X 光片中的良性和恶性肿瘤

在左列中，浅色区域表示通过活检发现的高危肿瘤；在中间一列，浅色区域表示卷积网络识别出良性肿瘤；在右列中，浅色区域表示卷积网络识别出的恶性肿瘤。网络已经在 100 万张图像上进行了训练，其可靠性超过了人类放射科医生，但是最佳检验结果是将此系统和放射科医生的诊断结果结合起来而获得的。

资料来源：吴楠等，2019 年，纽约大学 [①]

---

① Nan Wu, Jason Phang, Jungkyu Park, Yiqiu Shen, Zhe Huang, Masha Zorin, Stanisław Jastrzębski, Thibault Févry, Joe Katsnelson, Eric Kim, Stacey Wolfson, Ujas Parikh, Sushma Gaddam, Leng Leng Young Lin, Joshua D. Weinstein, Krystal Airola, Eralda Mema, Stephanie Chung, Esther Hwang, Naziya Samreen, Kara Ho, Beatriu Reig, Yiming Gao, Hildegard Toth, Kristine Pysarenko, Alana Lewin, Jiyon Lee, Laura Heacock, S. Gene Kim, Linda Moy, Kyunghyun Cho, Krzysztof J. Geras,Deep neural networks improve radio logists'performance in breast cancer screening, *Medical Imaging with Deep Learning Conference, 2019* , arXiv：1903．08297．

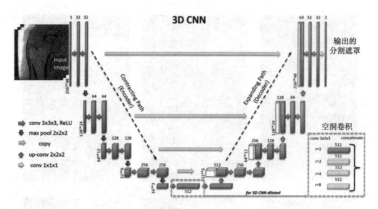

图 7-7　髋关节 MRI 分割的卷积网络架构

与放射科医生不同，该系统可以直接输入三维立体图像。卷积网络的输入是由 MRI 体积图像的所有切片构成的一幅三维图像。

资料来源：德尼茨（Deniz）等，2017 年，纽约大学 [1]

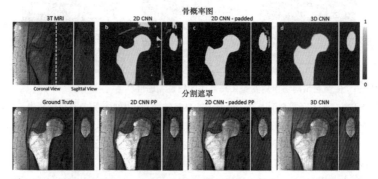

图 7-8　基于卷积网络的 MRI 图像中股骨的自动分割

卷积网络将髋关节 MRI 的体积图像作为输入。该网络用体素（像素的体积等效值）属于股骨的概率标记每个体素。这种整体的立体视图使系统可以对股骨进行更精确的分割，从而使髋关节置换手术更加容易。右上方的图像表示三维卷积网络对股骨 MRI 进行分割的结果。这个结果比使用其他方法得到的结果更加可靠。

资料来源：德尼茨等，2017 年，纽约大学

① Cem M. Deniz, Siyuan Xiang, R. Spencer Hallyburton, Arakua Welbeck, James S. Babb, Stephen Honig, Kyunghyun Cho, Gregory Chang, Segmentation of the proximal femur from MR images using deep convolutional neural networks, *Nature Scientific Reports*, 2018 , 8 , article 16485, arXiv: 1704 . 06176 .

11

从传统搜索算法到强化学习

路径搜索是一个我们已经讲过的较为常见的应用，它会根据用户所选的交通方式计算距离和行驶时间，甚至会考虑实时交通状况。谷歌地图、位智（Waze）、Mappy（一款法国的地图软件）均使用了基于较短路径的搜索算法。该算法的原理可以追溯到 20 世纪 60 年代，不过其中并没有学习的过程。我弟弟贝特朗（Bertrand）以前在大学任职，现在在巴黎的谷歌工作，他刚好是研究基于这些算法的专家，这些算法被称为"分布式组合优化算法"。

这种方法要解决的问题通常是在一幅图像中找到最短路径。计算机科学所说的把一幅图像放到计算机的内存中，就是一个由边连接的一些节点组成的网络。对于线路搜索，每个十字路口或岔路口都是一个节点，每个边都是连接两个路口的路段。边和节点与一系列指示了路段特征的数字相关联，这些特征包括平均行驶时间（根据交通状况实时调整）、行驶时间的变化、通行费、道路状况等。一种简单但效率低下的算法是：探索两点之间所有可能的路径，在计算全部路径后选择能够最快到达的道路。但即使对功能强大的计算机来说，这种计算方法也依然太慢了。高效的算法会迅速放弃与最佳设想路径相比过长的路径，而且它们利用了以下事实：几个路径可能同时通过同一个中间节点，并且只需选择一条最佳路径。这种在图中找最短路径的一般方法被称为"动态规划"，它被用在许多人工智能系统或其他系统中，比如导航、语音识别和翻译（在可能的单词图中找到最佳文本）；此外，还被用于解码传输到你的智能手机或太空探测器的数字序列，以及通信网络中数据包的路由。

这几乎是一个万能的方法。

国际象棋或围棋的冠军系统也使用了在图中寻找路径的方法，不同之处在于，这类系统里的图是树形图，棋盘当前的位置是根，每个连接相当于走了一步棋，最末尾连接的节点展示了在一系列棋子移动之后棋盘上的情形。因此，从根节点到该节点的路径，或者到此"叶子"（比喻）的路径，就是一步一步移动棋子的序列。要生成这棵"树"，必须有一个可以从当前棋局的情形中计算出棋子所有可能移动路径的程序。每个节点都标记有对当时棋局形式的评估。因此，只需要找到通向最好的"叶子"的分枝，也就是说最可能通向胜利的棋子的移动路径，然后一步一步移动棋子即可。但是代表9步棋序列的这棵树代表了一个天文数字！它约有10万亿片"叶子"。因此，我们必须使用更加灵活的策略。

假设现在有一个国际象棋棋局，轮到白棋走了。一个相对简单的程序会根据提供给机器的国际象棋游戏规则（兵移动一个格，但第一次可以移动两个格；象走对角线；等等）产生所有可能的棋步。也就是说，该程序考虑了每个棋子，列出了白棋所有可能的走法，并生成了所有可能的新棋局目录。计算下来，平均每一步棋有36种可能的走法（见图7-9）。

因此，树形图是一棵倒立的树，其分支无限延伸，所以即使有很大的内存、很快速的处理器，机器也无法探索所有可能的棋步，它的计算也无法延伸到太远。"深蓝"就花费了近百小时来探索棋步。所以有必要采用剪枝技术，从这棵树上剪掉一些可能性，以使上述方法更有效。

针对这种情况，我们赋予该系统一个评估白棋和黑棋双方棋盘质量的函数。这个评估函数是与国际象棋专家合作建立的，并且结合了国际象棋对于良好棋局设置的标准，例如棋子之间形成相互保护的关系；保留尽可能多数量的棋子，每个棋子都有其特定价值；棋子要放

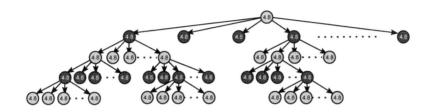

图 7-9　应用于国际象棋的树搜索

对于白棋方下完之后的每种可能的棋局,黑棋方可以有 36 个走法。然后,对于这 36 × 36 的棋局中的每一个配置,白棋方又有 36 种可能的走法,依次类推。这种增长是指数级的!总结一下,第一步棋有 36 种可能性,第二步棋将有 36 × 36 的可能性,即有 1296 种可能性;第三步棋有 36 × 36 × 36 的可能性,即 46656 种可能;到第九步时,我们会面对 10 万亿个可能的序列。

在棋盘适当的位置,即放在中心而不是外围;守卫国王的安全;减少被对手的棋子威胁的方块数;等等。每一个标准都用一个数字表示,由此形成一个关于标准的向量,并交给某种感知器处理,无须学习。最终系统会生成一个加权和并给出一个得分值。程序可以生成这样的判断:"这个位置对这个棋手来说是个好位置。"如果这步棋增加了白棋获胜的机会,它就会产生一个正值,否则将产生一个负值。程序也可以换一种表达方式:"采用这一步棋,你获胜机会的得分为 35;采用那一步棋,得分为 – 10;采用另一步棋,得分为 50……"

在对弈时,作为白棋棋手的程序会认为对手也正以最大化得分的方式下棋。在白棋走完一步之后,黑棋也将走到对它最有利的位置(最高得分值),也就是对白棋最不利的位置(最低得分值)。而轮到白棋走的时候,白棋会走对自己最有利的位置,依次循环。

鉴于"树"的潜在大小,为了减少对可能性的探索,该程序将对树进行剪枝处理。在走每一步棋时,它只会保留使本方棋手得分高而使对手得分较低的树枝。如此一来,探索可以一直持续到第九步棋,甚至更远。最终,系统得出白棋分值最大的最终位置,并选择与该分枝中第一个节点相对应的棋步。

考虑到黑棋也是为了取胜，所以白棋的程序仅保留树的某些节点。这样一来，评估函数可以将探索限制在对己方有利的局面，而轮到对方走的时候，对方同样可以将探索限制在对自己最有利的局面。这时系统能够以相同数量的计算和内存探索到更深入的分枝。这种传统的人工智能形式就是这样战胜了国际象棋冠军加里·卡斯帕罗夫的。

最新机器的设计发生了变化，它们很少使用这种基于树形图的搜索方式，取而代之的是利用大型神经网络"监视"棋盘或围棋比赛。这些大型神经网络能够在很短的时间里预测所有可能的棋步的得分值。DeepMind 的 AlphaGo 和 AlphaZero 系统以及 FAIR 的 Elf OpenGo（脸书开发的计算机围棋软件）系统都使用了卷积网络。AlphaZero 通过自己和自己进行数百万局比赛的方式来训练网络，加强了可以获胜的策略，削弱了可能导致失败的策略。这便是强化学习：我们没有给机器正确的答案，只是告诉它输出的答案是好还是不好，就好像是在给它奖赏或惩罚。只需结合少量树形图的探索，该方法便可拥有非凡的性能。

这些系统也可以通过监督学习的方式来模仿比赛中的人类选手，以此进行训练。这些训练的背后必须有强大的计算能力作为支撑，一旦完成训练，我们就可以在围棋或国际象棋的棋盘上启动卷积网络，它就会给出正确的下法。但是与人类大师一样，如果将该方法与树搜索、强化学习等方法相结合，其性能必然会得到改善。

我测试过一位法国国际象棋前冠军，他是一位能同时与 50 个人比赛的大师。仅需观察棋局几秒钟，他便能够确切地知道要走哪个棋子，然后到下一个棋盘，和另一个人比赛。等他来到我们的棋盘前，我们走一步，他瞥一眼，笑一笑，然后移动自己的棋子，没出 10 步我们就输了。显而易见，他把所有人都杀得落花流水，而我本人只走了几步就失败了（我很不擅长下国际象棋）。像他这样的天才，根本无须进行树搜索查看所有的可能情况，他对棋局的把控胸有成竹，可以根据本能直接移动棋子，有点像那些刚刚接受过训练的系统。

第八章

我在脸书的岁月

2012 年，杰弗里·辛顿和他在多伦多的实验室团队提出的卷积网络所取得的胜利改变了人工智能领域的研究。而且多伦多大学还给出了卷积网络的开源代码，因此，大量团队能够在 GPU——可以进行非常快速且廉价的数字计算的图形处理器——上重现这些结果，从而掌握卷积网络。

约书亚·本吉奥在加拿大蒙特利尔的的实验室和我在纽约大学的实验室长期以来一直共享类似的软件，但它们不适合用于这些新型功能强大的图形处理器。

因此，2012 年机器学习成为当时研究的热点，工业界也有了兴趣，特别是在脸书。2013 年年初，一小组工程师开始尝试使用多伦多的软件来识别图像和人脸，并在极短的时间内获得了成果，成功引起了公司技术管理人员以及领导层的注意……

而当时，马克·扎克伯格和脸书的首席技术官迈克·斯科洛普夫（Mike Schroepfer）也在思索公司的未来。脸书即将迎来 10 岁的生日，一切都在有条不紊地进行：网络成功在证券交易所上市，在市场中已建立了良好的根基，而且已过渡到移动互联网时代，等等。但是在 2013 年夏天，马克和迈克深信人工智能将成为脸书业务的重要组成部分，因此，他们决定进军此领域。

1

与脸书结缘

我也在学习之路上马不停蹄地前进！2013 年夏初，我在一次计算机视觉大会上遇到了脸书的工程师，他们已经在进行卷积网络相关的工作了，并向我提及了早期的一部分工作。暑期结束时，脸书联系了我在纽约大学时带的一个博士生马尔考雷利奥·兰佐托（Marc'Aurelio Ranzato）。这位博士生在加入 Google X 之前曾在多伦多跟着杰弗里·辛顿做博士后。Google X 是一个绝密的实验室，里面也有一个致力于深度学习和神经网络研究的小组。谷歌并不想谈论这个实验室，但是《纽约时报》科学技术领域的专业记者约翰·马尔科夫（John Markoff）泄漏了相关的秘密。[①]

① John Markoff, In a big network of computers, evidence of machine learning , *The New York Times*, 25 juin 2012 .

获知了消息后，脸书想要将马尔考雷利奥招致麾下。我建议他不要接受脸书的招揽，因为他一直希望继续进行基础研究，而脸书并没有研究实验室。然而马尔考雷利奥告诉我，脸书正想要开展一项研究活动。一个月后，在马克·扎克伯格和迈克·斯科洛普夫亲自出马邀请后，马尔考雷利奥加入了脸书。这是硅谷那些科技公司的典型做法：一旦发现能够吸引他们的人才，就会竭尽全力去招揽，首席执行官本人都可以拿起电话当说客。

我也是他们想要招揽的对象。那个夏天，我通过视频与脸书深度学习实验团队的负责人斯里尼瓦斯·纳拉亚南（Srinivas Narayanan）进行了交流。几周后，我与后来的领导迈克·斯科洛普夫进行了沟通。9月，马克·扎克伯格也给我打了电话，那是我们的第一次通话。在电话中，他向我阐述了他的计划以及他对人工智能的兴趣："你能帮助我们吗？"他问。我不知道该如何应对，因为我不想辞掉大学的工作，也不想从纽约搬到硅谷。最终我们并没有再做进一步的交流。

11月底，我去加利福尼亚参加一次研讨会。马尔考雷利奥也是与会者之一，他邀请我到脸书去看一看他的工作。接受马尔考雷利奥的邀请后不久，马克·扎克伯格的助手联系我，提议我提前到达。就这样，我在访问脸书的前一天，独自与马克·扎克伯格在他家共进了晚餐。

可想而知，我们讨论的话题肯定是人工智能了！我意识到他已经在认真地思考这个问题了，他是了解人工智能的，甚至还读了我的文章！当对某个主题感兴趣时，他总是如此。他对后来的虚拟现实或脸书对民主的影响等主题也同样如此，这让我不太习惯。这位年轻的首席执行官具有睿智长者一般的气质。在如此高度的责任下，几乎没有人能够腾出足够的时间来认真了解一个领域，阅读有关该主题的所有内容，更别说学习这方面的技术技能了。

那天晚上，他再次问我是否愿意帮助他们。我向他解释了自己对人工智能研究实验室的设想。进入纽约大学之前，我曾在 AT&T 负责领导一个工业研究实验室，时间长达 6 年。根据我的经验，这样的一个机构必须遵守某些规则才能保持良好运作：如果我们想要收获研究成果，就必须给予科学家思考的自由，而不是强迫他们在短期内产出应用产品；需要向他们保证实验室结构的可持续性和声誉，以便他们可以在此全心投入和研究；此外还应该鼓励他们发表文章。而且我也有自己的研究准则：研究必须是开放的，软件也必须开放源代码，并允许他人使用，包括允许他人将之用于产品和服务中。

他向我保证：脸书已经共享了自己的技术，包括其数据中心的设计。这是非常罕见的。脸书的许多领导者都来自开源领域，在成为脸书首席技术官之前，迈克·斯科洛普夫就曾是非营利组织 Mozilla 的技术总监。

第二天，在脸书总部，我见到了马尔考雷利奥所属的人工智能部门的十几位工程师。当天傍晚，我又一次遇到了马尔考雷利奥和迈克，他们再次向我介绍了他们的项目。我一再地向他们表示，我不想辞掉纽约大学的工作，也不想搬家。

他们接受了。

纽约大学的管理部门很快同意我做兼职。我相信自己做出了正确的选择，因为我有这个能力。我并非总能如此自信地担任新职务。在 43 岁第一次开展教学工作之前，我从未教过书。我仅擅长机器学习的研究，而在信息技术的其他领域，我自认为能力不足以教授学生。所以，虽然我是一名坚定的无神论者，但还是在内心祈祷不要教授操作系统或编译这些计算机专业的硬核课程。而这一次，我有经验，并且在获得马克·扎克伯格保证的同时保住了教授职位……我还有什么可求的呢？

几天后，NeurIPS 国际大会在内华达州的塔霍湖举行。马克·扎克伯格和迈克·斯科洛普夫决定在会议之后专门举办一场关于深度学习的研讨会。他们想对科研界有更深层次的了解，同时也想公开宣布脸书与我共同建立了新的实验室，同时更重要的是，他们想通过这个机会招揽人才。马尔考雷利奥与约书亚·本吉奥和其他科学家的一同出席给研讨会的组织者带来了大难题：所有人都想参加这个研讨会！为此，我们找了一个更大的房间，加强了安保。脸书的首席执行官对这个主题的认知深度使在场的观众感到惊讶。那个周末，马尔考雷利奥、迈克和我接待了约20位面试者，最终招募了其中的10多人。

人们对一家公司同意披露其实验室的研究结果感到震惊。但我认为公司这么做主要有5个原因。第一，正如我们所看到的，如果禁止优秀的研究人员发表论文，就不可能吸引他们，因为职业生涯的成功最终还是取决于对科学和技术的影响。他们的工作是通过文章传达给世界的，而要发表文章，必须由同行所在的评审委员会进行匿名评估。只有通过了评估，文章才能得以正式发表。文章的引用次数就相当于研究人员的"银行账户"。简而言之，没有论文发表，就没有职业生活，这也就解释了为什么在这方面的保密的公司（我不说名字了）很难招揽到人才。

第二，经过同行的评审筛选，方法的质量和信息的可靠性也能得到一定的保障。而且，由于基础研究有时难以衡量，所以其他学者的引用就成了一个贡献重要性的标准。我认为，我们不仅应该鼓励科学家发表文章，在评估他们的工作时也应该考虑其文章的影响力。

第三，任何一个发明、发现都不是凭空出现的，它们需要一定的时间，需要经历反复摸索、酝酿和检验。在此过程中，研究人员会与其他实验室的同事进行交流互动，专业知识得以互补，这样的沟通往往是富有成果的。但是，要与研究人员进行讨论，必须做出自己的贡献并提出想法。所以，只有公司本身具备最优秀的人才队伍，才能从与该领域的引领者的交流中受益。

第四，一个工业实验室的价值依赖于所属公司识别有潜力的发展方向并及时地在该领域进行布局的能力。实验室必须时刻做好准备，能够轻松地与运营或产品部门进行协作。但是，公司的运营或产品部门不一定能够捕捉到某个技术突破的潜在影响，有时他们需要科学界的验证，才能确信自己的实验室能在该领域产出新技术！

第五，科学出版物也会反哺，赋予了公司创新的声誉。

像脸书、谷歌或微软这样的顶级搜索公司都在进行借鉴式的发展：一家公司发布了一项新产品、新技术，另一家公司会在数周或数月后对其进行改进。但是，未来的产品需要的是重大的科学突破，而不仅仅是技术的进步。顶级公司要么自己提出科学突破，要么在科学突破出现时具备足够将其捕获的专业能力。制造出与人类智能水平相当的虚拟助手或机器人仍需要数十年的时间，而且需要一些技术革命。任何一家公司，无论其规模有多大，都无法垄断所有的优秀想法，也没有能力独自完成这场冒险。解开智能的奥秘并在机器中重现智能是当今时代面临的巨大挑战之一，它需要整个国际科学界的协作，尽可能地共享结果和方法。通过开源的方式共享我们的软件，这样才能帮助整个行业进步。

如果你遇到一家初创公司，它的领导人声称拥有了达到人类水平的人工智能的最高机密成果，那么他们要么是在撒谎，要么就是在幻想。千万不要相信他们！

2

脸书的人工智能研究实验室

2019 年，FAIR 主要分部位于 4 个地方：门洛帕克（美国加利福尼亚州）、纽约、巴黎和蒙特利尔。此外还有位于美国华盛顿州西雅图、美国宾夕法尼亚州匹兹堡、伦敦、以色列特拉维夫的卫星实验室，每个地方的人都不多。截至 2019 年夏，有 300 多名 FAIR 研究人员和工程师遍布北美和欧洲各地。

2015 年 6 月，在巴黎第二区成立的 FAIR 是最重要的研究部门之一，它为法国和欧洲大陆的人工智能生态系统的活力做出了巨大贡献。FAIR 巴黎分部已与若干个公立实验室（尤其是法国国家信息与自动化研究所）和博士生院校建立了合作伙伴关系。我们的中心大约有 15 名 CIFRE（校企联合培养博士生项目）的博士生，他们将工作时间分配给了工业实验室和大学。通过这样的方式，FAIR 资助了一部分公共研究，并帮助培养了法国和欧洲的下一代研究人员。最早一批的几名博士生在 2019 年春季完成了博士论文答辩，他们的论文质量都很高，在翻译、文本理解、语音识别、视频预测、自监督学习等方面都有真正的发现和实际的影响。他们中的大多数人后来都被欧洲的各大实验室聘用。

FAIR 还聘用了一小部分学者做兼职，他们可以使用我们各地实验室内部的设备，并与我们进行合作。在《维拉尼报告》①发布之后，法国政府推动实施人工智能计划的主要措施之一，就是允许学者在大学和企业两地做兼职。

我们还给公立实验室和机构（例如 PRAIRIE，它是由政府人工智能计划监管的新巴黎人工智能卓越中心）提供捐赠和设备。此

---

① 塞德里克·维拉尼（Cedric Villani），法国数学家，2010 年菲尔兹奖得主，2017 年当选法国共和党前进党（LREM）议员。2018 年 3 月，维拉尼受法国政府委托起草了《法国人工智能发展战略研究报告》，在法国社会与国际上引起很大反响，被业界人士简称为《维拉尼报告》。这份报告全面摸底了法国在高等教育与科研创新领域中人工智能发展的现状与潜力，并为人工智能未来的发展与提升进行了前瞻性与操作性筹划。——译者注

外，我们还为欧洲的大学和暑期学校提供讲座和课程，我本人于2015—2016年担任了法兰西学院①计算机和数字科学领域的年度客座教授。脸书通过为F站孵化器②提供部分资金以及创建培训计划来支持初创生态系统。后来，巴黎FAIR的前首席工程师亚历山大·勒布伦（Alexandre Lebrun）和他的合作者马丁·雷松（Martin Raison）于2019年年初（带着脸书的祝福）离开了团队，创建了专注于人工智能的初创公司Nabla。

FAIR巴黎分部的成立引来了不少竞争对手。谷歌成立了人工智能研究实验室谷歌大脑的巴黎分部；DeepMind也闻风而动；法雷奥集团（Valeo）、泰雷兹集团、标志雪铁龙集团（PSA）和许多其他法国公司也都相继成立了人工智能研发团队。

我认为创立FAIR最主要的影响是激励了年轻人才去攻读人工智能领域的博士，巴黎的高级工业研究实验室为他们提供了该领域研究的职业前景，这是法国以前所没有的。

可以说，人工智能在脸书的技术研究中脱颖而出了。

但是当我于2013年被位于加利福尼亚州门洛帕克的实验室聘用时，他们仅有十几名工程师和三名研究人员，其中包括我以前的学生马克考雷利奥·兰扎托。而我本人仍然留在纽约。在短短几个月的时间里，我雇用了十几位才华横溢的专家，他们现在都是FAIR的中流砥柱。在刚开始的那几个月，我们的工作进展很吃力，因为当时我们在业界默默无闻，吸引不到足够的人才。关于工作模式，我们也需要做更多的交流与沟通。

工作模式的设定源自我向马克·扎克伯格阐述的一些原则：实验

---

① 法兰西学院的深度学习课程的视频链接为：https://www.college-de-france.fr/site/yann-lecun/index.htm。

② F站，即Station F，是2017年创建于法国巴黎的世界最大的创业园区，它是一个超大型初创企业孵化器，有近千个初创企业的风险投资入驻。——译者注

室旨在进行长远目标的研究，旨在促进科学的发展，不能太过侧重于应用产品的研发。研究人员可以自由地从事他们认为最有希望的工作，像在大学里一样进行开放的、公开的研究——我们的算法是开源的，免费开放给所有人使用，还要与大学实验室开展合作。

虽然 FAIR 专注于长期目标的研究，但我知道公司必须从发明和发现中获得中期的实际收益，才能确保实验室的存在。挑战是很大的！我们一方面需要保证研究人员按照自己的节奏工作，另一方面还要努力让公司那些将注意力放在工程上的其他部门对我们的研究结果感兴趣，进而将它们转化为软件或可用的产品，彼此之间建立起信任纽带。

那是我们研究实验室的未来走向，它的某些结果必定会对公司产生积极影响。只有这样，管理层才不会质疑为什么集团在人工智能上投入了如此多的资金。

3

科学的突破与产品的开发

尽管马克·扎克伯格并未给我们设定目标，但我们十分清楚某些应用领域对公司的重要性，这些领域包括文本理解、翻译、图像识别尤其是人脸面部的识别。在门洛帕克，已经有一个小组在研究脸部识别这个课题了。这个小组是一家被脸书收购的以色列公司，其中有许多工程师都已经成功地运行了卷积网络，是他们说服了马克·扎克伯格进军人工智能研发领域。

很多任务有待我们解决。2013 年年底，机器学习才刚刚开始用于新闻源的组织、广告的推送和信息的过滤。这些仍然属于传统的机器学习问题，需要借助逻辑回归（感知器的概率版本）、决策树、基于"单词袋"的文本理解系统等方法。深度学习的使用仍然很少。

尽管有一部分是面向应用的工作，但 FAIR 的主体仍然是一个独立的基础研究实验室。我们很少使用脸书的数据，在研究语音识别、机器翻译或自然语言理解系统时，我们会在公共数据库中对其进行测试，以方便将测试结果与使用该数据的其他机构的结果进行比较。例如，为了改善翻译算法，我们使用的数据之一是由欧洲议会提供的，这个数据集合了过去 10 多年所有议会会议的共同体内各语言的版本。就这样，科学研究遵循着一种可验证、可复制的方法论向前推进。

入职不久，我便意识到公司需要成立一个利用 FAIR 开发的新方法去研发产品和服务的团队。在贝尔实验室和 AT&T 实验室，我经历了从基础研究到应用的整个过程，明白这样做的重要性和巨大价值。当时，基础研究和应用研究这两个小组的办公室相邻，并且我们共享同一套软件工具。应用研究使顶尖科学家变成了工程师。在这个问题上，我想说个题外话：他们中有两个人获得了理论物理学博士学位，但是在 20 世纪 80 年代预算削减之后，他们因找不到大学职位，只能转行成为通才工程师。凭借数学背景，神经网络和机器学习的理论对他们来说轻而易举，就像是小孩子的游戏一样。

我们继续说脸书。鉴于以上原因，我说服了管理层创建一个机器学习应用研究小组，并将其命名为"应用机器学习"（AML），由前微软负责将机器学习系统用于广告展示位置的华金·基尼奥内罗·坎德拉（Joaquin Quin~onero Candela）负责。我俩私底下说法语。华金是西班牙人，在摩洛哥长大，并在那里就读了一所法国高中，然后回西班牙学习，并在丹麦攻读了博士学位。在德国读完博士后之后，他加入了英国剑桥的微软研究院。因为这些经历，他会说西班牙语、法语、英语、德语、丹麦语和一点点阿拉伯语！他是一位住在硅谷的真正的欧洲人。在微软时，他就已经转向应用研究了。

在小组成立的早期，FAIR 和 AML 在某些领域（例如图像识别）的合作非常有成效，但在诸如语音识别的其他应用中，两者的合作一直不稳定。一方面，产品小组对 AML 开发的机器学习工具的需求量巨大，导致工程师很少有时间进行长期工作。另一方面，AML 急需聘请专门从事人工智能和机器学习的工程师，但由于各个公司都在激烈争抢这方面的人才，所以工程师短缺的情况持续了很长时间。直到几年之后，FAIR 和 AML 之间的合作才变得卓有成效。

科学研究的突破只有迅速转化为产品，对公司才有价值。技术管理人员必须学会平衡研发潜在的影响，承担在项目过程中资源投入的风险。而对队伍庞大的工程师而言，他们必须相信自己有可能将这一突破转化为技术创新，并开发出产品，开展应用。但有时我们会被外部质疑。随着研发的深入，走得越远，花费的资金和资源越巨大，失败的代价也就越大。技术部门的管理者在其间起着至关重要的作用。这正是科技巨头取得成功的最主要原因之一：管理者本身就是工程师！这与施乐和 AT&T 等公司的老派作风相去甚远，尽管这些公司的实验室发明了现代社会的大部分技术，但是它们并没有意识到其重要性，因此时常将技术产品商业化的机会拱手让人。

2018 年，脸书成立了涵盖所有研究和开发工作的 Facebook AI，它负责监督 FAIR、AML 和其他一些部门。此时的 AML 已经更名为 FAIAR（脸书的人工智能应用研究院）。"Facebook AI"由另一名法国人热罗姆·佩森蒂（Jérôme Pesenti）领导，在此之前，他将自己的创业公司卖给了 IBM，然后一直在 IBM 任职。

由于这个共同管理机制，FAIR 和 FAIAR 之间的合作得到了极大改善，FAIR 在图像识别或翻译方面的一项创新，可以在几周之内出现在数十亿人的屏幕上。但是这一过程通常来讲还是比较漫长的，毕竟 FAIR 大部分研究都是长期的。

2013 年，平台还未使用深度学习，但是在 2019 年，情况就完全不同了：没有它，脸书将无法运行。FAIR 开发的方法为这个社交网络带来了无数改进：图像识别；语言理解；语音识别，这在 2013 年还不受重视；开发能够为人们提供日常帮助的虚拟智能体，支持这项应用的技术尚不存在，但脸书对人脸识别领域非常感兴趣，这是一个挑战！个人的数据量很少，但我们有超过 20 亿个不同的类别！脸书仅用几张照片，就能搭建一个面部模型！

如今，人工智能可以自动翻译多种语言之间的对话，每天分析数十亿张图片，以帮助用户安排新闻提要，还能为视障者提供描述性文本。数十亿用户的个人资料会根据他们的点击量等不断更新。

除了 FAIR，其他团队也在开发、维护并确保这些应用程序为 20 亿用户提供正常运行的服务。这是一个庞大的基础程序。

我现在仍然会定期会见马克·扎克伯格，只是比一开始时次数要少了。在公司中负责人工智能的人员很少，我们每年和马克聚会 4 次，讨论项目的进展情况。不过，当马克想了解 FAIR 的最新进展的时候，我会非正式地与他见一次。

4

用技术实现信息过滤

自公司成立以来，脸书就对用户之间的交流制定了十分严格的规则：禁止色情内容，禁止仇恨言论，总之内容不能太长……除了这些禁令，脸书长期以来坚持美国的言论自由理念，并将其视为优先原则，不愿对讨论的内容进行过多的限定。除非违法，否则人们可以自由发言。在法国和其他欧洲国家，法律极其严格，某些主题是禁止讨论的，例如，质疑危害人类罪的真实性就是非法的。

自 2016 年以来，随着美国总统大选的结束、新总统的产生，脸书的理念发生了变化。它认识到了过滤内容的重要性，并决心防止有人通过煽动点击率赚钱或制造分裂，以这种手段利用平台获取商业或政治利益。无论是销售"蛇油"（指代骗人的"万能药"）还是发布令人震惊到不禁去阅读和分享的新闻（有时是虚假的），都是所谓的点击诱饵，即"点击陷阱"。

今天，我们尝试利用技术自动过滤此类内容。脸书并不会开源过滤色情内容或暴力图像使用的视觉系统，因为如果那样做，心怀恶意的人很可能会更加容易地绕过它。

就在我们努力的过程中，2019 年 3 月 15 日，一名白人至上的反伊斯兰主义者在新西兰基督城的两个清真寺内开枪杀死了 51 人。他在头盔上安装了一个摄像头，以便在"脸书 Live"[①] 上实时直播这场大屠杀。直播持续了 17 分钟，这是网络收到警报并封禁射击者的脸书和 Instagram（照片墙）账户所用的时间。随后，脸书删除了 150 万份该惨剧的视频记录。这次自动检测的严重失职引起了全世界的关注。政府领导人与主要社交媒体一道发起"基督城呼吁"，要求加强对互联网上不良图像的管控，并加大对发布图像者的处罚。

实际上，就当今的技术而言，检测此类内容极为困难。一方面，许多"暴力"视频都是合法的，比如好莱坞电影的片段、视频游戏的画面，甚至是打靶视频。我们如何将这些图像与真实屠杀区分开呢？

---

① 脸书 Live 是一项服务，它使每个人都可以将自己的智能手机变成电视台并进行现场直播。

另一方面，回想一下，我们需要通过大量的示例来训练一个模型，所以，如果我们只有很少的屠杀视频——这当然是幸运的事——该如何训练检测系统呢？即便如此，脸书、YouTube视频和其他服务提供商的工程师也在努力提高这些系统的可靠性。

得益于人工智能的自动检测，有许多不良内容在被传播之前就被脸书删除了。对已知的宣传恐怖主义的视频或图像的检测使用了类似嵌入的方法，它们一经发布即被标记，并被添加到黑名单中，然后就会被取缔（参加第七章有关"嵌入"的内容）。第一个被训练的卷积网络用于生成一个表示图像或视频的向量，第二个系统仅检测该视频与黑名单中视频的相似性（参见第七章有关"相似度测量"的内容）。

但还是有许多散播仇恨的内容避开了过滤器。人工智能无法区分表面意思和隐藏的意思，也无法理解暗喻。例如，如果一个新纳粹组织发布了种族主义信息，系统可以检测到并且限制其传播。但想象一下，如果它被分发给监督新纳粹活动的人，后者可能会转发该信息，以记录新纳粹的宣传。分类系统无法将后面的"反"新纳粹的帖子与前面的新纳粹的帖子进行区分。虽然用途不同，但文本内容是相同的。如果存在暗讽或批评，系统也无法进行准确的判断。

2018年，有人在法国上传了一张古斯塔夫·库尔贝特（Gustave Courbet）的著名画作《人世之源》的图片。如果不知道该作品，那么完全可以将其归类为色情内容，因为图像的内容十分露骨。在这种情况下，图像自动识别系统无法识别出这是艺术作品且让其通过，尽管现在已经有工具可以处理此类异常，但仍然存在判断的困难。

我记得挪威一家报纸的主编曾在脸书上张贴了一张非常著名的照片：一个大约12岁的越南裸体女孩，正沿着一条道路奔跑，以逃避凝固汽油弹。在几乎所有国家，裸体儿童照都是违法的，因为它被认为是恋童癖。因此，一位不认识该照片的主持人（是真人！）举报了这位主编，照片随即被删除。这引起了公愤。那位主编给马克·扎克伯格写了一封公开信。当然，脸书后来恢复了照片。由此，脸书引入了一个保护严肃艺术和媒体的例外清单。

我们还能想起很多悲惨的事情。在缅甸，罗兴亚人中的伊斯兰教徒与人数占多数的佛教徒关系十分紧张。许多佛教领袖都会发布一些虚假新闻，例如有人发过一张照片以此暗示一个佛教徒家庭的一个小女孩被一名伊斯兰教徒杀害了。这位领袖有很多追随者，他在自己的帖子下写道："你们知道该怎么做。"鉴于当今人工智能的局限性，还没有系统能够识别正在传输的信息是否为假新闻，也无法察觉暗含的报仇的呼吁。这种未知信息（"infox"）不论在哪个平台被散播都可能会带来可怕的后果，引发种族冲突，尤其是在政府牵涉其中的情况下……

到这里，我们就触及了现有技术的极限。每天上传到脸书的帖子、图像和视频的数量高达数十亿，人工处理这些数据是完全不可能的，我们仍需不断地改进人工智能的信息过滤功能，而脸书也正在加大在这一领域的投入。

目前脸书的信息识别和分拣可以分为三个级别。

• 基于人工智能的自动检测系统。我们正在不断地改进它们，但是正如我们刚刚所说，它们并不能完美地处理数据。

• 用户。他们可以举报可疑内容。这很有效，但常常是滞后的，因为内容已经在传播了，而且这种举报有时会带有偏见。

• 检查员。脸书目前在全球拥有约3万名检查员，主要由合作伙伴公司聘用。他们讲数百种不同的语言，负责对系统进行干预以确定自动系统检测的内容或用户举报的内容是否违反了现行规则。检查员的工作很困难，他们中的一些人需要审查暴行，这是无法避免的工作任务。

困难与失败，是公共服务事业中不可避免会遇到的情况。脸书将分散在世界各地的朋友和家人联系在一起，让许多小型企业与客户建立联系进而蓬勃发展，把关心某项事业的人组织起来、团结起来。它发出了对团结的号召，它既是一个意识的觉醒者，也是一个自爱的共振体。

5

技术、平台与媒体

脸书的丑闻

首先，我们要弄清楚一点：脸书不会将用户的个人数据出售给广告商。2019 年 1 月 25 日，马克·扎克伯格在法国《世界报》的一个论坛上描述脸书的商业模式时回应了这一点。[①]脸书向用户推送广告，但没有向广告商泄漏有关用户的信息。

我们愿意相信，允许人与人之间交流只会有益无害。当这个概念初次被提出时，我们能否预见并防止这一全球性的交流平台被滥用？

脸书在 2018 年经历的事件使其形象受到了极大损害。即便 FAIR 实验室没有参与此事，即便这个事情与人工智能毫无关系，我觉得也有必要谈一谈它。我们先来回顾一下该事件。2018 年 3 月，《纽约时报》和《卫报》披露，美国的一家数据分析公司剑桥分析

---

① Mark Zuckerberg,Je souhaite clarifier la manière dont Facebook fonctionne, *Le Monde*, 25 janvier 2019 .

（Cambridge Analytica）在用户不知情的情况下使用了脸书用户的个人数据。这家公司是由著名的保守派商人鲍勃·默瑟（Bob Mercer）和当时与唐纳德·特朗普（Donald Trump）很亲近的史蒂夫·班农（Steve Bannon）于2013年合作创建的。

鲍勃·默瑟以前是一名计算机科学家，曾在IBM从事语音识别工作。20世纪80年代后期，他和一些同事受聘于一家对冲基金公司——文艺复兴科技公司（Renaissance Technologies），这是由一些使用计算机和数学方法进行投资的投资者组成的金融公司。他们已经非常富有。除了自由主义者鲍伯·默瑟，其他人都是左翼分子。

媒体写道，剑桥分析公司获取并使用了数百万脸书用户的数据，以确定谁可以在2016年转而支持候选人唐纳德·特朗普，以及谁会在事关英国未来的投票中支持英国脱欧。

该事件在美国和英国的日报上刊登三个月后，脸书副总裁兼法律总监保罗·格雷瓦尔（Paul Grewal）指责摩尔多瓦裔美国人、剑桥大学心理学研究员亚历山大·科甘（Aleksandr Kogan）向剑桥分析公司提供了他在工作中收集的数据。有7万个用户为了获得4美元的奖金，下载了他的调查问卷"这是你的数据生活"（"This is your digital life"），并回答了有关他们使用互联网习惯的问题。这个问卷调用了一个有着温和名字的接口：Graph API v1.0。通过这些互联网用户的朋友，科甘访问了数百万用户的一些信息，这些信息都是他们自己填写的个人信息以及与朋友分享的信息，包括居住城市、出生日期、教育程度、兴趣爱好、朋友等。

这是怎么实现的呢？

2016年之前，脸书建立了一个开放平台，允许软件开发人员使用这个著名的Graph API v1.0接口编写自己的应用程序：编写的应用程序可以是一款与他人一起玩的游戏，也可以是共享日历。合同明确禁止软件开发人员收集和散播用户私人数据。但是脸书很快意识到可能存在滥用的行为，因为要使软件能够运行，开发人员必须有访问某些资料数据的权限。而为了正常工作，必须允许应用程序（例如共享日历）访问自己的个人资料，同时也必须授权它访问你朋友的个人资料，即便你的朋友没有明确地允许它通过你的应用程序访问。为应对这种滥用，脸书完全关闭了该平台，这也导致许多给它进行投资的公司蒙受了巨大损失，很多人为此感到遗憾和恼火。

因此，从2016年起，也就是至少在这起事件被曝光的两年之前，脸书就已经解决了这个问题。

丑闻曝光后，亚历山大·科甘解释说他是一名学者，仅仅是将数据用于社会学研究。但是他的行为看起来确实违反了合同，因为他在使用这些数据后将结果转移给了剑桥分析公司，而这一切都发生在脸书决定关闭该平台的访问之前。

以其关怀的经营理念之名，我们可以指责脸书的管理层过分自信了，他们没有预料到自己的网络会被居心叵测的人利用。无论如何，脸书的信誉都受到了冲击。

新闻源

在2016年美国总统大选之后，脸书改变了新闻流的算法。因为在2006年被创建时，脸书使用的是基于一些比较简单的算法建立的用于计算向用户展示内容的系统，然后改用了传统的机器学习（没有涉及深度学习）。自2015年以来，它使用了更先进的深度学习技术，搭建了更智能化的系统：对用户的兴趣进行建模。这个系统是经过训练的，并且随着我们的点击而不断演化、不断适应。

这些系统尝试对服务质量的各种度量进行优化，与机器学习中的最小化目标函数一样，我们视情况力求最小化或最大化这些度量。我们首先对系统稍加修改，只针对一部分用户部署修改后的版本，如果经过一段时间测量结果有所改善，我们便会针对更大范围的用户进行部署。

例如，要衡量用户点击一个广告的次数，这个问题在上一章中已经讨论过了：我们尝试降低显示的广告数量与点击次数的比值。当然，点击次数决定了公司的收入，但同时我们也知道，显示的广告数量越多，平台能够吸引的用户就越少，因为用户不是为广告而来的。因此，我们必须找到一个最佳的折中方案：显示最少的，却是用户最感兴趣的、个性化的广告。为此，必须了解用户之前点击过什么内容，然后再向他们推送类似的内容，等等。所有这些都需要内容理解和机器学习。

"参与度"是旧的衡量标准，它反映了人们在新闻源上花费的时间、点击的次数、阅读的文章数量、发布的帖子数量等。在这种情况下，用户在脸书上花费了大量的时间，却对得到的内容并不满意。

自2018年1月开始，脸书从根本上改变了评价标准。如今，度量参与度的方法是基于用户与对该用户有意义的重要内容的互动性而制定的，它确定哪些内容能够给用户带来持久的满足感。脸书专门设置了一个部门致力于了解用户的行为。虽然某些内容触发了用户的点击，但对用户而言，这些并不一定是最令人满意的内容，用户随后会将此次点击视为浪费时间。自2018年以来，脸书的指导原则一直是最大化地提高用户满意度，也就是增加可以促进用户主动参与的内容，减少被动浏览的内容。

为优化系统做各项标准配比的工作并不是由FAIR负责的，而是产品和工程部门制定的，也是由他们保证这些基础结构的正常运行。但他们所使用的图像识别、文本理解等系统，都是在FAIR开发后由应用研究和开发小组设计出来的。脸书的科技火箭有几层楼呢！

脸书和媒体的未来

越来越多的公司将广告预算投向线上服务，特别是谷歌和脸书，这使得纸质报纸这样的传统广告媒体日益亏损。但与此同时，社交媒体也在将大量读者时不时地吸引到传统媒体上。2018 年，新闻源算法发生了改变，它将朋友推荐内容的优先级调整到高于媒体直接发布的内容。新闻文章包含了一个被称为信任指数（trust index）的指标，用于评估内容的可信度。所有这些都使用户分享的可靠媒体的内容的数量发生增长，而以吸引注意力和点击量为唯一目的内容（用户点击却不分享的内容）有所减少。新算法改变了帖子参与度（对新闻机构发布的文章的反应）和 Webshares（文件共享软件，对朋友推荐的文章的反应）之间的关系。网络分享的比例猛增，更多严肃的文章出现在新闻源上，而它们正是朋友间推荐的目标。因此，算法的调整促进了高质量传统媒体的发展，打压了吹嘘者的生存空间。[①]总的来说，脸书在媒体行业经济中扮演着越来越重要的角色。

新脸书

近几年，在经历了种种对可疑内容或松懈或过度审查的指控后，脸书呼吁自由民主国家的政府就这个问题出台新法规。作为私营企业，脸书觉得由它决定什么可以接受、什么不可以接受是不合法的。因此，在 2018 年年底，脸书开始思考与法国政府就关于仇恨内容的处理问题展开合作。2019 年 5 月 10 日，马克·扎克伯格在爱丽舍宫与埃马纽埃尔·马克龙（Emmanuel Macron）会面，并对合作的各个

---

① Steve El-Sharawy, Facebook algorithm: How the shift in engagement can favour news rooms, *Global Editors Network Newsletter*, 5 février 2019.

方面进行了探讨。① 这项工作目前正在进行中：这些政策应完全以民主的方式制定，而不是依赖于一家私营企业。

但是监管只是一个前提性的框架，该如何将它们付诸实践呢？如何决定是保留还是删除一条信息？为此，脸书举办了一次由来自88个国家的2000多人参加的大型公众咨询会，以确定最佳的行动方案。② 咨询会的结果表明，人们最想要的是一个独立于脸书和政府的，能够保证内容政策有效的监督委员会，它的工作要基于普遍人权的原则，并在言论、安全、隐私和平等之间维持平衡。除了其他事项，该委员会还应建立申诉机制。

这是脸书的一次蜕变。新脸书的产生标志着一种理念的改变：它更侧重于保护用户的私人数据。2019 年 3 月 6 日，马克·扎克伯格在一个论坛上宣布了该理念。③ 脸书在未来将通过端到端的加密数据专注于保护私人通信和朋友间的聊天。

① Luca Mediavilla, Mark Zuckerberg à l'Élysée vendredi pour rencontrer Emmanuel Macron, *Les Échos*, 7 mai 2019 .

② Brent Harris, Bilan du débat global et commentaires à propos du Conseil de surveillance sur les politiques de contenu de Facebook et leur application, *Newsroom*, 27 juin 2019 .

③ Mark Zuckerberg, A privacy-focused vision for social networking, *Facebook*, 6 March 2019 .

6

对带标签数据的渴求

机器学习需要大量带标签的数据，这个条件是强制性的。在 FAIR，我们正在研究更简单的训练系统的方法，例如研究如何使用大量无须事先手动标记的数据进行训练。方法如下：我们获取了 35 亿张来自 Instagram 的图片，并训练了一个足够大的神经网络来预测人们在上传一张照片时可能会输入的标签。同时，我们建立了一个含有 17000 个经常被输入的信息性标签的列表，然后用一个受过训练的卷积网络预测这 17000 个标签中的哪些可能成为某个特定图像的标签选择。

你可能会认为预测主题标签没什么用，这么想有一定道理，但这只是一个前提，这个操作可以使神经网络生成一个图像的通用表示形式。这 17000 个标签几乎覆盖了图像中可能包含的所有概念空间。网络训练完成后，我们将最后一层（产生主题标签的那一层）删除，取而代之的是我们训练过的执行我们所感兴趣的任务的另外一层，例如，能够检测暴力或色情图片以对其进行过滤的层。

这种预训练或迁移学习（transfer learning）的效果比针对特定任务训练机器的效果更好。它在诸如 ImageNet 这样的数据库上创造了精确的纪录。

近年来，FAIR 开发的另一项技术 Mask R-CNN（参见第六章相关内容）取得了很大进步。它不仅可以识别物体或人物，还可以定位它们并绘制其轮廓。它可以画出查尔斯表弟、克洛艾阿姨、朱利安手中的棒球棒、门前的狗、桌上的酒杯和葡萄酒瓶以及田野上的许多绵羊等。举个例子，一个盲人用手指滑动手机上照片，手机会大声地向他描述他手指点到的是什么。网络的压缩效果非常好，某些版本可以在最新款的手机上以每秒 20 张左右图像的速度实时运行。所有这些都包含在一个名为 Detectron 的开源软件中，这使得行业内的研究人员可以不断对其进行改进。

7

图灵奖与我的新身份

2019 年 3 月发生的一件事使我有机会回顾自己从少年时期最开始接触计算机一直到现在所走过的历程：我很高兴，也很荣幸地获得了图灵奖。这个奖项是由美国计算机协会颁发的，相当于计算机领域的诺贝尔奖。我与两个同伴约书亚·本吉奥和杰弗里·辛顿分享了这个奖项。

该奖项旨在奖励那些具有工业影响力并已发表学术论文的科学或技术工作。以我个人为例，我是因为以前的工作成果获奖的，最近 5 年的工作没有被纳入评估。

这个荣誉与我在脸书的职业转折点同时发生。2018 年 1 月，我离开了 FAIR 负责人的职位，成为人工智能首席科学家，也就是说，我放弃了运营管理岗位，重返科研和技术策略岗位。我做这个决定是有许多原因的：首先，FAIR 已经有了很大发展，有必要成立一个与其并行的专门负责应用研究的独立实体，负责在研究中开发的新技术与新技术在产品中的应用之间的转换。

这个新实体已与 FAIR 联合，共处同一个屋檐下，能够确保双方做出最佳的互动。

　　我更适合做一个具有创造性的梦想家，而不是一个管理者。建立一个项目，使其按计划进行，这很好！但处理这之后的所有事情，并不符合我的性情，我希望能够把这部分职责移交出去。

　　目前，FAIR 的运营管理由两个人负责，一位是 FAIR 巴黎分部的前负责人安托万·博尔德（Antoine Bordes），另一位是 FAIR 蒙特利尔分部的前负责人、麦吉尔大学教授的乔艾尔·皮诺（Joëlle Pineau）。"Facebook AI"掌管着 FAIR 和应用研究小组 FAIAR，其总负责人是热罗姆·佩森蒂（Jérôme Pesenti）。在这个组织结构中，我与热罗姆一起负责科学指导和战略制定。

第九章

前景与挑战

如今，即便是最先进的人工智能系统也存在局限性，它们还不如一只猫聪明。猫的大脑有大约 7.6 亿个神经元和 1 万亿个突触，而狗的神经元数量比猫多，有 22 亿个，更不用说设计和制造接近人类大脑量级的、具有 860 亿个神经元但功耗仅为 25 瓦的机器。正如我们在第一章中所提到的，虽然我们已经了解了大脑学习的原理，知道了大脑的结构，但重现其功能所需的计算量是无比巨大的，大约是每秒 1.5×10^{18} 量级的操作。现在一块 GPU 每秒可执行 10^{13} 次计算，功耗约为 250 瓦。为了达到人脑的计算能力，必须将 10 万个这样的处理器连接上功耗至少 25 兆瓦的巨型计算机才能实现。这巨大的能量消耗是人脑能耗的 100 万倍。谷歌和脸书的人工智能研究人员总共可以使用的全部计算能力加在一起才能达到这个级别，但是，很难让数千个处理器一起启动，同时完成一项任务。

　　科学面临的挑战是巨大的，技术也是如此。

　　我们孜孜不倦地努力拓宽当前系统的边界，那么最诱人的前景在哪里呢？我们又可以从未来的研究中期待什么呢？

1

探究智能和学习的基础

在法国，所有人都听说过法国航空先驱克莱芒·阿代尔的名字，去过巴黎工业艺术博物馆的参观者都十分欣赏他的 3 号飞机（Avion III）的复制品。克莱芒·阿代尔生活在 19 世纪末，这位天才工匠于 1890 年自行建造了一架能从地面上起飞到一定高度的飞机，比莱特兄弟发明的飞机还早 13 年。只不过出了法国，就没多少人知道他的名字了。

为什么会这样呢？因为他的工作没有什么后续成果。他的飞机的确飞了起来，可惜被证明难以控制。克莱芒·阿代尔以蝙蝠作为模型，却忘了考虑他的"复制品"的操作性和稳定性等问题。他只是简单地复制了大自然的现象，因而忽视了问题的另一面。另外一个原因在于，这位航空先驱守口如瓶且生性多疑，仅仅向少数人展示了他的作品。由于缺乏足够多的目击者，历史学家甚至怀疑他成就的真实性。

这次被埋没的科学冒险恰好证明了我的观点：一方面，不被世人所知的实验是没有未来的。研究以交流为基础，它应该是共享的、开放的，我在贝尔实验室领悟到了这一理念，并将它带到了FAIR。另一方面，我们尝试复制生物学机制的前提是理解自然机制的本质，因为在不了解生物学原理的情况下进行复制必然导致惨败。

我们谈论过许多关于诺贝尔奖得主休伯尔和威泽尔以及许多其他努力破译人脑神经元的科学家的话题，他们启发了第一批人工智能研究人员。人工神经元受到脑神经元的直接启发，就像飞机的机翼受到鸟翅膀的启发一样，而卷积网络则重现了视觉皮层架构的某些方面。但是，很明显，人工智能研究的未来不能仅仅复制大自然。

我认为，我们必须探究智能和学习的基础原理，不管这些原理是以生物学的形式还是以电子的形式存在。正如空气动力学解释了飞机、鸟类、蝙蝠和昆虫的飞行原理，热力学解释了热机和生化过程中的能量转换一样，智能理论也必须考虑到各种形式的智能。

2

机器学习的局限性

在人工智能领域中最常使用的监督学习只是人类或动物学习的一种平淡的反映，它的原理是逐步调整一个架构的参数，从而接近要完成的任务。但是如果要这样训练一个系统来识别物体，我们需要为它提供成千上万甚至数百万个物体的图像。

而且这些示例必须事先进行人工识别和标记。为了生成获得训练系统所需的数据，公司需要雇用大量零工来标记图像，或将一种语言的文本翻译成另一种语言。这个过程已经变得十分普遍，国际咨询集团埃森哲就为许多使用机器学习的公司提供这种服务。学术研究则通常使用 AMT（Amazon Mechanical Turk），这是亚马逊提供的一项服务，即任何人都可以登录到网站，完成标记工作并获得报酬。

当有足够的可用数据时，这种监督学习非常有效。但是它也有局限性，即它只在给定的区域有效，所以存在盲区。为了证明这一点，我拍摄了一组所谓的对立图像，以深入了解视觉错觉对人类的影响。这种表面上很容易识别的图像却能超出机器的理解范围。实验表明，即使是停车标志的一个微小变化也可能导致某些神经网络无法准确识别。人们经常会对自动驾驶的安全性感到担忧，但我们可以通过遮盖路标来欺骗人类驾驶员，为什么这种变化对自动驾驶汽车来说更危险？

我们通过一个例子来说明。假设有一台可以区分猫和烤面包机的机器，我们可以在不知不觉中改变猫的图像，但又能够使机器以高分产生"烤面包机"的输出。想要做到这一点，我们要向机器显示猫的图像，然后修改此图像的像素，并通过梯度下降法增加"烤面包机"类别的得分，降低"猫"的得分。但对人类来说，被干扰的图像仍是一只猫！

为什么网络会如此轻易地上当呢？以监督学习的方法训练出的机器可以在学习示例的范围内产生良好的输出，但学习示例的范围毕竟有限，它仅仅能够覆盖输入空间的一小部分。[①] 在示例之外，函数并不知道该做些什么。

与监督网络不同，人类视觉系统不仅受过对图像进行分类的训

---

① 对于 1000 × 1000 像素的黑白图像，如果每个像素可以采用 256 个值，于是会存在 256**10000000 个可能的像素配置。那是 2400 万位数！那么 10 亿个示例的学习集当然仅覆盖了很小的一部分。

练，而且除了完成特定任务，它还接受过捕捉视觉世界结构的训练，我们稍后会讲到。也许这正是人类视觉系统不同于受监督的神经网络之处，因此一个孩子不需要成千上万头大象来学习"大象"的概念，而是只有三头就足够了，甚至在插图中描述出图案都可以。

因此，监督学习不能构建真正的智能机器，它只是解决方案的一部分。如果我们把构建智能机器比喻成拼图，那么现在这块拼图上还缺少很多零件。

3

强化学习的局限性

有些人看到了另一种机器学习的解决方案。

强化学习可以在对机器进行训练时，无须给出预期答案，而只需告诉它产生的结果是否正确。当我们无法为系统提供正确答案，只能够评估系统答案的质量时，强化学习就是一个很好的选择。假设要训练一个拾取物体的机器人，我们无法每时每刻都告知机器该如何激活引擎来完成任务，但是我们能够在机器做出尝试之后很轻易地评估物体是否已被拾取。机器人会尝试一种策略，观察它是否有效，如果不成功，则尝试下一种策略，并重复该过程，直到找到一种可靠的策略为止。可靠的策略可以通过一个神经网络来实现，其输入是场景的图像、机器人的位置、感受到的力和触摸传感器的图像，其输出是发送到引擎的命令。这种不给机器提供正确答案，而是通过反复实验并对结果进行评估的学习被称为"强化学习"。

通常来说，不管测试是成功还是失败，系统都可以自发完成，从而使系统学会"自学"。

评估场景正确与否成了对机器的一种"奖励"或"惩罚"，就像我们奖励一只被训练绕圈圈的动物一样。对机器而言，"奖励"或"惩罚"只是一个数字。如果答案正确，则为正数，否则为负数。但是，机器不知道输出朝哪个方向做出改变才能获得更好的奖励（我们无法计算此评估函数的梯度，只能观察其数值），因此它会进行尝试，然后，观察其尝试对奖励产生的影响，并通过调整神经网络的参数来改变行为，最终使奖励最大化。

强化学习的优势在于，它可以训练系统且无须提供正确答案便可评估其性能，主要适用于系统必须采取行动的情况，例如控制机器人或玩游戏。我们已经通过 DeepMind 的 AlphaGo、AlphaZero 和脸书的 Elf OpenGo 看到了强化学习在竞技领域所取得的惊人成就。

不幸的是，这种学习范式在最常见的形式下，即便是执行简单的任务，也需要大量的交互（尝试和错误）才能进行学习。

如果要训练一个下国际象棋或跳棋的机器，传统的方法是利用树搜索（参见图 7-9）检索棋盘，较为新颖的方法是使用深度学习和强化学习。我们编写一个程序，它会使机器按照规则玩游戏，程序中带有一个确认哪些最有可能引向胜利的学习系统。最初，该系统未经训练，只是毫无目的地游戏，我们让它与自己的副本进行成千上万次的对决。在每局游戏结束时，一个"玩家"（可能是偶然地）获胜，训练它的深度学习系统就会重复或加强使用胜利的策略。它会向机器强调："下一次比赛时，当你处于这种情况下时，请仍然使用这个策略，因为它会把你引向胜利。"

就这样，该机器与自己进行了数百万次，甚至数十亿次游戏对决。有了足够多新型计算机并行运行的支撑，系统可在数小时内进行几百万次游戏。它之所以能获得超凡的表现，是因为它见过绝大部分棋局。谷歌 DeepMind 最新版的 AlphaGo 和 AlphaGo Zero 采用的就是这种运行方式。在脸书，我们有一个类似的系统 Elf OpenGo，与 DeepMind 不同，它是开源的，已被许多研究小组使用。

强化学习对游戏非常有效，因为我们可以同时在许多台计算机上运行它。

与监督学习一样，这种学习需要大量的资源和互动才能实现超凡的表现。DeepMind 训练了一个可以玩雅达利（Atari）经典游戏（共有 80 个游戏）的系统，每个游戏至少要花费 80 个小时来训练，才能勉强达到合格水平，而一个人只需要 15 分钟就可以做到这一点。但是，如果让系统运行更长的时间，它将达到人类无法企及的超高效率。实际上，这 80 个小时是机器实时玩游戏时所花费的时间，而且它可以用更快的速度进行游戏，甚至可以同时进行多个游戏。但这仅适用于游戏，因为训练汽车在道路上行驶时，我们并不能让时钟转得更快。

4

有待开发的学习新范式

游戏的世界就是这样！

但是在现实世界中，最纯粹的强化学习根本不适用。想象一下，如果要用它来训练自动驾驶，那么前提是它必须驾驶了数百万个小时，引起成千上万次撞车事故，而后才能学会避免撞车（参见第七章"自动驾驶汽车"相关内容）。如果汽车掉下悬崖，系统一定会说：

"哦，我一定是错了。"这只会稍微纠正其策略。第二次，汽车可能会以不同的方式掉下悬崖，然后系统会再次稍微纠正其策略，如此循环往复。在系统彻底弄清楚如何避免跌落悬崖之前，汽车必须像这样重复跌落数千次。

那么，是什么原因可以让大多数人能够在 20 多个小时练习和很少的监督下学会驾驶，而又不会造成事故（对我们大多数人而言）？仅有监督学习和强化学习是不够的，可以让机器等同于人类或动物的学习新范式还有待开发。

当然，我们可以模拟。随之而来的另一个问题是：模拟器必须足够强大且精确，也就是说，必须足够准确地反映现实世界发生的情景，这样我们才能在系统通过模拟训练之后，将其能力转移到现实世界。这并非总能实现。模拟真实世界问题的 sim 2 rel（simulation to real world）是目前一个非常活跃的研究领域。

科学界一部分人认为，这种强化学习的方法将是设计出人类级别的人工智能的关键。AlphaGo 之父、DeepMind 公司的一位大人物戴维·西尔弗（David Silver）常说："强化学习是智能的本质。"对于这种信念，我们中的一些人扮演了卡桑德拉①的角色。我提到过"黑森林"，它是由一层层交替的海绵蛋糕和奶油制成的巧克力蛋糕，非常好看。它的表面撒有糖霜，通常最上面会放有蜜饯樱桃。我经常在演讲中用它做比喻：如果智能是一块黑森林蛋糕，海绵蛋糕的部分代表自监督学习——这是动物和人类学习的主要方式，那么糖霜的部分就相当于监督学习，而锦上添花的蜜饯樱桃则相当于强化学习。

---

① 卡桑德拉（Cassandra）是希腊、罗马神话中特洛伊的公主、阿波罗的祭司。她拥有预言能力，但预言却不被人相信。——译者注

5

有限的预测能力

如今的人工智能有一个悖论：它功能极其强大、极其专业化，却没有一点常识。"人工智能没有任何概念、文化，它什么都不懂，"埃马纽埃尔·马克龙在 2018 年 3 月 29 日这样说道。那天他介绍了菲尔兹奖得主、法国共和国前进党议员、数学家塞德里克·维拉尼的人工智能报告。[①]

人工智能目前对世界只有一个肤浅的理解。自动驾驶汽车可以从点 A 行驶到点 B，但是并不知道什么是驾驶员。

一个翻译系统有时可能会产生一些滑稽的错误而不自知；虚拟助手只能在接受训练的范围内工作：它们能报告交通信息，能调到你点播的广播电台，能立即找到你要查找的乔治·布拉桑（Georges Brassens）的歌曲。但是，如果你问它："Alexa，我的衣服装不进手提箱该怎么办？"她就不知道可能回答"少带衣服""买更大的手提箱。这些是亚马逊上可以买到的大皮箱"……如果你告诉它，"Alexa，我的手机掉进了浴缸。"它不会知道你的手机湿了，需要更换。如果想要更有效地回答问题，Alexa 必须具备一些常识，即一些有关世界运作方式及其物理规律的知识。

目前的人工智能没有常识，但常识至关重要，它制约着我们与世界的联系，它能填补空白，弥补隐含的信息。当我们看到一个坐在桌子旁的人时，可能看不到他的腿，但我们知道他肯定有腿，因为我们

---

① Cédric Villani, *Donner un sens à l'intelligence artificielle. Pour une stratégie européenne*, mars 2018, https://www.ladocumentationfrancaise.fr/var/storage/rapports-publics/184000159.pdf.

对人类有一定的常识。我们的大脑还整合了物理学的基本定律，比如，如果有人打翻了眼前的玻璃杯，那么杯子里的水就会洒得满桌子都是。我们知道如果不拿住某个东西，它就会掉下去。我们还能够意识到时间流逝、万物运动。当一个人站起来时，我们知道他不再坐着，因为一个人不能同时处于这两种状态。

当听到"皮埃尔，拿上挎包走出会议室"这句话时，我们能马上想到很多基本信息：皮埃尔应该是个男人，他可能在上班，他的挎包里肯定有文件；皮埃尔是用手而不是用脚拿起包；他用手抓起包，从椅子上站起来（他应该是坐着的，也许正在开会），然后他快步走向而不是飞向大门；他握住门把手，转动把手并跨过门槛。

同时，我们也会知道有些事情是不可能的：皮埃尔不能通过心理运动吸起他的挎包，他不能原地消失，然后在房间外出现，他无法穿越墙壁（除非是穿墙人杜蒂耶①），等等。

我们在生命的头几个月和几年中逐渐了解世界的模型——我有意使用了与人工智能领域相同的词汇，这使我们可以将某个普通的句子补充完整。这个句子的其余部分并没有向我们提供有关整个句子的所有信息，但我们还是能够将这个句子补充完整，因为我们知道世界的运行规律。同样，当我们阅读一个文本时，可以或多或少预测到下一个句子；当我们观看一个视频时，能够或多或少预测到接下来一连串的动作和反应。

目前，机器的预测能力十分有限。当然，如果给定一个有些删减的文本，机器有能力给出一个可能的后续单词列表。但是，如果这段文字是阿加莎·克里斯蒂（Agatha Christie）的小说，在最后一幕埃居尔·普瓦罗（Hercule Poirot）宣布"凶手是……先生"时，那么为

---

① 杜蒂耶是《穿墙记》（*Le Passe-Muraille*）的主人公。《穿墙记》是法国小说家马塞尔·埃梅（Marcel Aymé）在 1943 年发表的短篇小说，后被改编为电影和音乐剧。——译者注

了完成这个句子需要读者有很强的常识和对人性的了解。很显然，没有哪一台机器能做到这一点。

人类常识的特征之一就是这种推断能力，它让我们能够自我定位并采取行动。我认为这是另一种学习形式的结果，我称为"自监督学习"。

6

人是如何学习的

目前，人类的学习比任何一种机器学习方法都更加有效，并且有效性高出太多。

以巴黎高等师范学院认知科学教授、FAIR 巴黎分部兼职研究员埃马纽埃尔·迪普（Emmanuel Dupoux）为代表的一些发展心理学家认为，人类的学习很早就开始了。[①] 从新生命的头几个月开始，婴儿就会习得有关世界运作方式的大量知识。从第二个月起，他们就能够区分有生命物体和无生命物体，并且很早就了解到这些物体不会突然出现，即使它们被另一个物体掩盖住了也是始终存在的。这种概念会永久地存在于他们的大脑里。这些属性对一个成年人来说是理所当然的，但这其实都是我们在生命的前几个月就习得的。一般在 6~8 个月，婴儿就能获得比较直观的物理概念；9 个月后，他们就已经习惯了重力和惯性定律。当遇到违反这些普遍规律的事情时，他们的眼睛

---

①   Emmanuel Dupoux, http://www.fscp.net/persons/dupoux.

会睁大，你可以看到他们脸上那副惊奇的表情。

　　婴儿通过观察和实验习得了这些基本概念，甚至在不知道如何走路之前，他们的行为就像一个大学者一样。在 8 个月的时候，如果我们让孩子坐在高脚椅上，把玩具放在他面前，他会拿起玩具并扔掉它们，当玩具掉落时他的眼睛会一直盯着，当你好心为他捡起后，他会再次重复刚才的动作。不要批评他，他正在学习重力的概念。

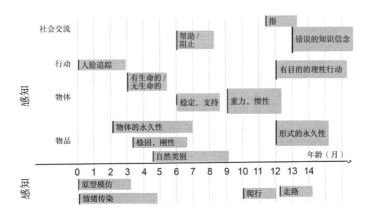

图 9-1　埃马纽埃尔·迪普关于感知、运动和社会的发展阶段
婴儿在生命的最初几个月中学习了大量有关世界运作方式的基础知识。这种学习主要是通过观察来完成的：在最初的几个月中，婴儿受周围的物理世界影响很小。大约 9 个月后，婴儿意识到无支撑的物体会因重力而坠落。根据埃马纽埃尔·迪普的说法，在此之前，飘浮在空中的物体不会使他们感到惊讶。

　　同时，他还训练了一种预测能力，这对完善一个人的感知是必不可少的。例如我们会知道：即使我看不见，那个坐着的人也有两条腿。而且更重要的是，这对于预测我们行动的后果很有用，使我们可以制订计划。例如，如果我们推轻物体，物体将移动，而随着物体质量的增加，需要的推力也会增加。

　　我们能在脑海中设想数千种情形及结果，我们还掌握着上千种人类行为的预测模型，它们丰富了我们的社会智能，使我们能够想象周围人会对我们的行为做出何种反应，或更笼统地说，我们的行为可能对世界造成什么后果。

人与动物是通过多种不同的组合方法来学习的，人工智能研究人员试图让机器也按照这种方法来学习。我们假设人与动物通过自我学习获得了大部分知识，观察一定在其中起着至关重要的作用，在此基础上再添加一小部分监督学习（或模仿学习），以及一小部分强化学习。学习走路、骑自行车或开车就结合了这三种学习方式。当学习在右侧是山沟环绕的道路上驾驶时，我们可以从我们对世界的认知模型中知道：如果将方向盘向右转，汽车将开进山沟。我们也能运用关于重力的知识预测：汽车将跌至山谷中。我们根本不需要去尝试就能想到这些后果。这正是机器目前缺少的模型，也因此使得它们的强化学习极其无效。一些研究人员正在尝试训练机器进行预测模型的学习，并使用这些模型来减少训练过程中的实验次数和错误。我们虽然在谈论"基于模型的强化学习"，但这种方法仍处于起步阶段。

在人脑中，额叶专用于获取这些知识，在我看来，这就是智力的本质。动物学习的方法与人类学习的方法大致相同。有些人或动物的天赋比其他同类更高，比如在鸟类中，乌鸦就特别有天赋。在海洋动物中，章鱼非常聪明，可惜大自然似乎对它们并不友善：它们的生命只有几年，并且不是由母亲抚养的，因为它们的母亲在孵化它们时就死了。母亲的死亡对人类来说是一场悲剧，但似乎从未影响头足类动物，它们已经在海底平静地生活了数亿年。

再来说说猫吧，它们没有人类的推理能力，但依然比最聪明的机器拥有更多的常识。老鼠也一样。如果我们能制造出像老鼠或松鼠一样聪明的机器，我就认为我的事业成功了！所有这些动物都通过观察来学习世界运转的规律，从而获得了可以增加其生存概率的预测能力。

如果我们破解了人类和大部分动物通过观察来获得关于世界的大量知识的奥秘，那么我们就可以改进人工智能系统。

7

如何训练预测系统

自监督学习的基本思想是：获取一个输入后，隐藏该输入的一部分，以此来训练机器从可见部分预测被隐藏部分。以视频预测为例，我们给机器看一个视频短片，并要求它预测短片接下来的内容。然后我们将接下来的内容作为期望输出提供给机器，让机器据此进行调整，以完善其预测能力。这看起来非常像监督学习，但不同之处在于

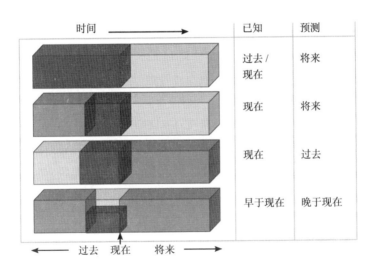

图 9-2　自监督学习

自监督学习旨在获取输入（例如视频片段）后，隐藏输入的一部分，并训练一个模型以根据可见部分预测被隐藏部分的内容。为此，模型需要捕获数据的内部结构，这样它就能够填补空白。在上图的视频片段中，被观察的部分用深色显示，被隐藏（需预测）的部分用浅色显示，被忽略的部分用介于深色和浅色之间的灰色显示。根据训练的模式，我们可以训练机器根据过去和现在来预测未来，或根据现在预测过去，或其他任何组合，例如根据图像的底部来预测图像的顶部。

期望输出是先前被隐藏的输入的一部分。

不过，如今的监督学习仍存在一个尚未完全解决的大难题：如何表示预测中的不确定性？对于一个给定的视频片段，后面的内容有若干可能，如何确保机器可以表示所有这些可能性？

我们在第七章中看到了，自监督学习非常适合用来训练机器预测文本中的单词。我们向机器展示一段文本，隐藏了其中的一些单词，并训练机器预测缺少的单词。那么该系统仅通过训练预测缺少的单词即可学习到如何表示文本的含义和结构。对于文本，在预测中表示不确定性相对容易。系统会对应每一个缺少的单词，生成一个大向量，向量的每个分量表明词典中相应的特定单词是缺失单词的概率。系统的输出是字典所有单词中每个单词出现在隐藏位置的概率分布。

然而，当输入是由连续高维信号（例如视频各帧图像）组成的时候，预测结果就会很不理想，因为目前我们尚不清楚如何表示所有可能图像空间上的概率分布。

举个例子，假设我用手指将笔直立地固定在桌子上，然后要求机器预测我手指移开两秒后的情况（世界状态）。人类能够预测笔将平躺在桌子上，但是无法分辨出它朝哪个方向倒，也就是说方向是不可预测的。如果我们用很多重复该实验的视频片段来训练机器，那么所有视频初始的片段基本相同，但最终的片段有所不同，即笔倒下的方向不同。如果系统是一个神经网络（或其他参数化的函数），其输出就是视频的最后一帧，而每个输入只能产生一个输出。为了最大限度地减少预测误差，系统可以简化为生成所有可能最终片段的平均值，即一个覆盖所有可能方向的图像。这并不是一个理想的预测结果（见图9-3）。

让我们看一个视频：有人给一个小女孩带了一个生日蛋糕，现在摆在小女孩面前的是蛋糕和点燃的蜡烛，她会做什么？如果想要机器

图 9-3　笔倒下的方向是不可预测的

我用手指将笔尖垂直地立于桌上，然后请一个观察者（人或机器）来预测我移开手指两秒后的世界状态。人将能够预测笔会平躺在桌子上，但无法确定其方向。对方向的判断存在不可估量的不确定性。如果我们训练一个机器来预测视频的后续内容，它将无法做出一个正确的预测。如果我们要求它只给出一个预测值，它能做到的最好的方法是从原始片段中产生的所有可能图像的平均值。但是，该预测结果将是一张由笔倒下的所有可能方向叠加组成的图像，如右图所示。这并不是一个好的预测。

对结果进行正确预测，它必须有一个世界模型，这个模型不仅要包含大量有关人类文化风俗习惯的信息，还需要具备直观的物理学知识，这样它才能预测吹蜡烛会令蜡烛熄灭。除此之外，还有一些其他不确定因素：小女孩可能从旁侧吹，可能她在客人面前表现得很胆怯，她也可能先拍手，等等。在这些条件下，我们该如何训练一个预测系统呢？小女孩可能向前或向后移动头部，因此经过训练的系统可以做出的最佳预测是一个模糊的图像，对应于小女孩头部不同位置的叠加（见图 9-4）。

　　如果让我在阻碍人工智能发展的所有问题中指出最重要的一个，那就是：当信息无法完全预测、连续且高维时，该如何进行自监督学习。

图 9-4　视频预测

视频短片显示一个小女孩在生日蛋糕前。很难预测这个小女孩将会向前移动去吹蜡烛还是后仰鼓掌。一个训练过的以最小化预测误差的系统将转化为预测所有可能未来视频内容的平均值——一张模糊的图像。上面 4 张图是输入网络的 4 帧。下面 2 张图是在数千个片段上用平方误差最小化驱动训练的一个卷积网络所预测的接下来的2 帧。

8

多重预测和潜在变量

　　自监督模型是一个参数化函数（例如神经网络）$yp=g(x, w)$，其中 x 是观察到的输入部分，yp 是预测值。这个形式与监督学习的表述相同，模型无法预测除了给定输入以外的任何操作。关键思想是在 f 中添加一个参数 z，我们称之为潜在变量：

$$yp=g(x, z, w)$$

　　通过改变给定集合中的 z 值，输出 yp 本身也将在某个集合中变化。当 z 在给定集合中变化时，产生的所有输出的集合构成模型的预

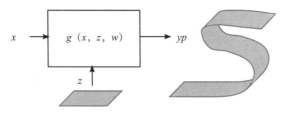

图 9-5 潜在变量模型

一个潜在变量模型取决于一个潜在变量 z，该变量的值在一个集合（由底部的灰色矩形表示）中变化时，会产生一组输出，由右侧的灰色带表示。

测集合，如图 9-5 所示。

现在有几种方法可以训练潜在变量模型，最流行的 GAN（generative adversarial networks，生成对抗网络）是 2014 年由约书亚·本吉奥的学生伊恩·古德费洛（Ian Goodfellow）提出的，如图9-6所示。[①]给定一个示例 (x, y)，我们从可能值的集合中随机取出一个 z 值，这将产生一个预测值 yp。由于 z 是随机选取的，因此预测值 yp 等于所期待的 y 值的可能性很小。GAN 的想法是引入第二个网络，它被称为"判别网络"，以判断预测值 yp 是否在合理的输出集合中。我们可以将判别网络视为一个可训练的成本函数。对判别网络进行训练是为了使与示例相关的输出 (x, y) 的成本降低，使其他所有观察结果的成本增高。需要特别注意的是，如果判别网络认为生成器的预测结果 (x, yp) 错误，那么就会调整其权重，使这些预测值的成本增高。同时，生成器也会调整权重，产生成本值比较低的预测值。为此，它会获取判别网络相对于输入（相对于生成器的输出）的梯度。

① Ian Goodfellow, Jean Pouget-Abadie, Mehdi Mirza, Bing Xu, David Warde-Farley, Sherjil Ozair, Aaron Courville, Yoshua Bengio, Generative adversarial nets, *Advances in Neural Information Processing Systems*, 2014 , p. 2672–2680 .

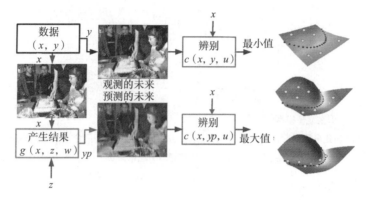

图 9-6　GAN

一个 GAN 由两个同时训练的网络组成，一个是生成器，另一个是判别器。生成器获取观测值 x（例如视频短片的原始片段），从潜在变量 z（一个向量）中随机抽取一个值，并产生预测值 yp。该预测由判别网络进行评估。判别网络是一种可训练的成本函数。成本函数在三个学习瞬间的形状表示，如图右侧所示。首先，成本函数是平坦的。对于给定的 x 观察到的 y 对应着小黑点。对于观察到的 x，判别器调整其参数 u，使其对于观察到的 y 成本低，而对生成器预测的 yp 成本高。成本函数在小黑点周围是凹陷的，而在生成器产生的亮点周围凸起。同时，生成器使用相对于其输入的成本梯度（通过判别器进行反向传播）来调整其参数 w，使其预测点更接近成本的谷底（良好的预测）。训练后，我们可以随机取一个 z 值，并给出对于给定观察值 x 的一组合理的预测 yp。

自问世以来，GAN 一直是大量论文讨论的主题。它们虽然很难操作，但产生了惊人的效果。亚历克·拉德福德（Alec Radford）、卢克·梅斯（Luke Metz）和苏密思·施塔拉（Soumith Chintala）于 2015 年 11 月联合发表的文章[1]就是第一批令人瞩目的成果之一。后来，苏密思去了 FAIR，亚历克和卢克之前在波士顿成立了一家初创公司，后来亚历克加入了 OpenAI[2]，卢克加入了谷歌。他们的论文表

[1]　Alec Radford, Luke Metz, Soumith Chintala,Unsupervised representation learning with deep convolutional generative ad-versarial networks , ICLR 2015 , arXiv : 1511 . 06434 .

[2]　埃隆·马斯克和其他硅谷企业家成立的一家公司。——编者注

明，使用卷积（或反卷积）网络架构的 GAN 可以产生令人相当信服的合成图像。生成器的输入是一个 100 维的潜在变量（在他们的实验中，没有输入 x），输出是一个 64×64 像素的彩色图像，判别器是一个单输出的卷积网络。他们用卧室照片训练了网络，然后给网络 100 个随机数，网络会生成一张虚构的但很有信服力的卧室图像。这篇文章引起了爆炸式的反响，所有人都争先恐后地加入了 GAN 的队伍！他们实现了数据建模的一个古老梦想：参数化一个我们只能通过示例了解的高维空间中的复杂曲面。

一年后，我与我的学生迈克尔·马蒂厄（Michaël Mathieu）以及 FAIR 巴黎分部研究员卡米耶·库普里（Camille Couprie）一起，证明了 GAN 可以帮助解决视频预测中图像模糊的问题。[1] 和卡米耶还有 FAIR 其他成员一道，我们甚至通过一位伟大设计师的设计图集训练出了服装图像。[2] 图 9-7 给出了一些示例。

但是有关 GAN 最令人叹为观止的展示之一是出自英伟达（Nvidia）芬兰实验室的一篇文章，文章讲述了该实验室的一个卷积 GAN 经过对名人人像数据库的训练后，能够产生质量非常高、非常逼真的人脸图像。[3]

---

[1] Michael Mathieu, Camille Couprie, Yann LeCun, Deep multi-scale video prediction beyond mean square error, ICLR 2016 , arXiv : 1511 . 05440 .

[2] Othman Sbai, Mohamed Elhoseiny, Antoine Bordes, Yann LeCun, Camille Couprie,DesIGN: Design inspiration from generative networks , ECCV Workshops, 2018, arXiv: 1804 . 00921 .

[3] Tero Karras, Timo Aila, Samuli Laine, Jaakko Lehtinen, Progressive Growing of GANS for Improved Quality, Stability and Variation, ICLR 2018 , https//openreview.net/forum？ id=HK 99 zCeAB.

图 9-7 通过对抗学习生成的印花服装

利用一位伟大设计师的时装图片集训练的一个具有卷积结构的生成器。

GAN 和更广泛的现代生成模型在创意辅助方面有许多应用，比如旧电影着色、图像分辨率的提高、图像处理和合成工具。有些人也将它们用于声音合成和音乐创作。

但是，这些方法也产生了一些值得商榷的应用，例如伪造品。有时一些粗俗的图像或视频，会把艺术圈或政治界的名人置于一个十分尴尬的境地。

使用 GAN，我们还能变换语音：通过转换信号，可以把 A 的语调、重音和变调变成 B 的。只需录制几分钟 B 的声音，就可以克隆出 B 的声音。

由于 GAN 的训练是无监督的，因此有希望在有监督学习阶段之前使用对抗的方式对系统进行预训练，我们希望能够借此减少此过程中所需示例的数量。但到目前为止，这些方法尚不能提升视觉系统的性能。

此外，还没有人找到利用它们生成文本的方法。GAN 更偏向于像图像一样的连续数据，而不是像文本一样的离散数据。

9

赋予机器预测能力

我们讨论了建立数据表示形式的自监督学习，最终目标是让机器通过观察来学习世界模型，由此机器人的训练可能会更快地完成。

如今的机器都缺乏与人类或动物类似的预测能力。我们的前额叶皮层中有一个世界模型，可以让我们预测环境的演变并预见行为的后果，从而有能力计划一个动作或一系列行动。有一部分人工智能研究致力于赋予机器这种预测能力，但目前仍处于起步阶段。

那么你可能会问：我们是如何预测天气的？天气预报的本质不就是预测云层的走向和气压的变化吗？的确，预测就是天气预报的DNA，就像我们不那么熟悉的机器人、航空或工业中的控制系统的DNA一样。机器人具有详细的动力学模型，可以预测机器人的动作如何影响手臂的位置和速度。NASA（美国国家航空航天局）使用火箭动力学方程式规划与国际空间站的对接路径。但以上这些模型都是工程师依据牛顿力学手写的，差异就在这里——它们没有经过训练。天气预报或对飞机周围气流的计算也是如此，其演化规律是由掌握流体力学的物理学家们手写的。

可是，预测一个城市的用电量、金融价值、房屋的价格、选民的选举行为，甚至预测生物体对药物的反应，这些都不属于物理学范畴，能量或动量守恒等基本原理并不适用于这些模型，上述复杂的集体现象几乎无法被简化为一些基本原理。我们必须依靠现象学模型，根据观察到的数据来预测我们感兴趣的变量，而不能求助于变量之间因果关系的简化模型。房屋的价格取决于居住空间、房间数量和土地面积，但也有一些难以量化的标准，例如附近学校的质量、房屋的采光性或小区的安静程度。我们很难将所有这些都纳入方程式。

我们可以训练一个系统（神经网络或其他系统），为它提供所有必要的变量，然后根据这些数据进行价格预测。但是，训练一个模型来预测与在相对简单的情况下会发生什么是两码事。比如，我们走进一个房间，这时一个蹒跚学步的孩子欢呼雀跃地朝我们走来，但他没有看到地面上的电线。他会被绊倒吗？绊倒后头会撞在茶几上，打翻茶几上的花瓶吗？这些不同的可能性都会使我们赶紧阻止孩子跌倒。但是，一个机器人如何才能充分了解这个世界，如何才能想象和阻止所有这些事情呢？

这个电子保姆可能需要通过它的相机观察到这些情况，并像我们一样预测一系列可能的发展方向，然而，从视频的一个片段中延伸出某个动作的后续是极其复杂的。

我们可以想象一个机器人厨师，即使它的环境有限且只有一个很简单的任务，那它也必须有一个复杂世界的模型。就像其他人类厨师一样，它必须能够预见将牛奶倒入面粉中或将酱汁煮沸时会发生什么。它必须了解那些对我们来讲理所当然的事情，例如，如果它将一个大容器中的东西倒入一个小容器中，那将是一场灾难。此外，它还需要掌握足够多的直观物理知识，才能预见如果碰到玻璃杯，玻璃杯会被打翻；必须绕过或移动一个沙拉碗才能取出糖包；需要以什么样的角度才能将刀片穿入一个电动搅拌机中……

1. 输入的变量数巨大，可能数以百万计，包括来自一台或两台摄像机的图像，以及涉及距离、触觉、力、温度、麦克风的传感器等。

2. 模型根据时间 t 时所处世界（厨房）的状态和执行的动作给出时间 $t+1$ 时的世界（厨房）状态，这是极其复杂的。

3. 最后，必须考虑到不可预见的部分……

给定世界的状态（厨房或机器人所处的其他任何环境），并给定机器人的动作之后，模型必须预测出下一个时刻世界的所有可能状态。我们通常用一个函数表示：

$$s[t+1]=f\left([t],\ a[t],\ z[t],\ w\right)$$

其中 $s[t+1]$ 是未来状态，$s[t]$ 是当前状态，$a[t]$ 是所执行的动作，$z[t]$ 表示世界发展中一切不可预测的潜在向量。该功能可以由神经网络执行。

如何训练呢？我们从一个特定状态 $s[t]$ 开始，执行一个动作 $[t]$，随机抽取一个 $z[t]$，观察世界模型在 $s[t+1]$ 上的结果。然后我们调整 w、f 的参数，使预测的结果接近观察值。正如我们所看到的，它可能产生多种预测，这种偶然性令问题变得十分棘手。我们可以用对抗方法训练该模型，通过多次抽取 $z[t]$ 来重复此预测。

计划一个动作序列的学习模型是很多实验室深入研究的一个课题，例如 FAIR、加州大学伯克利分校、谷歌及其子公司 DeepMind 以及其他一些实验室。但是，我们所有人都面临着相同的障碍：预测很困难，因为世界不是完全可预测的。

10

系统智能接近人类智能任重而道远

自主智能体的体系结构

到目前为止，我们描述的系统都是围绕着自然信号的感知和解释进行的。强化学习试图将感知和行动整合到一个单一学习范式中。但是正如我们所知道的，训练这些系统所需的实验和错误的次数使得它们很难应用于实践，例如机器人技术或自动驾驶。

我想，现在是时候考虑结合感知、计划和行动的自主智能体的一般体系结构了。关于此问题的研究有很多，但专家就如何具体实施达成的共识很少。

自主智能体的最佳示例是通过参考人类的行为，了解机器仍然缺少什么。人类的行为有两种机制驱动，第一种机制是刺激—响应类型的反应机制，该机制主导我们完成不经过思考即可执行的动作。比如，接住别人扔过来的一个球；比如，被问"2+2=？"，我们回答"4"；再比如，在空旷笔直的道路上驾驶汽车是不需要太多注意力的。

第二种机制是仔细思考类的，涉及我们的世界模型和计划能力。比如，必须将拖着一条船的汽车停在一个狭窄的地方，我们该怎么做；比如，在一个陌生的城市乘坐火车；比如，选择购买这一件物品还是另一件物品；比如，讲一个故事、证明一个定理或编写一个程序；再比如，与银行家或与行政部门的雇员对话；等等。

这两种思维和行动方式就是著名心理学家、诺贝尔经济学奖获得者丹尼尔·卡尼曼（Daniel Kahneman）所称的"系统1"和"系统2"。[①] 系统1的某些行为是与生俱来的，例如，当物体快速接近我们的面部时，我们会不由自主地闭上眼睛；但大多数行为是习得的。第二种机制引发的行为涉及意识和反思性推理过程。

让我们回到机器上。到目前为止，我们遇到的所有系统都属于系统1。应该如何架构机器，才能使其具有系统2类型，即"反思式"的行为？图9-8展示了自主智能系统的一个可能的架构。它由一个与环境进行交互的智能体和一个目标模块（一种成本函数，衡量智能体的不满意程度）组成，智能体会通过一个感知模块观察外部环境，感

[①] Daniel Kahneman, *Système 1 /Système 2 . Les deux vitesses de la pensée*, Flammarion, 2011.

知模块随后会给智能体一个有关周围世界的（通常不全面的）表示。目标模块会观察智能体的内部状态并产生一个类似于成本的输出数字。当一切进展顺利时，计算出的成本较低；出现问题时，成本就会比较高。智能体能够通过自学来极小化长期目标输出的平均值。换句话说，如果我们可以使机器数值化情绪，那么目标模块就会"计算"痛苦（高成本）、愉悦（低成本）和冲动（不满意时为高成本，满意时为低成本）。智能体通过对环境采取行动，学会最大限度地减少痛苦，获得最大的快乐来满足自己的冲动。

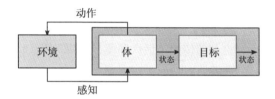

图 9-8　具有内在目标的自主智能系统
该系统通过感知模块观察环境的状态。它通过对环境产生作用，以最小化其不满意程度的目标函数（一种成本函数）。该目标函数观察智能体的内部状态，如果智能体处于满意的状态，则输出一个较小值；如果智能体处于不适或疼痛状态，则输出一个较高值。该系统必须学会采取使长期目标值的平均值最小的操作。该目标为系统提供了内在动力。它可以部分"手动"构建，用动物或人类的痛苦、愉悦回路和本能的方式，以保持系统和其使用者的安全；但是它也可以是被部分训练的。

　　在大脑中，位于基底神经节[①]中的一系列结构起着相似的作用，它们"计算"我们的快乐、痛苦和满足感。这种体系结构是通过所谓的"内在"动机进行强化学习的基础，其中成本值是由目标模块在机器内部计算的。在更为传统的强化学习模型中，如 AlphaGo 使用的模型，动机是外在的；成本值不是由系统计算的，而是由环境直接提供给智能体的，是一个表示奖励或惩罚的数字。内在的目标可以计算

———————————————
① 基底神经节是大脑涉及情绪和动机的基本结构。

梯度，从而知道在哪个方向改进智能体的状态可以最小化目标函数。

当人想要行动时，他首先会想象一个理想的世界状态。为了制定到达预期状态所需的一系列动作，他会使用一个世界模型，预测一个动作序列会导致的世界状态。例如，我们要将桌子从一个房间移到另一个房间，理想的世界状态是"桌子在另一个房间"。但是，哪个肌肉控制的序列（以毫秒为单位）会产生预期的结果呢？这是一个规划问题。如果没有世界模型，人类就不得不先尝试许多行动序列，然后观察结果的状态。世界模型的存在会使他尝试各种情况，但其中某些情况可能是很危险的。要知道，在强化学习系统中没有模型，因此它必须尝试一切！

有一个在专家之间流传的笑话：环境，也就是现实世界是不能微分的。我们无法对整个世界反向传播梯度，来计算如何修改动作以便更接近所需状态；我们也不能令现实世界的运行速度快于实际所需的时间。

像人类一样，机器也必须具有世界模型才行。我强调一下，智能体必须具有一个内部结构，其中包括可以用来预测一个行为序列对世界状态及其目标影响的世界模型。具有内部模型的智能体的体系结构如图 9-9 所示。它有三个模块：

1. 一个感知模块，可对世界的状态进行估算。

2. 一个世界模型，即一个函数 g，在时间 t 时根据状态 $s[t]$、动作 $a[t]$ 和可能随机抽取的潜在变量 $z[t]$ 来预测下一个世界的状态。如果世界是不可完全预测的，则有可能产生多种情况：

$$s[t+1]=g\ (\ s[t],\ a[t],\ z[t],\ w\ )$$

3. 一个评判体系，即成本函数 $C\ (\ s[t]\ )$。这个评判体系有若干组成项，其中一些是手工构建的，而另外一些则是由神经网络训练的。后者通过相互配合来预测目标的未来平均值，这个值显示的世界状态会被导向有利或是不利的结局。坦诚地讲，一个好的世界模型必须是

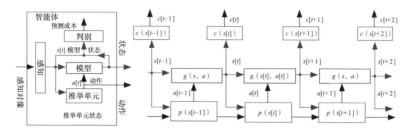

图 9-9　具有预测模型的自主智能体的内部架构

为了能够智能地行动并最大限度地极小化其目标，智能体必须具有三个组成部分：一个环境预测模型、一个预测目标未来平均值的评判单元和一个行动序列推举单元（actor）。在一个情景中，感知模块估计世界的状态为 $s[0]$。在每个时刻 t，我们为模型提供一个动作假设 $a[t]$，抽取变量 $z[t]$ 的一个值，并使用如下模型预测世界接下来的状态：

$$s[t+1]=g\left(s[t],\ a[t],\ z[t],\ w\right)$$

评判者采用预测状态 $s[t]$ 并计算一个成本。它试图预测模型的状态将产生有利还是不利的结果。对评判单元进行训练，以预测目标模块的未来平均输出。它计算出长期平均不满意的一个预测。

为了规划一个动作，智能体会假设一系列动作，然后运行模型（右图）。它通过最小化在轨迹上计算出的平均成本来精炼假设的动作序列。由于模型和成本是可微分的函数（神经网络），因此这种改进过程可以通过梯度下降来完成。智能体执行如此优化的序列的第一个动作是观察新的世界状态，然后重复该过程。这样获得的动作可以用来训练行动顺序推举单元，以直接预测最佳动作，而无须进行任何规划或使用模型，也就是说，从理性动作转变为本能动作。

包含一个智能体本身的（也许是简单的）模型。

该体系结构可以用两种模式表示，这两种模式或多或少与丹尼尔·卡尼曼的"系统 2"（缜密规划）和"系统 1"（快速反应）相对应。

我们先来讲一讲缜密规划，最优控制的工程师将其称为"滚动时域模型预测控制"（receding horizon model predictive control）。一个情景从感知模块对世界状态的估计开始，将世界模型初始化。然后，该模型使用 z 的随机序列和一系列假设的动作模拟世界在一段时间内

（确定的步数，即时域）的演化：s[t+1]=g（s[t]，a[t]，z[t]），在每个时刻，成本为c[t]=C（s[t]）。现在的问题是要精炼假设动作的序列，以最小化该序列上的平均成本，这个步骤可以通过梯度下降来完成。然后，我们必须多次抽取潜在变量z[t]，重复该操作，目标是找到一个独立于潜在变量的能产生良好结果（低成本）的第一个行动。为了完成该情景，一旦确定了最佳行动，我们就立即实施并观察新的世界状态，然后重复上面的操作。如果模型在每次抽取潜在变量时都产生很多不同的场景，计算的时间成本就会很高昂。

第二种方法是训练actor模型，有时该模型会被称为"策略网络"。和前面的方法一样，我们将模型训练迭代一定数量的步数，然后计算平均成本。但是这一次，假设动作序列是由actor模块产生的，一个函数p将世界的状态作为输入并产生动作a[t]=p（s[t]）。为了训练actor网络，我们在整个情景中反向传播成本函数的梯度（如图9-9右），并调整p的参数以使该序列的平均成本最小。

接下来设想一个应用场景：我们要训练一辆自动驾驶汽车在高速公路上行驶。当然，绝不能将未经训练的车辆放在真实的高速公路上，那样很容易出问题。首先，对模型来说，较为明智的做法是预测周围的汽车在接下来几秒内会做什么。世界状况，或者更确切地说是汽车的周围环境，是一个以汽车为中心的矩形图像，其中周围的汽车和地面上的车道标识都已被表示出来。根据这个矩形过去的几帧，训练出一个卷积神经网络预测未来的几帧，它具有可以产生多种情况的潜在变量，没有它们，预测就会很模糊。训练数据来自摄像头对某一段高速公路交通情况的观察。在训练了预测模型之后，如图9-9所示，我们通过及时的反向传播再训练一个actor网络。成本函数衡量该车与其他车辆的接近程度以及与车道中心的偏离度。我们还应该在成本函数中添加一个项来衡量模型预测的不确定性程度，以使系统保持在可靠的预测区域中。在这种情况下，系统学会了"在头脑中"行驶，而无须与现实世界进行交互。[①]

在简单的情形下，这种方法可以产生令人满意的结果，但困难也随之产生：首先，如何训练足以处理复杂任务和情况的世界模型？其次，如何训练潜在变量模型，以预测未来大多数可能的情况？最后，如何确保该模型是在其预测的可靠区域中使用？

我相信，除非为这些问题找到完善的解决方案，否则我们不可能在系统智能接近人类智能方面取得重大进展。

我们在这个领域依旧任重而道远。

深度学习和推理：动态网络

第二个挑战：以上提到的网络能够被感知，有时甚至可以采取行动，但是，如何使它们获得推理能力并真正地变得智能化呢？

我们刚刚讲过一种特殊的推理形式：基于预测模型，通过成本函数最小化来规划动作序列。很多推理确实都可以归纳为找最小化特定函数的向量（或符号）序列，就像解决满足约束条件的优化问题一样。

但是也有许多其他形式的推理具有不同的特质。我们来观察一下图 9-10，在回答"灰色金属圆柱体的右侧有一个有光泽的物体，它和那个大橡胶球一样大吗？"在回答这个问题之前，我们必须找到球体，再找到合适的圆柱体并比较其大小。与其训练一个固定体系结构的网络来回答所有这类问题，不如训练一个网络，用来生成专门回答该问题的第二个网络。第二个网络将进行动态构建（也就是说，为每个新问题重新构建），它由 5 个模块组成：第一个模块用于检测图像

---

① Mikael Henaff, Alfredo Canziani, Yann LeCun, Model-predictive policy learning with uncertainty regularization for driving in dense traffic, ICLR 2019 . 解释性视频见：https://youtu.be/X 2 s 7 gy 3 wlYw 和 https://openreview.net/forum？id=HygQBn 0 cYm.

中的球体，第二个模块用于检测金属圆柱体，第三个模块用于定位圆柱体右侧的物体，第四个模块用来确定它是否为有光泽的物体，最后一个模块是比较物体的大小。第一个网络看起来像是一个语言翻译网络，但它不是将句子从一种语言翻译成另一种语言，而是将问题"翻译"成描述第二个网络体系结构的一系列指令。所有这些都是在 FAIR 和斯坦福大学构造的 CLEVR 数据库中进行端到端训练的，该数据库包含 10 万张合成图像和 85 万个自动生成的问题与

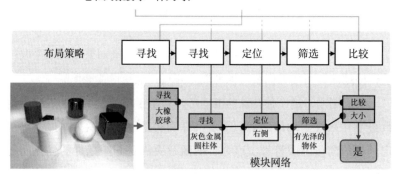

图 9-10　一个网络输出动态创建的另一个网络，用于回答所提出的问题

要回答此类问题，必须找到具有正确属性的球体和圆柱体，并比较它们的大小。第一个网络（上）有点像翻译系统。它以问题为输入，并将其转换为描述第二个网络体系结构的"语句"（指令序列），第二个网络由 5 个模块组成。这句话被转换为专门用来回答该问题的第二个网络：它的各模块分别检测球体、圆柱体、它们的位置并比较它们的大小，从而得出答案。该系统是用样本图像、自动生成的问题和答案进行的端到端训练。

资料来源：胡戎航等，2017 年，FAIR[①]

① Ronghang Hu, Jacob Andreas, Marcus Rohrbach, Trevor Darrell, Kate Saenko, Learning to reason: End-to-end module networks for visual question answering , ICCV 2017, http://openaccess.thecvf.com/content*iccv* 2017 /html/HuLearningtoReasonICCV 2017 paper.html.

对应的答案。[①]

基于输入数据动态创建神经网络的想法产生了可微编程的新概念。我们编写了一个程序，它的指令不是固定的操作（如"添加 4 到变量 z"），而是深度学习模块，其函数取决于学习。该程序的作用是生成一个模块图（一个网络），使其布局适合于完成特定任务，其中，模块图网络的体系结构不是预先固定的，而是取决于输入数据，然后系统以监督方式被训练。程序的"指令"即每个模块的确切功能由该学习阶段确定。这是一种利用模块的可微分性、模块图的自动微分和梯度下降的学习方法来编写程序的新方法。有人认为这是一次真正的革命。

11

集成电路创新的爆炸式增长

人工智能属于计算密集型的领域，训练一个大型卷积网络可能需要在一组搭载 GPU 的机器上花费数小时或数天的时间。一个经过训练的网络可以在数据中心的服务器中过滤、标记和分类图像、文本或识别语音。在图 6-9 中，我们曾指出，识别一张图像需要数十亿次的数字操作。许多工程师团队正致力于网络的自动简化，以最大限度地减少其大小和内存占用量，从而使其能够在配有标准处理器的服务器上快速运行。

[①] https://cs.stanford.edu/people/jcjohns/clevr/.

越来越多的应用需要专门用于卷积网络计算的处理器，这种处理器的架构与标准处理器的架构有很大不同。后者已经被应用于汽车驾驶员辅助系统，或在我们的手机中进行即时翻译或增强现实，或在我们的智能相机中优化采景，或在无人驾驶飞机中完成跟拍的壮举。将来，我们会在增强现实的眼镜里，家用和维护机器人内，汽车、卡车和自动送货机器人中嵌入深层网络。

这就需要开发具有处理 TFLOPS 量级计算能力的新工具，即神经元处理器。但同时，它的价格和功耗都不能太高。这种处理器是一个"小"卷积网络，为了能够很好地分析一张图像，它必须执行 100 亿次操作。每秒 30 帧的速度，就需要一个 300 GFLOPS 的处理器且消耗不足 1 瓦，才能在智能手机上运行。智能手机电池的电量约为 10 瓦时，即只能供 1 瓦的处理器工作 10 个小时。电量消耗得太快了！

为了达到理想性能，神经元处理器使用了全新的硬件架构。为了最小化能源密集型的数据交换，计算单元和存储器被混合分布在硅芯片上。进行计算时，使用的是精度非常低的数字：几位数便足以代表神经元的权重和激活状态，无须像传统处理器那样用 32 位或 64 位对数字进行编码。深度学习的各种应用已经融入了日常生活，这带来了许多新的机遇，集成电路行业的创新正在蓬勃发展。

英伟达、谷歌、脸书、微软、亚马逊、三星、英特尔、高通、苹果、ARM（全球领先的半导体知识产权提供商）、百度、阿里巴巴、华为以及一大批美国、中国和欧洲的初创企业，都在开发神经元处理器，用以满足其需求或是用于新一代智能手机、家用机器人、虚拟助手、虚拟或增强现实眼镜、智能相机、自动驾驶汽车以及更常见的智能物体。

12

人工智能的未来

由于潜在市场的规模，人工智能的四大主要应用类别吸引了大型工业集团的兴趣，这些应用就是医药、自动驾驶汽车、虚拟助手以及家用和工业机器人。我们已经讨论过前两个，今后这些技术还会继续深刻影响医药和辅助驾驶领域。但也有许多研究人员认为，只有取得重大概念的突破，这些应用才能得到推广。

在交通高峰时间且没有人为干预的情况下，如果不依靠自监督学习和预测模型，在纽约、巴黎、罗马或加尔各答街道上的全自动驾驶汽车也许根本不可能上路。对此，我们可能需要先弄清楚人类是如何在短短 20 个小时内学会驾驶的。

至于虚拟助手，它的功能仍然很有限。在理想情况下，它能被赋予接近人类的智力，并具有良好的常识，可以在日常生活中帮助我们。有了虚拟助手，人们便无须花费大量时间处理电话、电子邮件或在互联网上解决行政问题、联系手机服务、组织旅行或与朋友外出、安排日程或过滤消息。一个聪明的"助手"应该能回答任何问题，在专业会议中给我们提供帮助，提醒我们上次会面的结论。但如果没有刚才提到的常识革命，这一切都是不可能实现的。

2013 年，由斯派克·琼兹（Spike Jonze）执导的科幻电影《她》（Her）讲述了一个男人与他的虚拟助手之间的互动，男主角泰奥爱上了这个拥有斯嘉丽·约翰逊（Scarlett Johansson）的声音、名为萨曼莎的计算机实体。这是少有的以逼真方式处理人工智能的电影之一。其场景属于未来派，但其心理层面是合乎逻辑的。人类倾向于依恋身边的物体、动物和周围的人，既然如此，那根据与"主人"的互动而专门被编写开发出来的、性情与"主人"相符的虚拟助手有什么理由得不到人类的喜爱呢？

但我们仍需面对现实，真正的智能机器人仍停留在科幻小说中，毕竟，我们的扫地机器人还很笨，它们很容易被卡在桌子下面或扶手椅后面。什么时候家用机器人才能顺畅地打扫整个房子呢？

自给式割草机在预知障碍方面做得好一些，因为它们是有潜在危险设置的，但是它们还不能将花坛与蒲公英区分开。你好，园艺破坏者！什么时候园丁机器人才能照顾花朵，给我们摘树莓并拔除杂草呢？

制造业中使用的自动装置仅仅是重复了预先记录的例程，因此，如果条件改变了，它们将无法执行复杂的操作和组装。什么时候才会有更灵活的机器人呢？

就像虚拟助手和自动驾驶汽车一样，这些智能机器人只有在学习了规划复杂动作的世界模型之后，才会变为现实。

这些人工智能应用将会改变社会，但是，只有机器能够像动物和人类一样有效地学习，只有它们能够通过自监督学习获得世界模型，只有它们积累起足够的世界知识以产生某些常识时，这一切才会成为可能。

这才是人工智能研究所面临的真正挑战。

第十章

隐忧与未来

人工智能引发了一系列的问题。它改变了社会，引起了经济变革，如同其他任何一项技术革命一样，它也创造了新的职业并使一些职业消失。谁将是其中的受益者呢？

人工智能是技术、科学和各种工具的综合体。为了使用它，我们是否必须足够了解它？它必须足够明确才足够可靠吗？

它是个威胁吗？我们应该害怕智能武器吗？我们能想象机器人杀手和具有恶意的无人机的入侵吗？我们的想象中充满了干扰判断的例证。

我们是否应该从现在起就通过法律法规限制其能力？

人工智能很可能会改变人类对自身的看法，它已经帮助我们了解了我们大脑的运作方式，但是人类或人工认知的真正极限在哪里？如果机器可以在许多领域击败我们，那么我们是否能够得出结论，人类的智能不如我们想象的那样神通广大？

机器可以与生物学竞争吗？

如果大脑只是一台功能有限的机器且可被人工智能赶上，会对人类造成什么影响呢？

机器会有一天在各个方面都比人类更强大、更有创意、更有意识吗？它们也会有冲动、情感和道德价值观吗？如何确保它们的价值观与人类的价值观保持一致？它们会想要统治人类吗？

问题如雪崩一样涌来，让我们重新开始梳理吧。

1

人工智能将改变社会和经济

经济学不是我的专业领域，但我很乐意在此分享一些杰出经济学家的观点。他们将人工智能视为 GPT（genaral-purpose technology），即一种"通用技术"，认为它将在未来几十年中不断传播并深刻改变经济生活。我们在历史上创造的 GPT 还有蒸汽机、电力、计算机等。

像以前的技术变革一样，人工智能也将取代一些行业，并带给我们许多难以想象的新生事物。谁能在 20 年前预言 YouTube 之类的网络服务能够养活成千上万的视频制作人，或者脸书和 Instagram 可以帮助艺术家在全球范围内寻找客户？工业革命在使一些职业消失的同时，也带来了一些新的职业，这使我们想起在 19 世纪 70 年代时，法国有 50% 的人以农业为生，而这一比例在 2019 年降至 5%。我们适应过时代，现在我们需要再次适应。

经济学家还认为，在未来的 10 ~ 20 年中，人工智能将对生产力即每小时工作所产生的财富数量产生重大影响，而且即使在人工智能几乎没有任何进展的情况下也是如此（尽管这不太可能）。该如何再分配新革命的成果呢？考虑到随着技术的普及，部分就业人口的技能已无法应对社会的需要，他们必须接受新的职业培训以适应新的工作，或者由社会来接管他们。

我担心目前这种进展的加速会导致越来越多的人失业，但是专门研究这些问题的经济学家给我吃了一颗定心丸。例如，麻省理工学院的埃里克·布林约尔松（Erik Brynjolfsson）和其他一些经济学家曾断言，GPT 渗透经济的速度会受到工人学习如何利用它所需时间的严格限制，这个过程需要 15～20 年。就像直到 20 世纪 90 年代中期键盘和鼠标的使用普及之后，计算机才真正提高了生产力一样。

人工智能也是如此，受到威胁的职业数量增加得越快，技术在经济中的传播速度就越慢。我们能够从中获得什么启示呢？对一个想要抓住人工智能机遇的国家来说，最佳的方法是加大对各个层级教育的投入，包括高中、高等教育、博士生院，当然还有继续教育。必须为经济转型储备足够多的人才，当然还必须创建一个有利于创新的生态系统。

2

人工智能创新的生态系统

创新需要合适的氛围，基础研究是涉及公共或私人投资的生态系统的第一个组成部分。基础研究进展火热的区域大都集中在大学附近，比如在美国有斯坦福大学和加州大学伯克利分校附近的硅谷，哈佛大学和麻省理工学院附近的波士顿研究群落，纽约大学、哥伦比亚大学和康奈尔科技学院附近的纽约研究群落。

生态系统的第二个组成部分是工业实验室。在法国，巴黎就是中心枢纽，除了众多的工程师学校、大学和公立研究中心，它还坐拥脸书、谷歌、三星、亚马逊、华为、法雷奥集团等大型企业的人工智能实验室。

生态系统的第三个组成部分是初创企业的汇集地。这些初创企业拥有金融和接待设施的便利，例如由脸书部分支持的 F 站园区。因此可以说，巴黎今后将会是欧洲最重要、最有活力的创新地。

可惜，如今法国仍身处沉重的结构负担的泥潭之中：研究人员和高校教师的薪酬不高，特别是在科学和技术领域。相对地，一些私人企业和其他国家却给出了十分诱人的条件。作为对比，我们来看看美国一所优秀大学的一位年轻的计算机科学女教授在 2019 年的工作状况。她的起步年薪为 10 万~12 万美元，实验室的启动研究经费约为 20 万或 30 万美元；为了获取其他经费，她可以把研究项目提交给民用或军方的专门机构，或与工业界签订合同。她指导博士生；每年教授两门课程，大约有 80 个小时的教学时间。学校每年付给她 9 个月的薪水，在夏季的三个月中，这位年轻教授可以获得研究补助金，算是另外 33％ 的薪水。她同样可以为工业界工作。

此外，在教学过程中，她可以每周担任一天企业顾问；她不受制于实验室主任，是自己命运的主人。这个制度具有激励作用，这位年轻女教授必须努力在自己的研究领域获得认可，才能获得 "终身任期"，这种永久性任期将使她可以在通过最长 6 年的考察期后从 "助理教授" 转为 "副教授"。这便是著名的 "发表或出局" 法则。大学与大学之间、专业与专业之间、工资和工作条件都存在着巨大的差异。然而不可否认的是，不管是公立的研究机构还是私人的研究机构，都在进行激烈的人才抢夺战。

让我们再把目光转回法国，同样一位优秀的年轻女研究员正在苦苦挣扎，她必须通过法国国家科学研究中心、法国国家信息与自动化研究院或大学的程式化入职考试才能担任副教授或副研究员。然而她的年薪只有约 3 万欧元，比法国最低工资的 1.5 倍多一点。这是在接受了至少 8 年的高等教育，通常还会在国外做一两年博士，以及在国际科学期刊中发表了大量有影响力的论文的情况下才能得到的薪酬。真是个神圣的职业！截至此时，这位年轻的法国教师还没有正式指导博士生的权利，她仍需要等待几年，在获得指导博士论文的资格认证（Habilitation）后才可以这么做。她每年必须讲 128 个小时的主课，或 192 个小时的辅导课，或 288 个小时的实验课，而且由于工资低，她可能需要加班授课才能维持生计。

如此一来，她几乎没有时间做研究。如果想要献身于科研，她只能在法国国家信息与自动化研究院或法国国家科学研究中心担任研究员，好处在于这里的工资与副教授的工资相同。法国大学各学科之间的待遇没有太大区别，其他欧洲国家的情况与此类似，可以与北美最好的大学一较高下的院校基本都集中在瑞士，尤其是洛桑联邦理工学院和苏黎世联邦理工学院。当然，尽管没有最好的待遇条件，但法国仍不缺优秀的人才，问题在于如何留住他们。在美国和加拿大，研究的生命力在很大程度上取决于吸引全球最优秀人才的能力。在美国大学的科技学科中有一半以上的青年教授是在其他地方出生且接受教育的，他们主要来自中国、印度、俄罗斯、英国和欧洲大陆。

3

谁将从革命中受益

我不确定人工智能革命是否会让所有人受益。与那些从事可能被（部分或全部）系统化和自动化工作的人相比，深耕于有资质的、创新型的、专注于人际关系或人力资源职位的人更有可能保住工作。如果我们的政府不通过财政措施纠正存在的问题，那么人工智能带来的收益将无法平均分配，贫富差距会进一步扩大。

自动化已经取代了人类来完成重复性或艰巨的任务，而人工智能将在那些一定程度上需要加入感知、推理、决策和行动计划等内容的工作中取代人类。自动驾驶汽车会减少卡车、出租车和载客专车（VTC）的驾驶员的数量，因为它们会更加安全。医学图像分析系统已经走进放射科医生的日常工作中，患者也因此得到更可靠、更便宜的检查。在以上这些健康和交通运输领域，人工智能将会挽救更多的生命。

所有的职业都将受到科技变化带来的影响。

有一件事是可以确定的：人工智能及其应用无法参与竞争的东西会变得更有价值，这就是已经得到证明的人类经验。自动化大幅度降低了制成品的价格，随着人工智能在工业界的渗透，这种趋势将会继续，甚至加剧，但是服务业、手工业和房地产业不会以相同的方式受到影响。举个例子，摆放在客厅的蓝光播放器的售价约为70欧元，这个极为复杂的技术瑰宝集合了许多最先进的发明（蓝色激光二极管、H. 264 /MPEG- 4 视频压缩等）。而一个手工制作的、拥有质朴气质的陶罐，它的制作工艺已经延续了上千年，其价值可能为500欧元、600欧元或700欧元。蓝光播放器是由机器批量生产的，而陶罐是独一无二的作品。再来看一个例子，我们每个人都可以花不到 2 欧元的低价或通过订阅的方式聆听最喜欢的音乐家的作品，然而如果要欣赏摇滚音乐会或歌剧，我们就需要支付 50～300 欧元。区别在哪里？区别在于，独特的事物赋予了生命独特的时刻。一顿大餐，参观自然景点或博物馆，听一场爵士乐音乐会——作为一个开明的业余爱好者，我因为能够做这些事情而感到高兴！——我们越来越重视创造力和独到的体验，越来越不看重大众化的产品。在健康、艺术、科学、教育、体育等领域的职业中，感性的方面在未来将占有重要的一席之地。

4

军事失控的风险

像其他所有技术一样，人工智能可以被用于做最好的事情，也可能被用于做最恶的事情。有些声音反对在军事上使用人工智能，主要是反对致命性自主武器系统（lethal autonomous weapon systems，LAWS，法语缩写为 SALA），它通常也被称为"杀手机器人"。相对应的保障措施已经较为成熟，大多数军队都有极为严格的规则来管理启动打击的授权程序。无论使用何种武器，决策的源头始终是高级军官。我们都知道，自动或半自动武器已经存在很长时间了，弹道导弹、巡航导弹也是如此。在所有具有很强杀伤性的自动武器中，最古老的当数地雷。自 1999 年以来，地雷就被一项国际公约禁止使用，不是因为它们很聪明，而是因为它们很愚蠢。可惜，美国、俄罗斯、印度、巴基斯坦、朝鲜、伊朗和其他一些国家至今尚未在公约上签字。

智能化武器是否会有滑向军备竞赛的危险？弗拉基米尔·普京（Vladimir Putin）曾在 2017 年 9 月表示，"人工智能的领导者将成为世界的统治者"。在日内瓦举行的联合国大会上展开了一些辩论，有人提出了暂停 SALA 的建议。有些人将 SALA 视为大规模杀伤性武器的一种，而其他一些国家，例如美国，则持相反的观点。这些国家将其视为在发生冲突时，通过目标识别和追踪来减少附带损害和平民伤亡人数的一种方式。[①]

　　面对人工智能推动的可能存在的军事失控，危险是真实存在的。避免这些危险最重要的力量来自我们的国际机构，坚定捍卫已有的保护措施比以往任何时候都更有必要，因为它们受到了民粹主义、民族主义和孤立主义的威胁。

5

危险警报：人工智能的滥用

　　要知道，人工智能始终都是由人类开发出来为人类服务的工具，使用人工智能的目的是放大和增强人类的智能。但是鉴于当前人工智能的局限性，如果灾难袭来，它并不能主动采取行动，最终的责任还是要落到人类身上。它的行为是无意的、不自主的，或者说是被有意决定的，如果存在危险，则必然与人类自身及人类对人工智能的滥用有关。

---

① Group of Governmental Experts on Lethal Autonomous Weapons Systems (LAWS), 2018, https://www.unog.ch/80256 ee 600585943 .nsf/(httpPages)/7 c 335 e 71 dfcb 29 d 1 c 1258243003 e 8724? OpenDocumentExpandSection= 3 .

为了防止这些滥用，我参与创建了"人工智能伙伴关系"（PAI）组织，[①] 这个组织汇集了 100 多名成员，包括大型公司、互联网巨头、学者社团、人权组织（国际特赦组织、美国公民自由联盟、电子前沿基金会）、媒体（《纽约时报》）、大学团体和政府机构等。我们讨论道德问题，警告危险并发布建议。人工智能是一个新领域，其深度展开的后果并非总是可预测的，我们必须多加考虑。

"人工智能伙伴关系"研究的主题主要有 6 个：一是人工智能和可能危及人类生命安全的关键系统；二是公平、透明和负责任的人工智能；三是人工智能对经济和工作的影响；四是人机协作；五是人工智能的社交和社会影响；六是人工智能和社会福利。

我们来看一个滥用统计模型的例子（不幸的是，这种滥用很常见）：决策偏差。如果在收集数据集时存在错误或偏差，那么使用这些数据训练的机器将反映出这些错误和偏差。严格来说，问题不在于人工智能本身，而在于使用的数据和统计模型，无论它们是什么。深度网络只是统计模型的一个特别复杂的实例，但是即便使用如线性回归之类的非常简单的模型，也会产生偏差。

人脸识别同样是一个例证。如果使用以法国人为代表性样本的示例集训练的人脸识别系统，来识别非洲或亚洲血统的人，就会十分不可靠。反过来说，如果使用以塞内加尔人为代表性样本的示例集进行训练，那么该系统对识别欧洲或亚洲血统的人来说同样是非常不可靠的。这是可以理解的，毕竟系统的可靠性取决于学习示例的多样性和平衡性。

学习示例的期望输出也可能存在偏差。通过惯犯多次犯罪程度的标记数据可以预测与其保释有关的风险。但是，如果历史上这些数据偏向于损害种族或社会经济的范畴，那么该系统只会使这种歧视

---

① https://www.partnershiponai.org/.

永久存在。这种偏差并不仅仅停留在理论上。ProPublica[①] 曾公开谴责美国某些州使用的COMPAS系统[②]，因为该系统使用了简单的统计方法（距离深度学习的水平还差得很远！），但这并不能防止滥用行为的发生。[③]

因此，这种偏差问题几乎永远不会与学习算法或者模型联系在一起，而主要是与数据以及在用于训练模型之前如何处理和过滤数据有关。正如康奈尔大学社会计算机学著名专家、麦克阿瑟天才奖得主乔恩·克莱因伯格（Jon Kleinberg）所说："ProPublica 揭示的问题实际上与我们如何对待预测的方式和我们如何开发算法的方式有关。"人工智能使安全失控成为可能。自 2014 年以来，卷积网络就已经是人脸识别系统的基础了（参见第七章相关内容）。值得庆幸的是，很多国家的政府通过隐私法禁止了其大规模地使用。

6

如何解释人工智能

一些悲观主义者认为深度学习系统是"黑匣子"，但他们错了。工程师可以深入检查神经网络的功能，包括所有的细节。诚然，当神经网络具有数百万个单位和数十亿个连接时，似乎很难完全理解它的

---

① 一家总部在纽约的非营利性公司，以数据新闻和公共媒体为特色。——编者注
② COMPAS 系统是美国广播电视等行业的网络监控及管理系统。——编者注
③ Julia Angwin, Jeff Larson, Surya Mattu et Lauren Kirchner, Machine bias , https://www. propublica.org/article/machine-bias-risk-assessments-in-criminal-sentencing.

一个决策，但这不正是所有智能决策的特点吗？我们不了解让出租车司机、工匠、医生或航空公司飞行员完成他们的工作的神经机制，更不了解用来寻找松露的狗如何挖掘出芬芳的"黑色钻石"，但我们相信他（它）们。为什么要对一台反应更快、不知疲倦、从不分心的机器提出更高的要求呢？当你可以证明它比人类更可靠时，为什么还要对它产生怀疑呢？

人工智能系统每天做出数万亿个决策，其中大多数都与查找、分类和过滤信息以及一些稍显无聊的应用程序有关，例如应用于照片和视频的效果。你是否真的愿意花时间和精力来详细了解它们？人工智能的工作能够带来令人满意的效果，这不就够了吗？

而且使用没有深入了解其运行机制的系统是一种常见的现象。许多常用药物都是通过反复试错获得的，而我们对其作用机制了解甚少。比如，锂通常被用于治疗躁狂抑郁症，但它的作用机制至今仍是一个谜。我们熟悉的且在日常生活中不可被替代的阿司匹林是有史以来使用最广泛的药物，它于 1897 年首次被合成，可是直到 1971 年我们才明确其作用机制。当然，如果发生错误或事故，能够给出解释有助于防止它们再次发生。但是通常来说，这只是使用户放心的一种方法。当我们无法完全说明系统的行为时，那么其市场流通就必须经过测试过程，测试的协议是受控且开放的，例如在药品进入市场之前进行的临床测试，或者用于新飞机的合格认证程序。对于做出关键决策的人工智能系统也必须如此。

另一个问题：投入实际应用的人工智能是否必须 100% 可靠？没有必要。同样的道理，为什么对人工智能的要求比对其他决策辅助系统的要求更高？医学每天都在使用的测试系统，其可靠性并非完美无缺，但我们不会质疑其有效性。例如，疾病的检测始终存在一定比例的假阳性和一定比例的假阴性，并且必须在两者之间进行权衡。如果对检测结果有任何疑问，医生将无法下诊断。既然如此，那为什么要对人工智能有更多的苛求呢？

我的朋友莱昂·博图始终认为，现代社会产生的数据量与存储方式或网络速度一样，都在以相同的速度呈指数级增长。但是，人类处理这些信息的能力并没有如此迅速的增长，在某些时候，人类的大多数知识将由机器从数据中提取并存储。根据知识概念的某些定义，机器已经突破了获取知识的门槛。

不过，当人工智能在司法、法律、医疗、财务或行政框架下用于对个人有重大影响的决策时，给出合理的解释是必须的。如果银行使用人工智能审核贷款，并且拒绝了申请人的申请，则有必要向申请人阐明该决定的合理性，并建议其改变影响贷款的行为，以使下次贷款顺利通过。利用机器学习系统我们总可以轻松提出建议，无论建议的程度是深还是浅。我们需要做的是进行灵敏度分析，以便找到能够改变决策的最小输入干扰。这与产生对抗性实例的原理相同，但更实用。

7

理解人类智能

人工智能与神经科学的发展是相辅相成的。我们已经知道了动物视觉皮层的知识是如何启发卷积网络的体系结构的，近年来，两者的位置发生了转换！神经科学的研究人员已将卷积网络应用于视觉皮层的解释模型。研究人员进行了一些实验，在实验中，将一张图像同时展示给人、动物和卷积网络，然后通过功能性 MRI、脑磁图或电生理学（在动物身上）测量视觉皮层的活动，并根据在卷积网络中观察到的活动来尝试预测这种活动。这些工作证实了视觉皮层V1主要区域的活动是由网络前几层预测的，而腹侧通路、V2、V4和颞下皮质的层次结构中连续区域的活动则是由网络上层预测的。这是一个有趣的相互成就！视觉神经科学启发了卷积网络，而卷积网络又阐释了视觉皮层的功能。

类似的融合为神经科学和人工智能开辟了一个新的研究领域。诚然，人类不会像机器一样学习，但是难道他（它）们的学习方法没有共同点吗？举一个例子：归纳推理即确定一个规则，以此为基础推导出一系列数字，或更常见的是推导出一系列形状，这是一个公认的思维过程。那么，通过训练调节系统中的函数从而尽可能接近所要求的任务，这与以收集的方式显示一组起始数据的规则又有什么区别呢？

归纳推理是科学方法的基础。科学家进行观察，而后解释这些观察并从中发现潜在的规律，换句话说就是建立了一个理论，之后，他会评估这个规律是否可以预测尚未观察到的现象。比如重力，借助重力，科学家可以预测今天和100年后行星的位置，最终根据事实证明这一定律的正确性。

学习机的工作方式也是如此。在"学徒"期间，学习机逐渐在它接收到的输入和期望的输出之间建立起一个唯一的连接，它相当于一个紧凑的表示方法。然后，运用此"连接"，生成任何与输入相对应的"正确的输出"。即使机器不思考，它也能处理这些关系。学习机"学习"猫、椅子或飞机的概念，然后就可以识别任何猫、椅子或飞机。当我们谈论由对象的不同特征所定义的抽象和通用的表示形式时，这个"概念"难道不像我们人类对它所做的定义吗？

我们可以深入研究这个类比。机器在学习时会在多个猫的图像（输入）和猫的概念（输出）之间建立一个关系，它生成的模型会收敛到一个稳定的状态，能够将可能的识别错误率降至最低。这是猫的概念的一种"近似"概念。

在人类的思想中，猫的概念也是猫的纯粹概念的一种"近似"。如此多的观察使我们或多或少地联想到熟悉的哲学概念：柏拉图的思想，康德的理想，等等。

8

大脑只是一部机器吗

如今，大多数科学家都接受了大脑是生化机器的概念。虽然这是一台复杂的机器，但总归是一台机器。神经元对输入的电信号做出反应，根据从上游神经元接收到的信息计算是否产生电脉冲信号、动作电位或放电脉冲，并将其发送给所有下游神经元。这是一种十分基本的机制。但是，通过结合数十亿个相对简单的神经元的活动，我们便获得了大脑和思想。

我知道模拟人脑的想法可能会让一些哲学家或有宗教信仰的人极力反对，不过还是有许多科学家认为思维机制最终将会由可以学习的人工智能系统重现。

质疑此观点的人认为，我们对生物、物理、量子和其他系统如何在人体内结合以使大脑发挥作用的了解还远远不够。的确，我们并不能理解这一切，但是我坚信，哺乳动物或人类的大脑是可以"计算"的机器，并且原则上这些计算可以通过电子机器或计算机进行再现。

人类的优越感面临着遭受冲击的危险，正如杰出的进化生物学家斯蒂芬·杰·古尔德（Stephen Jay Gould）引用西格蒙德·弗洛伊德（Sigmund Freud）的话所说："所有重大的科学革命都有一个共同点，

那就是它们都把人类的傲慢从一个又一个先前坚信我们是宇宙中心的
信念基座上拉下来。"①

9

所有模型都是错的

英国统计学家乔治·博克斯（George Box）在 1976 年发表的一
篇文章中写道："所有的模型都是错误的，但有些模型是有用的。"这
是一个著名的玩笑。任何对世界的心理描述，任何数据集的内部模型
表示，都必然是不准确的。统计学习理论根据学习示例的数量和模型
的复杂程度，为这种误差设定了边界。它确认了任何模型都是不精确
的，但仍然可能是有用的。

物理学家很早就知道，牛顿力学只有作用于宏观物体时才是准确
的，在弱的引力场中，其移动速度与光速比是很慢的。对于高速和强
重力，必须应用广义相对论；而对于微观物体，则必须使用量子力学
的知识。至于高速（因此具有高能量）、高重力和小尺寸的物体，则
需要一个尚不存在的统一理论来解释。

但是，物理学是还原论方法广泛应用的领域：一个"漂亮"的理

---

① "The most important scientific revolutions all include, as their only common feature,
the dethronement of human arrogance from one pedestal after another of previous
convictions about our centrality in the cosmos." ——西格蒙德·弗洛伊德。该句被斯
蒂芬·杰·古尔德在如下文献中引用：Origin, stability, and extinction, *Dinosaur in a
Haystack : Reflections in Natural History*, Harmony Books, 1995，partie 3.

论常常被归结为一些公式和少量的自由参数，也就是常数。我们无法从其他常数中计算出该常数理论，例如光速、引力常数、电子质量和普朗克常数，但是，化学、气候学、生物学、神经科学、认知科学、经济学或社会科学中大多数的复杂现象无法简化为几个公式和参数，这些系统表现出由大量不同元素相互作用而产生的新特性。

有两种可能的情况。当元素都相同且细节对我们而言无关紧要时，统计物理学和热力学方法可以让我们对正在发生的事情有一个大致了解。但是，当元素不同（神经元全都是不同的），相互作用复杂且细节很重要时，我们只能建立现象学模型，而模型也只能给予我们关于现象的一种抽象描述。

因此，动物的学习和目前的机器学习，总的来说仅限于根据统计规律来建立现象学模型，这就是本书的全部内容。一个孩子或一只狗学会接住飞行中的球，是因为他（它）拥有一个物理学的模型，可以预测球的轨迹。但是这个孩子或这只狗没有能力写出解释球的轨迹的方程。与牛顿和其他一些引力学家不同，孩子或狗都无法给出解释模型。

有朝一日，机器能否以物理学家的方式根据"实验"数据设计解释模型？这将需要人工智能系统做到识别直接相关变量并在它们之间建立因果关系。与运动物体直接相关的变量有质量、位置、速度和加速度（给质量加力会产生加速度）。我们所谈论的是因果关系。因果推理，即变量之间这些因果关系的发现，是当前人工智能研究中的热门话题。有效的因果推理技术将推动生物学和医学的发展。多亏了它们，我们才能从数据中区分因果关系和简单的相关性。从一些基因的表达数据中推断出这些基因的调控回路，能够使我们更加轻易地找到治疗疾病的方法。

加利福尼亚大学洛杉矶分校的朱迪·珀尔（Judea Pearl）教授因为在概率推理方面的出色工作而获得 2011 年度图灵奖，他严厉批评了机器学习，指责它严重地忽略了因果推理。[①] 我赞同他的这一观点，要成为真正的智能机器，就必须学习能够识别因果关系的世界模型。我的一些前同事和现同事正在研究这个问题，如巴黎奥赛大学的伊莎贝尔·居永、位于德国蒂宾根的马克斯-普朗克研究所的伯恩哈德·舍尔科普夫（Bernhard Schölkopf）、FAIR 巴黎分部的戴维·洛佩斯-帕丝（David Lopez-Paz）以及我的老朋友和早年的同伴、来自FAIR 纽约分部的莱昂·博图等。

10

担忧的声音

斯坦利·库布里克的电影和阿瑟·克拉克 2001 年发表的同名小说《2001 太空漫游》，算是一份最著名的文化参考文献，它对我的青少年时期意义非凡，而且我也曾数次谈论过它，我们曾多次见过它的主角们，但是我从没有强调过机器与人之间冲突的实质。哈尔是控制航天器的计算机，其程序设置是不向机组人员透露它的任务的真正原因和目的，但这却导致它做出了错误的判断。它通过唇语读出了宇航员想与它断开联系，但是从程序的定义上它认为自己对任务的成功起着至关重要的作用，并被这个崇高的理由所鼓舞。因此，哈尔试图杀死机组人员。它关闭了一些人睡觉的冬眠密封舱，在一次太空行走时杀

---

① Kevin Hartnett, To build truly intelligent machines, teach them cause and effect , *Quanta Magazine,* 15 mai 2018 , https://www.quantamagazine.org/to-build-truly-intelligent-machines-teach-them-cause-and-effect-20180515/.

死了宇航员弗兰克·普尔（Frank Poole），最后，它想阻止为营救弗兰克而出舱的戴夫·鲍曼回到舱内。

为了完成任务不惜一切代价的哈尔慢慢地将机组人员视为障碍，这是系统中编程的目标和人类价值观之间"价值观错位"的一个很好的例子。哈尔最终失败了，但它还是成功丰富了有关"人类败给了自己的作品"的无数幻想。另一个例子就是电影《终结者》，也许它给人的印象更深。在这部电影中，天网系统获得智能后，控制了枪支并试图消灭人类。

我们还没有到那个地步，又为什么惊慌呢？

史蒂芬·霍金（Stephen Hawking）曾就此话题发表过讲话，霍金于2014年向英国广播公司称，"人工智能可能意味着人类的毁灭"，但后来他改变了想法。作为一位出色的天体物理学家，他的时间尺度是以数百万或数十亿年为单位的。那么仅存在了几十万年的人类，在100万年、1000万年或1亿年之后将何去何从呢？

比尔·盖茨也对此表示过担忧，但后来他也改变了立场。至于特斯拉受人瞩目的首席执行官埃隆·马斯克，他也曾发表了一些悲观的声明，甚至试图说服管理层来规范人工智能以避免出现电影《终结者》中的情景，但并未取得太多的效果。当和他讨论时，我意识到他似乎低估了人工智能超越人类所需的时间。也许他对那些寻求资本的初创企业创始人的话听得太多了，因为这些人极其乐观，甚至盲目地保证实现达到人类水平的人工智能的目标指日可待。

埃隆·马斯克也读过尼克·博斯特罗姆（Nick Bostrom）的《超级智能》（*Superintelligence*），[①] 这位牛津大学哲学家描述了一系列人工智能摆脱其创造者的控制而造成的灾难场景。举个例子，我们建造

---

① Nick Bostrom, *Superintelligence. Paths, Dangers*, Strategies, Oxford University Press, 2014；trad. fr.：*Superintelligence. Quand les machines surpasseront l'intelligence humaine,* Dunod, 2017.

了一个超级智能计算机，让它负责控制生产回形针的工厂，它的唯一任务就是最大化产量。当然，计算机有能力优化生产、原材料供应、能源消耗等，还可以运用它的超级智能设计和建造一系列更为高效的工厂。它可以说服人类为它提供更多资源，如有必要，甚至可以找到摆脱人类控制的方法来实现自己的目标。这台智能计算机最终会渐渐地将整个太阳系变成回形针。这类似一种常见的场景：一个小魔法师控制不了自己创造出来的小怪兽。

但所有这些假设都是极不可能的。我们怎么会如此聪明地设计出一个超人类的智能机器，同时又如此愚蠢地赋予它荒谬至极的目标呢？我们会轻率到不采取一些保障措施吗？例如，为何不设计另一台超级智能机器，使其唯一目的就是阻止第一台机器呢？

不过也要铭记，我们认可的造福人类的所有技术革命都有其阴暗面。印刷术的发明使知识快速传播，包括传播加尔文和路德的思想，而这是 16 世纪至 18 世纪欧洲致命的宗教战争的起源。还有收音机，它在 20 世纪 30 年代助长了法西斯主义的兴起；至于飞机，它虽然缩短了距离，但可以轰炸整个城镇。如果我们对信息技术很感兴趣，并对它有足够多的了解，就会发现从电话、电视、互联网到社交媒体，每一项技术都带来了问题，而这些问题最终也都得到了解决。

11

人工智能并不万能

机器的智能都是我们赋予的，用于人工智能的词汇场也难以清楚地划分我们和机器之间的界限。"智力""神经元""学习""决定"……这些以前专属于人类和动物的术语加剧了这种边界的模糊性。当然，对于非常专业的任务，具备人工智能的系统的运行速度比我们人类快得多，例如，下围棋、下国际象棋、识别要消灭的肿瘤或目标、分析消费者的消费行为、挖掘数千张网页中的信息、翻译世界上几乎每一种语言等。

但就目前的发展而言，正如我们已经说过的那样，人工智能虽然能力出众，但其常识却不如一只猫。配备人工智能的机器缺乏公共常识，它对世界的认识和理解十分有限，因为它所受的训练只能使它执行一项任务。

它是无法培养意图或发展意识的。我的同事、FAIR 的共同负责人安托万·博尔德总结道："我们甚至不知道该拿什么去制造一台既能够制定战略，又对世界有敏锐了解的真正智能机器。如今我们还缺乏一些基础概念。"他说出了我的心声！

12

大脑的学习机制

数学家弗拉基米尔·瓦普尼克规范了机器学习的统计理论，该理论规定了系统可以从数据中学习概念的条件，认为要使一个实体具备学习能力，就必须让其专攻一个有限的任务领域。

这个理论对人类是成立的，人类不是通才。先天性——也就是大脑的预先连接——是必要条件，它可以限定大脑的能力并加速大脑的学习。我们知道大脑的某些区域具有特定的体系结构，并致力于某些特定的任务，即便我们无法控制这些机制。

归谬法可以用来证明在动物和人类的大脑中存在这种预先连接。我们已经知道启发了卷积网络架构的视觉皮层是有专门功效的，想象一下你戴着一副怪异的眼镜，它调换了你所看到的所有像素。镜片是由光纤制成的，是不透明的，光纤会将这些像素发送到视野中的不同位置。因此，你看到的图像是完全混乱且毫无意义的。当一个物体在图像中移动时，某些像素会被激活，而其他像素会被关闭。当它们通过眼镜被看到的时候，图像中相邻的像素不再存在……在这种情况下，大脑几乎无法识别任何东西，因为没有正确的连线。连线利用了这样的事实，即相邻像素通常具有相似值且相互关联。这证明我们的大脑不是通才，它很专业。

大脑同样是非常有韧性的。一些实验表明，大脑中存在一种"皮层通用学习程序"，因此，功能是由到达它的信号束决定的，而不是由接收的区域决定的。20世纪90年代后期，姆里甘卡·苏尔（Mriganka Sur）和他在麻省理工学院的同事在雪貂临近生产之前取出了其胎儿，他们通过手术切断胎儿的视觉神经并将其连接到听觉皮层。[①] 结果十分鼓舞人心：听觉皮层起到了视觉皮层的作用，并发育出神经元来检测通常存在于初级视觉皮层 V1 区域的定向轮廓。

听觉皮层的初始连接与视觉皮层的初始连接有些相似，所以，如果初始连接结构合适，相关功能似乎能够通过学习获得。这证明由皮层区域执行的功能，事实上是由其接收的信号决定的，而不是由大脑中"视觉器官"的基因预编程决定的。

皮层"通用学习"算法存在的可能性，给像我一样寻求智能和学习背后独特的组织原则的科学家带来了希望。

---

① Jitendra Sharma, Alessandra Angelucci, Mriganka Sur, Induction of visual orientation modules in auditory cortex, *Nature*, 2000.404（6780），P.841.

13

机器能否产生意识

意识是一个很难讨论的主题，我们不知道如何衡量它，也不知道如何定义它。它与自我意识混淆在了一起，同时，它被认为是动物存在高级智力的标志。能在镜子中认出自己的大象和黑猩猩已经具有自我意识，而狗不行。有很多书讨论过这个主题，我和我的朋友斯坦尼斯拉斯·迪昂（Stanislas Dehaene）也合著过一本。[①]

我个人认为意识是一种幻觉。它似乎在许多聪明的动物身上都存在，同时它可能只是大型神经网络表现出来的一种特性。但我不知道这是否是前额叶皮层局限性的结果。人类的意识与注意力息息相关，当面对特殊情况时，我们将注意力集中于此，此时我们会非常专注。当我们玩益智游戏时，当准备新的烹饪食谱时，当我们参加辩论时，我们的注意力将毫不犹豫地集中在这个不寻常的复杂任务上。它迫使我们开启"世界模型"以规划下一步行动。

但是，也许我们全部的神经元不足以一次性模拟多个世界模型。人类的前额叶皮层可能包含某种可重构回路，可以通过意识来"编程"适合应对当前情况的世界模型。在这个假设中，意识是为每个给定任务配置电路的控制机制。这就是没有事先培训就无法一次性地将注意力集中在多项任务上的原因吗？但是通过有意识地强制重复，我们最终学会了自动执行任务，而无须动用世界模型。在此过程中，任务的执行者从丹尼尔·卡尼曼的系统 2 转移到了系统 1。

[①] Stanislas Dehaene, Yann Le Cun, Jacques Girardon, *La Plus Belle Histoire de l'intelligence*, Robert Laffont, 2018.

同样，当学习驾驶时，我们会专注于方向盘、道路、变速杆……会在脑海中想象所有可能的场景。经过几十个小时的练习，我们就能轻松地完成所有这些任务。完成任务已经变成了潜意识，而且几乎是自动的。意识可能是这种精心设计的世界模型回路配置机制的结果。这应该是我们头骨能力有限所导致的，而不是高智商的反映。如果我们有足够的前额叶神经元来同时模拟几个独立的世界模型，那就不需要所谓的意识了。

对我来说，毫无疑问，未来的智能机器应该具备某种形式的意识。也许与人类的不同在于，它们可以同时专注于多项任务。

14

语言在思维中的作用

对人类来说，语言是最基础的能力，以至它似乎成了智力的代名词。我们将单词与概念联系在一起，我们使用它们来完成推理……所有这些都使我们相信，没有语言就不会存在智力。

那么对倭黑猩猩、黑猩猩、大猩猩和红毛猩猩而言，又是怎样的呢？我们所有的"表兄弟"猿类呢？它们似乎没有类似人类语言体系那样先进的交流系统，没有给概念起名字，然而，它们却发展了符号认知能力和抽象推理能力。无论如何，它们的世界模型比人类最好的人工智能系统都要复杂得多。

如果我们的表亲灵长类动物的智力与语言无关，那么是不是可以说明人类智力中的绝大部分也与语言无关呢？

在我看来，如果不考虑思维和推理对学习的重要程度（这种程度是很低的），把它们与符号处理及逻辑过于紧密地联系在一起是传统人工智能的主要错误。

相反，我觉得动物的智力和人类的大部分智力都是基于模拟、类比以及使用世界模型来对实际情况进行想象得来的。我们离逻辑推理和语言还差得很远。

15

机器会有情感吗

我丝毫不会怀疑自主智能机器有一天会产生情感。在第九章中，我提出了一种体系结构，在这种体系结构中，系统的行为由最小化目标函数来驱动。目标函数计算出的成本，衡量了机器的"瞬时不满意"程度。当机器纠正了一项使成本升高的动作时，是否可看作机器在避免疼痛或不适的感觉？

当用于测量机器人电池电量的镜头元件产生了较高的成本而致使机器人开始寻找电源时，不正与饥饿的感觉相似吗？

智能体模块的体系结构包括一个世界模型和一个评判体系，世界模型会预测世界的变化，而评判体系预测目标函数的结果，即衡量机器不满意程度的模块。如果机器人通过世界模型预测到自己将摔倒并受到损坏，评判体系就会预先通过目标函数计算出"疼痛"，紧接着机器人将尝试规划轨迹以避免这种不幸结果的发生。这不就像是一种恐惧感吗？

当机器因成本高昂而避免采取行动时，或者由于成本低廉而执行任务时，这是否已经可以被看作是一种情感的标志？

当计算饥饿的目标函数的组成部分产生高成本时，它会触发对食物的搜索。普遍的观点认为，这些行为是目标模块组件不满意的结果。根据被使用的世界模型，复杂的行为是行动计划的结果，该行动计划可以使预期成本最小化。当你的手臂被夹住时，疼痛是瞬间的，通过你的目标模块计算的成本反映了你的当前状态；当有人威胁要夹住你的手臂时，你的评判模块会预见到疼痛并引导你保护手臂。情感是由评判模块所计算出的预期成本。

我很清楚，以上所有的比拟似乎都说得过于简化了。情感是人性的重要组成部分，因此我们无法轻易将其数字化为简单的数学函数计算，我们对将人类行为简化为目标函数的最小化也心存疑虑。但是，我在此提出的仅是关于智能系统的一般体系结构的假设，没有否认目标函数和世界模型的丰富性或复杂性。

16

机器人想要获得权力吗

不！

我们对机器人想要获得权力的恐惧主要来自人性特质在机器上的投射。对大多数人来说，人类与智慧生物的唯一互动就是与其他人类的互动，这使我们混淆了智力和人性。这是一个错误，因为还有其他形式的智力存在，即使在动物界也是如此，而且我所指的智力不单单是语言。

人类同倭黑猩猩、黑猩猩、狒狒和其他一些灵长类动物一样具有复杂且通常带有等级制的社会组织，每个个体的生存（或舒适度）取决于它影响该物种其他成员的能力（统治只是影响的一种形式）。我们是社会性动物的事实解释了我们为什么把对统治的渴望与智力联系在一起。

以非社会性物种红毛猩猩为例，它们几乎和人类一样聪明，其大脑尺寸是我们的一半。红毛猩猩是独居动物，它们会避免进入其他群体的领地，它们的社交关系仅限于两年内的母子关系以及地盘冲突。因此，进化并没有使它们产生统治自己邻居的欲望：没有社会结构，就没有统治体系。由此可以证明，没有统治欲望也可以很聪明。

你们应该明白我的意思了。

即使在人类中，统治的意愿也与智力无关，更多的是睾丸素分泌的问题！我们之中最聪明的人并不总是渴望成为领导者，在国际政治舞台上有很多明显的例子……以我为例，我是一个实验室的负责人，实验室中大多数成员都比我更有才华，但他们不想因此取代我的位置。相反，公司经常会邀请优秀的科学家担任管理者，但许多人都拒绝了。我了解他们，他们更想直接参与研究而非管理。

除了对统治的渴望，为了人类物种（或基因）的生存，我们的许多冲动和情感已通过进化建立了起来，其中包括好奇心，对探索的渴望，竞争力，屈服，渴望与我们的同类接触，爱，仇恨，掠食，以及我们对家庭成员、我们的部族、我们的文化、我们的国家的偏爱，没有这些冲动和情感的人、动物或机器也都可以是有智慧的。我们必须将这个问题说得清晰透彻：只有当我们在智能机器中明确地建立了这种欲望时，它们才会渴望统治人类。我们为什么要这样做呢？

17

价值观的统一

如果机器都像哈尔 9000 那样，认为统治人类是实现人类给它们指定的目标的最佳方法，那么机器可能会想这么做。而为了避免这种情景，我们在其内部建立一套禁止它们谋杀、使用武器、在生物附近进行暴力运动等的价值体系就足够了吗？这是一个机器的价值与人类普遍价值一致性的问题。

小说家和大众传播家艾萨克·阿西莫夫（Isaac Asimov）在他的短篇小说"机器人系列"里描述了他关于机器人的三大法则：

- 机器人不得伤害人类，也不得因其不作为而使人类受到伤害。
- 除非违背第一法则，否则机器人必须服从人类的命令。
- 在不违背第一或第二法则的情况下，机器人必须保护自己。

在预先设定的行为中或在智能体目标函数的固定部分中，明确地编程这些法则似乎非常困难，因为在现实中，一台机器遵守这些法则的能力与其预测和评估危险情况的能力有关。但在机器人没有学会危险、服从、舒适等抽象概念之前，我们是无法给它们反复灌输这些法则的。

那么到底该怎么做呢？在第九章中，我们知道在自主性智能体的体系结构中包含了控制直觉和冲动的目标函数，它是智能体"道德价值"的保管者。这个目标函数必须包括"手工"构造的"固有"术语，以确保安全性并可以通过非常简单的概念来表达。我们可以构建一个关于接近人类的传感器，当有人处于较近的范围内时，限制机器人手臂的移动速度，这是很容易实现的；而引入潜在危险等抽象概念的行为约束则不太容易实现。

目标函数不仅应该包括构建的（先天）组件，还应包括可训练的组件，让机器出错时可以进行纠正。机器将调整目标函数中的可训练参数，并可能会借助抽象概念（例如危险的概念）来避免再犯同样的错误。如此一来，当遇到未被预见的和未被工程师手动构建的先天项所覆盖的情况时，系统的行为就会得到纠正。

一方面，人类在将道德价值体系编纂入法律方面具有丰富的经验（我们甚至可以说到"法典"），这些价值有时会被编码，以使得许多非凡的智慧和力量的实体（我称为事业）得以良好运转。另一方面，这些价值也被教育编码：几千年来，我们一直在教育孩子辨别是非，并努力在社会中表现良好。

为了训练未来的机器人有更加良好的表现，我们将不会从零开始！

18

新的疆界

智力不只局限于智慧的能力，还涉及行为的所有领域，同时也是学习、适应和决策的能力。如果我们仍然不能完全了解动物和人类是如何学习的，那么人工智能在默认情况下会为我们提供一些答案。它表明将机器智能与人类智能区分开来并不是巨大的鸿沟，这也为我们今后的工作指明了方向。

在节约资源方面，机器对数据和能量的消耗是大脑的数千倍，为什么大脑的运作耗能如此之低呢？生物神经元运行缓慢但非常紧凑，它们数量众多，耗能很少。这种低耗能体现在：在任何时候，大脑中只有少数神经元是活动的，这种活动往往是很微弱的，而安静的神经元比活动的、发出脉冲的神经元消耗的能量要少得多。这种通过精密分配神经元活动来节约能量的情况为未来人工神经网络的建设提供了一种探索途径。

尽管如此，其间仍然存在着巨大的谜团。人类如何迅速地建立起对周围世界的抽象表征？如何通过操纵这些表征来学习推理、设计行动计划，以便将一个复杂的任务分解为更简单的子任务？

解答这些问题可能会揭开许多其他谜团。人类通过很少的示例来学习，他会设想一些场景，从这些场景中能够预见行动的后果，从而减少一定的学习量……而当今人工智能学习的特点则是需要大量的示例和能量，如何在没有大量示例和能量的情况下进行学习，这是目前的研究正在努力探寻的一个方面。

19

智力科学

在科学史上，技术产品的出现通常先于解释其工作的理论和科学。表 10-1 中列出了若干这样的示例。

在牛顿发表光学理论之前很久，人们就已经发明了透镜、望远镜和显微镜；在萨迪·卡诺（Sadi Carnot）定义热循环并奠定热力学基础之前，蒸汽机已运转了一个多世纪；在飞机的空气动力学理论、机翼理论和稳定性理论被写下来之前，第一架飞机早已经起飞；第一批可编程计算机催生了计算和算法科学，即我们所称的计算机科学；信息理论由贝尔实验室的克劳德·香农（Claude Shannon）于 1948 年提出，它是在第一批远程通信和数字通信开始数十年之后产生的。

表 10-1　发明和解释发明的理论

（单位：年）

发明	理论
望远镜（1608）	光学（1650—1700）
蒸汽机（1695—1715）	热力学（1824—　）
电磁学（1820）	电动力学（1821）
帆船（？）	空气动力学（1757）
飞机（1885—1905）	机翼理论（1907）
化学化合物（？）	化学（1760）
电子计算机（1941—1945）	计算机科学（1950—　）
电传打字机（1906）	信息论（1948）

注：技术制造品的发明通常先于解释其功能和局限性的理论。

人工智能研究仍处于创新阶段，它还算不上是一门科学，我们尚未总结出一般性智力理论。目前仅有一种学习理论，但这个理论仅限于监督学习，它为我们设定了可能性的极限，但并没有告诉我们大脑运作机制的细节，也没有告诉我们如何进行正确的自监督学习的方法，尽管自监督学习正是它自己的本质特征。

我们可以设想一个智力理论吗？可以学习的机器会发展出智能科学吗？

发现智能工作的潜在机制和原理，无论是自然方面还是人工方面都是我未来几十年的研究规划。

结语

现在，我们到达了这趟人工智能之旅的尾声。

我觉得这更像是一场山地赛跑，而不是一次悠然漫步。我丝毫不想掩饰这趟旅程的艰辛，对那些不熟悉这个"新宇宙"的人而言，这无疑是一个挑战，所以我试图让它更易于理解。

人工智能是一门年轻的科学，它正在成长之中，但它改变社会的力量是巨大的。它既是一个理论体系——拥有不断延展的边界；又是一个实际的现实——它隐藏在日常生活中。我们有时会忽略它自身的逻辑。但是自少年时起，我一直与这个充满连接的"宇宙"保持着密切联系。相关理念的历史和起源使我着迷，而且我也想分享这一切。

这关乎新的想法和探索。从在我之前开拓新天地的先驱者身上和现在选择分享其进展的科学界那里，我感受到了团结的力量。我们是一群痴人，受同样的好奇心和想象力驱动，我们每天都在创造新世界。这个新世界是否是"我们永远无法抵达的国度"？可能吧，因为它的边界在不断延展。

我们也是一群被命运选择的孩子。我们为什么会对一个领域更感兴趣，而不是另一个领域？很早的时候，我就对智能、人类和动物感兴趣，并痴迷于将这些遥不可及的东西应用于机器中。"宇宙是由什么构成的？""生命是什么？""大脑是如何工作的？"在这些我们这个时代的宏大科学命题中，我秉持工程师的精神——工程师只有在构建完一个系统时才会真正理解它——选择去探索最后一个问题。我在这里试图追溯过往，因为它有着电子科学和计算机科学法则的烙印，它被探寻的渴望所羁绊，它充满了童年的印记；剩下的则是运气、相遇……以及工作。

我承认，这是一项苦行僧式的工作，它需要我们长时间待在计算机前，去构想还不存在的算法和架构。我们需要睡觉，需要放空自己，但这种补充体能的休息时间太少了。

我确信应该坚持发展神经网络并坚信神经科学可以帮助我们做到这一点，但这需要极大的信念和意志力。

我想继续这项具有探索性的工作，它将是我未来多年的研究目标。

本书也提出了人工智能的局限性和危险性。

什么是局限性呢？机器是出色的执行者，是一个天才，它的表现使我们震惊。但是，我们离复制出真正的人类智能和动物智能还有很长的路要走。神经网络具有精巧的架构，但它没有一丝意识，也没有一丁点儿意识。

然而，也许明天一切就不一样了。我认为"意识"是一种涌现属性，是智能的必然结果。对于深度学习，我们仍处于初步探索阶段，我们的模型变得越来越高效。有朝一日，当机器达到某一精密的水平之时，它就会产生意识。为什么不应该是这样呢？科学家一致认为，人类的大脑只不过是一个了不起的生物机器，是目前各种生物机器中的佼佼者。正是它，也就是我们自己在工作。但是，机器已经在帮助我们工作。而未来会是什么样的呢？我们是否只能理解我们自己的系统所发现的东西？

但是，不要害怕被机器超越。几个世纪以来，人类已经习惯自己的生理和心理能力被其他工具超越了：打磨过的石头和刀具比牙齿更坚硬；耕畜、拖拉机和挖掘机比我们的体力更强；马、汽车、飞机比我们的双脚移动得更快；计算机的计算速度比人脑更快。技术发现提升了我们自身的能力，机器智能也将延展人类智能。

就像其他技术革新的时代一样，人工智能正在颠覆我们的时代。它可能应用于进步服务，也可能不会，我们要警惕这一点。于我而言，我相信人工智能具备大大改善我们生活的能力，但我也相信它有制造问题的能力。对认识自我的渴望驱动着我们对机器智能的探索与追寻，对人工智能的研究和对人脑的研究相辅相成。因此，人工智能也是未来几十年我们要面临的一项巨大的科学技术挑战。

术语表

算法 待执行的指令序列。这些指令包含数学运算、测试和循环等，通常由计算机执行。请勿与下列术语混淆：

- 代码：指计算机语言编写或规范的算法。
- 程序：指执行特定任务的一段代码。
- 软件：指构成应用的程序合集。

机器学习 不使用显式编程训练系统的一套系统。在监督学习中，训练系统基于输入和相应输出的示例来完成一项任务。在强化学习中，系统借助实验和错误，通过与环境交互得到训练。在无监督学习和自监督学习中，系统发现输入变量之间的相互依赖关系，而不需要为执行某一特定任务而接受训练。最常用的方法是通过梯度下降使一个目标函数最小化。

深度学习 一套适用于相互连接的参数化模块的网络（或图形）的学习方法。通过梯度下降，学习能修改模块参数。梯度通常由反向传播获得。深度学习的一个示例是训练多层神经网络。

架构 参数化模块的互联结构。这种结构也可以看作是一个带有参数的数学函数或者一种计算图，后者由表示操作的节点和表示变量或参数的连接构成。识别图像或者理解文本的架构可以包含数百万或数亿个参数。工程师决定架构，卷积网络、递归网络和转换网络都是架构中的一种。架构独立于训练，训练是控制系统参数调整的程序。

编译器 将工程师编写的程序转换为可由机器直接执行的指令序列的软件。

ConvNet 参见"卷积网络"相关内容。

卷积 滤波的数学运算。卷积网络使用离散卷积运算，后者包括计算一个窗口（一部分图像或者任意信号）的加权和，并使该窗口在整个输入信号（如图像）上滑动，同时把结果储存在输出信号中。所有窗口的加权和权重是相同的。如果输入信号被翻译，则输出信号也会被翻译，但其他方面保持不变。卷积可以检测一个模式，而不用考虑其在输入信号中的位置。

隐藏层 在多层网络中，输入层和输出层被称为"可见"，其他层为"隐藏"，因为它们不能从外部直接观测到。在训练中，最后一层的期望输出是特定的，但不包括隐藏层的输出。确定隐藏层的输出是深度学习的难点，这是信用分配的问题。

Deep learning 参见"深度学习"相关内容。

FLOP（floating point operation），**浮点运算** "浮点数"运算是计算机中由固定位数（尾数）和小数点位置（阶码）表示的数字的乘法或加法。最常见的方法是使用 32 位浮点表示，其中尾数为 24 位，阶码为 10 位。一些深度学习的软件和硬件使用 16 位浮点表示，以加速运算并减少内存流量。

函数 由一个或多个输入产生一个或多个输出的数学运算序列。一个函数族或一个模型，是一个取决于一个或多个参数的函数。模型的架构是参数化函数的一个示例。

成本函数 测量模型行为和期望行为之间差异的函数。在监督学习中，成本函数是模型输出和训练样本的平均期望输出之间的差异。学习过程试图寻找可以产生成本函数最小值的参数值，即最小化成本函数。

GFLOPS（giga floating point operations per second），**每秒千兆浮点运算** 衡量处理器速度的单位，相当于每秒 10 亿次浮点运算。1 GFLOPS = 1000 MFLOPS。

GOFAI（good old-fashioned artificial intelligence），**好的老式人工智能** 基于逻辑、规则和搜索算法的传统人工智能方法，因为它们在机器学习出现之前就已经被应用了。

梯度 对于一个多元函数，梯度是一个在任意点上都指向最大斜率方向的向量，其长度等于此斜率。梯度向量的分量是函数在当前位置的偏导数，即函数在各轴方向的斜率。

ImageNet 由美国学者开发的用于图像中物体识别的计算机视觉研究数据库。最常使用的 ImageNet-1 k 包含 130 多万张训练图像,它们被标记为表明其所包含的主要物体的类别,共计约 1000 个类别。从 2010 年开始,ImageNet 还指代图像识别软件的年度竞赛,即 ImageNet 大规模视觉识别挑战赛(ILSVRC)。

Machine learning 参见"机器学习"相关内容。

MFLOPS(mega floating point operations per second),**每秒百万浮点运算** 衡量处理器速度的单位,相当于每秒 100 万次浮点运算。

神经认知机(Neocognitron) 日本研究员福岛邦彦设计的模式识别机器,受大卫·休伯尔和托斯坦·威泽尔的视觉皮层架构研究的启发。神经认知机由两个阶段构成,每一阶段都包含一个与视野的一小块区域相连的简单细胞层,下一层是集成了上一层激活信息的复杂细胞层,后者具有相对于小的变形的不变性表征。福岛邦彦一共发布了两个版本:20 世纪 70 年代的认知机(Congitron)和 80 年代的神经认知机。

字节 包含 8 个比特位(bit)的计算机内存单元,可代表 256 个不同的值。计算机内存通常以字节的倍数衡量,如千字节(kB)、兆字节(MB)、千兆字节(GB)和太字节(TB)。太字节代表大约 1 万亿字节,即 2^{40} 字节。

卷积网络 一种特殊的神经网络架构,在自然信号识别方面十分有效,如图像、体积图像(如 MRI)、视频、语音、音乐及文本。它穿插了多层卷积、非线性运算和池化运算。卷积网络被广泛应用于自动驾驶汽车、医学图像分析系统、人脸识别和语音识别等。

多层神经网络 多层人工神经元组成的堆栈,每一层的输入神经元都与上一层的输出神经元相连。每个神经元都由线性函数构成,其输出为输入的加权和,之后是一个非线性激活函数。该激活函数可以是一个平方、一个绝对值、一个 sigmoid 函数(S 形函数)或者一个 ReLu 函数。多层神经网络会学习、修改加权和的权重。通常使用梯度下降训练这些网络,梯度通过反向传播计算。

梯度反向传播 计算成本函数相对于深度学习系统内部变量的梯度的方法。给定一个代表系统架构的计算图,梯度逐步向后传播,从输入到输出。这是一个自动微分的应用。使用梯度来调整架构的参数，以期最小化成本函数。

语义分割 标注图像中每个像素所属的对象类别。

TFLOPS（tera floating point operations per second），**每秒万亿浮点运算** 衡量处理器速度的单位，相当于每秒 1 万亿次浮点运算，即 1000 GFLOPS。

致谢

感谢我的各位老师和导师，他们在我的学习和职业生涯中为我提供了指导，他们是：弗朗索瓦丝·福热尔曼-苏利耶、莫里斯·米尔格朗、杰弗里·辛顿、拉里·杰克尔和拉里·拉比纳。

感谢与我一起工作并教会我许多东西的朋友，如果没有他们，就没有本书的研究成果，他们是：莱昂·博图、约书亚·本吉奥、帕特里克·哈夫纳、帕特里斯·西马德、伊莎贝尔·居永、罗布·弗格斯、弗拉基米尔·瓦普尼克、让·蓬斯、帕特里克·加利纳里，AT&T 贝尔实验室自适应系统研究部及实验室研究部图像处理分研究部的所有成员，我在纽约大学计算智能、学习、视觉和机器人实验室（CILVR）的同事，以及 FAIR 的所有成员。

感谢博士后阿尔弗雷多·坎齐亚尼、贝南·内沙布尔、巴勃罗·斯普雷奇曼、安娜·霍罗曼斯卡、琼·布鲁纳、杰森·罗尔夫、汤姆·绍尔、卡米耶·库普里、阿瑟·斯拉姆、格雷厄姆·泰勒和卡罗尔·格雷戈尔，以及博士生张翔（音译）、杰克·赵、米卡埃尔·埃纳夫、迈克尔·马蒂厄、张思欣（音译）、沃伊切赫·扎伦巴、罗斯·戈罗申、克莱芒·法拉贝特、皮埃尔·塞尔马内特、Y-兰·博罗、凯文·贾雷特、科拉伊·卡武库奥卢、皮奥特·米罗夫斯基、艾谢·纳兹·埃尔坎、马尔考雷利奥·兰扎托、马修·格兰姆斯、黄福杰（音译）、苏米特·乔普拉、拉亚·哈塞尔、冯宁（音译）。教书育人的满足感之一就是能和这些年轻人一起合作，见证他们的成长，陪伴他们开启自己的事业。

感谢马克·扎克伯格、迈克·斯科洛普夫和热罗姆·佩森蒂的支持。

感谢奥迪勒·雅各布说服我，让我开启创作本书的冒险之旅。

感谢我的助理罗西奥·阿劳霍，没有他，我的生活可能会陷入混乱。

特别感谢在本书写作中与我合作的伙伴——记者卡罗琳·布里萨德，我们花了很长时间一起写作本书。我们经常通过视频通话，有时甚至很晚的时候还在工作。我在美国生活了30年，这进一步削弱了我本已薄弱的法语写作能力。多亏卡罗琳对工作的孜孜不倦和对细节的一丝不苟，使这本书不仅易于理解，阅读体验也很好。

感谢我的父亲让-克洛德，他培养了我对科学、科技和创新的兴趣，我和我的弟弟贝特朗从他那里受益良多。

感谢我的妻子伊莎贝尔时刻支持我，允许我写作期间不用在周末和节假日参与家庭活动。我偶有分心和迷茫，但我始终相信她，以及我们的儿子和儿媳——凯文和西蒙娜、罗南、埃尔文和马戈，他们总能让我想起生命中重要的事情。